U0242189

高等职业教育生物专业教材

环境生物技术

赵　春　主编

中国轻工业出版社

图书在版编目（CIP）数据

环境生物技术/赵春主编. —北京：中国轻工业出版社，2016. 8
高等职业教育生物专业教材
ISBN 978 - 7 - 5019 - 8865 - 5

Ⅰ. ①环… Ⅱ. ①赵… Ⅲ. ①环境生物学 - 高等职业教育 - 教材
Ⅳ. ①X17

中国版本图书馆 CIP 数据核字（2012）第 172141 号

责任编辑：秦　功　江　娟
策划编辑：江　娟　　　责任终审：张乃柬　　　封面设计：锋尚设计
版式设计：锋尚设计　　责任校对：吴大鹏　　　责任监印：胡　兵

出版发行：中国轻工业出版社（北京东长安街 6 号，邮编：100740）
印　　刷：三河市万龙印装有限公司
经　　销：各地新华书店
版　　次：2016 年 8 月第 1 版第 2 次印刷
开　　本：720 × 1000　　1/16　　印张：14
字　　数：279 千字
书　　号：ISBN 978 - 7 - 5019 - 8865 - 5　　定价：28. 00 元
邮购电话：010 - 65241695　传真：65128352
发行电话：010 - 85119835　85119793　　传真：85113293
网　　址：http://www. chlip. com. cn
Email：club@ chlip. com. cn

KG622—101244

《环境生物技术》 编写人员

主　　编 赵　春　（山东省东营职业学院）

副 主 编 贾春林　（山东省农业科学院）

王玉珍　（山东省东营职业学院）

参　　编 贾志霞　（山东省东营职业学院）

李艳梅　（山东省东营职业学院）

王晓琳　（山东科技职业学院）

张晓博　（山东省滨州职业学院）

商　冉　（山东省农业管理干部学院）

前言

面临不断恶化的生存环境，人类清醒地认识到要走可持续发展之路。而发展环境教育是解决环境问题和实施可持续发展战略的根本，因此在高等学校开设环境教育课程，是向社会输送环境保护专门人才的重要途径之一。环境生物技术利用微生物来改善环境质量，这些改善包括防止污染物向外界排放，净化受污染的环境以及为人类创造有价值的资源。这一系列技术是社会必需的，而且作为一门技术学科，它也是独一无二的。

在长期的教学实践中，我们深深体会到：要想使学生能够深刻理解环境生物技术的基本理论和基本概念，并能用所学的理论知识灵活地解决实际问题，提高学生分析问题和解决问题的能力，就必须在基本知识的基础上引导学生多做实践训练。根据目前环境生物技术专业专科适用教材少的状况，我们编写了这本《环境生物技术》，有目的地增加了环境修复的实例和国内外成功的实践经验，其目的是为了进一步提高高职高专生物专业和环境专业教育的教学质量。

本书介绍了用于保护和改善环境的微生物过程的基本原理及其实际应用。书中不仅涉及了环境生物技术的传统应用（如活性污泥法和厌氧消化），还介绍了新兴的应用（如有害化合物的脱毒、生物修复、饮用水的生物过滤等）。书中提供了大量的图、表，每章中列有相关知识链接，以帮助学生理解和掌握基本概念和原理，还给出了丰富的实例，以利于学生正确地分析、设计和解决实际环境问题。

本书第一章介绍了环境生物技术的发展简史及其研究内容，对于理解后续章节的原理和应用是非常必需的。对于没有微生物学背景知识的学生，第二章提供了微生物代谢、酶学基础和生态方面的基础知识。第三至八章是原理加实际应用部分。各章都解释了如何构建各种工艺过程以达到处理目标，并介绍了设计中的关键参数，目的是尽可能地将原理和应用直接联系起来。其中第三章讲述了环境污染治理基因工程技术，第四章讲述了废水生物处理技术，第五章讲述了固体废物处理处置与资源化生物技术，第六章讲述了污染事故和污染场地的生物修复，第七章讲述了重金属污染生物处理技术及污染预防生物技术，第八章讲述了农药环境污染预防生物技术。同时，第三至八章讨论了为达到传统目标而采用的一些最新技术。因此，尽管目标是传统的，但是为达到目标所使用的科学技术是非常现代的。

由于本书篇幅有限，所以对一般性原理、环境生物技术的应用以及很多在生物系统设计中必须考虑的特殊细节，本书没有全面论述，而是将重点放在原理及其应用方面。

参加本书编写的人员有山东省东营职业学院的赵春、王玉珍、贾志霞、李艳梅，山东科技职业学院王晓琳，山东省农业管理干部学院商冉，山东省滨州职业学院张晓博，山东省农业科学院贾春林等。在本书的编写过程中，主编多次召集编写人员研讨本书的内容、编写要求等事宜，并对初稿进行多次修订，最后由赵春、贾春林负责统稿、定稿。

本书适合作为高等职业院校环境类专业的教材，也可供环境、生物等领域的科技人员参考。我们希望这套丛书能对高等院校师生和广大科技人员有所帮助，同时对我国环境教育的发展作出贡献。由于时间紧迫及水平所限，书中的不妥之处在所难免，恳请老师和同学们批评指正。

编　者

2012. 7

目录

1 第一章 环境生物技术引论
1 第一节 环境生物技术
1 一、环境与环境问题
4 二、生物技术
6 三、生物技术的发展简史
8 四、环境生物技术的学科体系
9 第二节 环境生物技术的基本特征和研究内容
9 一、环境生物技术的研究内容
10 二、环境生物技术的应用和进展
11 三、本书的主要内容和结构
14 第二章 环境生物技术的理论基础
15 第一节 环境生物技术的微生物学基础
15 一、微生物的类群和形态结构
22 二、微生物的代谢
27 三、微生物对污染物的降解与转化
30 第二节 环境生物技术的酶学基础
30 一、酶的基础知识
30 二、酶与细胞的固定化技术
34 三、酶在环境治理中的应用
35 第三节 环境生物技术的生态学基础
35 一、生态系统的基本概念和特征
36 二、生态系统的基本结构

37 三、生态系统的组成要素及作用
39 四、生态系统的环境功能和自净作用

43 第三章 环境污染治理基因工程技术

43 第一节 基因工程
45 一、概述
51 二、基因工程与环境污染治理
55 三、基因工程技术的安全性问题
57 四、我国对转基因生物安全性对策

58 第二节 细胞工程
58 一、细胞工程概念及特点
59 二、细胞工程研究内容
60 三、细胞培养技术
64 四、细胞融合技术
68 五、细胞融合技术在环境污染治理中的应用

72 第四章 废水生物处理技术

72 第一节 废水处理微生物基础
72 一、废水中的微生物
75 二、微生物的呼吸类型
76 三、微生物的生长条件
78 四、废水处理方法分类

79 第二节 废水好氧生物处理技术
79 一、活性污泥法
81 二、生物膜法
82 三、好氧生物处理技术进展

86 第三节 废水厌氧生物处理技术
87 一、基本原理
88 二、厌氧消化过程中的主要微生物
89 三、厌氧生物处理工艺简介

93 第四节 废水生物脱氮除磷技术
93 一、废水生物脱氮技术
96 二、废水生物除磷与同步脱氮除磷技术

107 第五章 固体废物处理处置与资源化生物技术

108 第一节 固体废物及其分类
108 一、固体废物的概念
108 二、固体废物的分类
109 三、固体废物的危害

111 第二节 固体废物的处理原则
111 一、“无害化”原则
111 二、“减量化”原则
111 三、“资源化”原则

112 第三节 固体废物的处理处置技术
112 一、固体废物的处理
118 二、固体废物的处置

119 第四节 固体废物的资源化
119 一、固体废物资源化的概念
120 二、固体废物资源化的方法
120 三、固体废物资源化的途径
121 四、固体废物资源化利用的优势
121 五、固体废物资源化的应用

130 第六章 污染事故和污染场地的生物修复

130 第一节 生物修复概述
130 一、生物修复的概念
131 二、生物修复的分类
131 三、生物修复的特点

132 四、生物修复的前提条件
132 五、生物修复的可行性评估程序
133 六、生物修复的应用及进展
134 第二节 地下水污染的生物修复技术
134 一、概述
134 二、地下水污染生物修复的技术要点
136 三、污染地下水的生物修复技术
137 第三节 土壤污染的生物修复
137 一、土壤污染的生物修复工程设计
138 二、影响污染土壤生物修复的主要因子
139 三、土壤生物修复的类型
140 第四节 海洋石油泄漏的生物修复
141 一、生物修复中的主要影响因素
141 二、提高生物修复效率的措施
145 第五节 生物修复技术的工程方法
145 一、概述
145 二、原位处理
147 三、异位处理

150 第七章 重金属污染生物处理技术及污染预防生物技术

152 第一节 生物吸附技术处理重金属废水
152 一、生物吸附法
152 二、生物吸附与生物积累
153 三、生物吸附剂的种类
156 四、固定化生物吸附剂
157 五、生物吸附剂的预处理
158 六、影响生物吸附的因素
160 七、生物吸附技术的应用现状
161 第二节 重金属污染土壤的植物修复
162 一、重金属进入土壤系统的原因

162 二、 重金属污染土壤现状分析
163 三、 土壤重金属污染的修复方法
164 四、 植物修复技术
165 五、 植物吸附重金属的机制
167 六、 影响植物富集重金属因素

177 **第八章 | 农药环境污染预防生物技术**

177 **第一节 农药环境污染与生物农药概述**

177 一、 农药环境污染及生物农药开发
179 二、 我国生物农药的发展历程
180 三、 生物农药的定义、分类及特点

181 **第二节 生物体农药**

181 一、 植物体农药
182 二、 动物体农药
187 三、 微生物体农药

192 **第三节 生物化学农药**

192 一、 植物源生物化学农药
197 二、 动物源生物化学农药
199 三、 微生物源生物化学农药

201 **第四节 生物农药的发展趋势**

201 一、 生物农药的发展现状
202 二、 生物农药的发展趋势
204 三、 生物农药的发展展望

206 **参考文献**

第一章
环境生物技术引论

【知识目标】

1. 掌握生物技术和环境生物技术的概念。
2. 熟悉生物技术的发展简史。
3. 了解当前各种环境问题。

【能力目标】

1. 运用环境生物技术知识分析环境问题。
2. 学会运用环境生物技术基础知识。

第一节 环境生物技术

面对全球气候变化、水污染和水资源短缺、水土流失、酸雨等“热点”问题，人类必须把自己当做大自然中的一员，建立一个与大自然和谐相处的绿色文明。要完成这样一个艰巨的任务，就要提高对环境质量变化的识别力，培养分析和解决环境问题的技能，增强保护和改善环境的责任感和自觉性。

一、环境与环境问题

1. 环境科学

环境科学是一门研究环境的物理、化学、生物三个部分的学科，是一门研究人类社会发展活动与环境演化规律之间相互作用的关系，寻求人类社会与环境协同演化、持续发展的途径与方法的科学。

水资源、土地资源、矿产资源等是人类生存与发展不可缺少的物质资源和能量资源；草原地区的环境状态决定其适于发展牧业，而沿海地区的环境状态决定其适于发展渔业、旅游业、海上运输业等。环境状态就是一种非物质资源，是人类社会生存和发展所不可缺少的，具有不可估量的价值。人类必须将自身活动对环境的影响控制在环境自我调节能力的限度内，使人类活动与环境变化的规律相适应，使环境朝着有利于人类生存发展的方向变动。

人类与环境的关系是通过生产和生活活动而表现出来的。无论是人类的生产活动，还是消费活动，无不受环境影响，也无不影响环境。环境科学就是以“人类－环境”系统作为研究对象，研究“人类－环境”生态系统的发生、发展、预测、调控以及改造和利用。目的就是揭示人类活动同自然生态之间的对立统一关系，探索环境变化对人类的影响，研究区域环境污染综合防治的技术措施和管理措施。其主要研究内容：一是控制污染破坏，包括污染综合防治、自然保护和促进人类生态系统的良性循环；二是改善环境质量，环境质量不仅要从化学环境质量和对人类健康的适宜程度来判断，而且要考虑到是否有利于经济发展，以及美学上令人愉快的要求。

2. 环境问题

环境问题伴随人类的产生而产生，并随着人类社会的发展而发展。工业革命之前的人类社会，由于生产力低下，人类对自然环境的破坏相对而言是局部或轻微的；随着工业文明的发展，生产力有了极大的提高，人类在享受工业文明带来的诸多好处的同时，消耗了大量的资源，并且向环境排放了大量的污染物。时至今日，由于人类的生产、生活活动而产生的环境问题已经成为严重的全球性问题，直接危害着人类自身的生存和发展。

有些环境问题不只是影响某一个国家或地区，而是可能影响到其他国家甚至全球。例如，酸雨随着大气的运动，能影响到很远的地区；国际性河流上游被污染，将使全流域受到影响；热带雨林的破坏，会对全球的气候产生影响；大气中二氧化碳浓度的升高和臭氧层的破坏，更是威胁着全人类。这些全球性的环境问题的出现和发展，已引起国际社会的普遍关注。一般认为，当今世界存在的全球性环境问题有全球气候变暖，臭氧层破坏，酸雨危害，淡水资源危机，资源、能源短缺，森林锐减，土地荒漠化，生物多样性锐减，垃圾成灾，以及有毒化学品的全球转移等。

（1）全球变暖　气候学的记录，近百年来全球平均地面气温呈明显的上升趋势。20 世纪 80 年代全球平均气温比 19 世纪下半叶升高约 0.6℃，有关研究表明，到 2050 年，全球变暖的幅度可能在 4.5～10℃。由于人类活动消耗大量化石燃料（石油、煤、天然气），排放大量 CO_2，而森林毁坏又使植物吸收 CO_2 的量减少，导致温室效应，从而引起全球变暖。全球变暖引起温度带北移，全球降水也将随之变化，使局部地区水资源更加短缺；全球升温 1.5～4.5℃将导致海平面上升 20～165cm，使沿海低地面面临被淹没的威胁，并导致海水倒灌、排洪不畅、土地盐渍化等后果。

（2）臭氧层破坏　1984 年南极上空首次发现臭氧层破坏的现象，即臭氧洞。

人类过多使用氯氟炔类化学物质（CFCS）以及排放其他臭氧层损耗物质，破坏了臭氧层中氧原子（O）、氧分子（O_2）、臭氧（O_3）之间的动态平衡，导致臭氧层破坏。臭氧层中臭氧减少，照射到地面的太阳光紫外线增强，其中波长为240～329nm的紫外线对生物细胞有很强的杀伤作用，对各种生物都产生不利的影响。

（3）酸雨　酸雨指pH低于5.6的大气降水，包括雨、雪、雾、露、霜。20世纪80年代以来酸雨发生的频率上升、危害加大，并扩展到世界范围。欧洲、北美和东亚是世界上酸雨危害最严重的区域。降水的酸度来自大气降水对大气中CO_2和其他酸性物质的吸收，而形成降水不正常酸性的主要物质是含硫化合物、含氮化合物等。人类燃烧化石燃料排放产生的SO_2和NO_x是造成酸雨的主要原因。

（4）淡水资源缺乏与水污染　河流、湖泊或水量减少（如黄河断流）直至干涸，或受到严重污染，地下水位持续下降。更由于城市化和工业发展，集中用水量很大，超过当地供水能力，而又排放大量污染物破坏水体，加剧了水资源的供求矛盾。淡水资源缺乏制约经济的发展，限制全世界人民生活福利和质量，每年导致10亿人患病，300万儿童因腹泻死亡，2亿人成为血吸虫病患者。

（5）生物多样性丧失　目前物种消失的速度比人类出现以前的自然灭绝速度要快50～100倍，比物种形成的速度要快100万倍。从1975～2000年间，全世界物种损失将达50万～100万种，其中大部分为植物和昆虫。由于耕种活动和对薪柴、材料的需求，导致森林面积日益缩小，牧场退化、荒漠化，对动物的猎捕与毒杀，灭虫剂、农药的广泛使用等，以上种种导致日益加速的物种灭绝及生态系统的破坏。

（6）海洋污染　局部海域受到石油污染、发生赤潮、鱼群死亡、海面遍布垃圾等，并有扩展到全球的趋势。油船泄露、远洋倾废、近海排污等，人类每年向海洋倾倒600万～1000万吨石油、1万吨有机氯农药等，导致海洋状况不断恶化。海水浑浊严重影响海洋植物的光合作用，降低水体生产力，危害鱼类；重金属、石油、有毒有机物侵害海洋生物，并殃及海鸟及人类；破坏海洋旅游资源。

（7）资源、能源短缺　当前，世界上资源和能源短缺问题已经在大多数国家甚至全球范围内出现。这种现象的出现，主要是人类无计划、不合理地大规模开采所至。从目前石油、煤、水利和核能发展的情况来看，要满足人类能源需求是十分困难的。因此，在新能源（如太阳能、快中子反应堆电站、核聚变电站等）开发利用尚未取得较大突破之前，世界能源供应将日趋紧张。此外，其他不可再生性矿产资源的储量也在日益减少，这些资源终究会被消耗殆尽。

（8）森林锐减　森林是人类赖以生存的生态系统中的一个重要的组成部分。

地球上曾经有76亿公顷的森林，到1976年已经减少到28亿公顷。由于世界人口的增长，对耕地、牧场、木材的需求量日益增加，导致对森林的过度采伐和开垦，使森林受到前所未有的破坏。据统计，全世界每年约有1200万公顷的森林消失，其中占绝大多数是对全球生态平衡至关重要的热带雨林。对热带雨林的破坏主要发生在热带地区的发展中国家，尤以巴西的亚马逊流域情况最为严重。亚马逊森林居世界热带雨林之首，但是，到20世纪90年代初期这一地区的森林覆盖率比原来减少了11%，相当于70万平方公里，平均每5s就有差不多一个足球场大小的森林消失。此外，在亚太地区、非洲的热带雨林也在遭到破坏。

（9）土地荒漠化　简单地说土地荒漠化就是指土地退化。1992年联合国环境与发展大会对荒漠化的概念作了这样的定义：荒漠化是由于气候变化和人类不合理的经济活动等因素，使干旱、半干旱和具有干旱灾害的半湿润地区的土地发生了退化。1996年6月17日第二个世界防治荒漠化和干旱日，联合国防治荒漠化公约秘书处发表公报指出：当前世界荒漠化现象仍在加剧。全球现有12亿多人受到荒漠化的直接威胁，其中有1.35亿人在短期内有失去土地的危险。荒漠化已经不再是一个单纯的生态环境问题，而且演变为经济问题和社会问题，它给人类带来贫困和社会不稳定。全世界受荒漠化影响的国家有100多个，尽管各国人民都在进行着同荒漠化的抗争，但荒漠化却以每年5万~7万平方公里的速度扩大（相当于爱尔兰的面积）。在人类当今诸多的环境问题中，荒漠化是最为严重的灾难之一。对于受荒漠化威胁的人们来说，荒漠化意味着他们将失去最基本的生存基础——有生产能力的土地的消失。

（10）垃圾成灾　全球每年产生垃圾近100亿吨，而且处理垃圾的能力远远赶不上垃圾增加的速度，特别是一些发达国家，已处于垃圾危机之中。美国素有垃圾大国之称，其生活垃圾主要靠表土掩埋。过去几十年内，美国已经使用了一半以上可填埋垃圾的土地，30年后，剩余的这种土地也将全部用完。我国的垃圾排放量也相当可观，在许多城市周围，排满了一座座垃圾山，除了占用大量土地外，还污染环境。危险垃圾，特别是有毒、有害垃圾的处理问题（包括运送、存放），因其造成的危害更为严重、产生的危害更为深远，成为了当今世界各国面临的一个十分棘手的环境问题，全球的大气、水体、土壤乃至生物都受到了不同程度的污染、毒害，连南极的企鹅也未能幸免。自20世纪50年代以来，涉及有毒有害化学品的污染事件日益增多，如果不采取有效防治措施，将对人类和动植物造成严重的危害。

二、生物技术

1. 生物技术的定义

生物技术（Biotechnology）是一门既有悠久历史又有崭新内容的科学技术和

生产工艺，曾有不少学术组织和学者对生物技术赋予各种定义。“生物技术”一词最初由匈牙利工程师 KarlEreky 于 1917 年提出，其涵义是指用甜菜作为饲料大规模养猪，利用生物将原材料转变为产品。

1986 年，我国原国家科学技术委员会制订《中国生物技术政策纲要》时，将生物技术定义为：以现代生命科学为基础，结合先进的工程技术手段和其他基础学科的科学原理，按照预先的设计改造生物体或加工生物原料，为人类生产出所需产品或达到某种目的。实际上，这一定义已基本反映了现代生物技术的学科内涵。

知识链接： 如果仅以基因重组技术、细胞融合技术及新颖的生物工程技术为生物技术的定义与范围，则失之于狭隘了。较新的定义则是：利用生物细胞或其代谢物质来制造产品，或改良动物、植物、微生物及其相关产品来增进人类生活素质的技术。欧洲生物技术联盟对生物技术及生物产业作了另一种诠释：“Biotechnology is not an industry. It is, instead, a set of biological techniques, developed through decades of basic research, that are now being applied to research and product development in several existing industrial sectors.”节译为：经年累月所研发出来的一系列生物性的技术应用于既有的产业之中。

2. 环境生物技术的定义

环境生物技术（Environmental Biotechnology，EBT）也称环境生物工程（Environmental Bioengineering），是近 10 年来一门由现代生物技术与环境工程相结合发展起来的新兴交叉学科。目前还没有一个统一的定义。简明而言，环境生物技术是应用于环境领域的生物技术。广义上讲，环境生物技术应定义为：凡是自然界中涉及环境污染控制的一切与生物技术有关的技术。严格来说，环境生物技术指的是直接或间接利用生物或生物体的某些组成部分或某些机能，建立降低或消除污染物的生产工艺，或者能够高效净化环境污染，同时又生产有用物质的工程技术。

环境生物技术是现代生物技术和环境工程紧密结合发展起来的新兴交叉学科，是环境工程专业的一门专业基础课，以前导课程有机化学及生物化学、环境微生物学为基础，重点介绍利用生物技术处理水、固体废物、大气及环境修复技术的基础理论及生物材料（生物絮凝剂、生物吸附剂、生物降解材料）与生物监测方法，为环境中的水、土、大气、固体废物、污染控制提供坚实的理论基础。

美国国家科学与技术委员会（Natural Science and Technology Council）于 1995 年 12 月向美国政府提供的《21 世纪的生物技术：新的地平线》（Biotechnology for the 21st Century：New Horizons）报告中认为，生物技术在解决与环境管理和质量保证有关的问题方面所起的作用主要有：①能对良好的生态系统进行评价；②可将污染物质转化成无害物质；③能利用再生资源生产生物可降解材料；④可开发对环境安全的产品加工工艺和废物处理技术。

我国积极参加了有关环境保护的缔约方会议和有关国际会议，缔约或签署了多项国际环境公约，并参与有关工作，维护了我国和广大发展中国家的利益。参与并履行了《防治荒漠化国际公约》、《气候变化框架公约》、《湿地公约》等国际公约，并积极采取相应措施，做出履约承诺。我国在履行《保护臭氧层维也纳公约》的过程中，积极开发氟里昂替代物质，并达到国际先进水平。

可见，环境生物技术的应用不仅仅限于生物废水处理方面，其应用面是非常广泛的。近10年来，环境生物技术的发展十分迅猛，目前已成为一种经济效益和环境效益俱佳的、解决复杂环境污染问题的最有效手段。

三、生物技术的发展简史

一般认为，传统的生物技术可以上溯到古代的酿酒技术。据考古发掘证实，我国在龙山文化（距今4000~4200年）时已有酒器出现。所以，生物技术的历史几乎与人类文明的发展史一样源远流长，经历了数千年的发展。有学者将生物技术的发展史分为4个发展时期。

1. 古老（传统）生物技术阶段（公元前6000~17世纪）

传统的生物技术从史前时代起就一直为人们所开发和利用。早在石器时代后期，我国的祖先就掌握了利用谷物酿酒的技术。除了龙山文化的考古实据外，夏代禹王命臣仪狄酿酒、夏代少康（即杜康）造秫酒（公元前21~公元前20世纪）均有文献记载。公元前221年，我国人民就能制作酱油、酿醋。公元10世纪，我国就有了预防天花的活疫苗。

在西方酿酒的传统则可推溯到更早。公元前6000年，古巴比伦人和苏美尔人已掌握了啤酒酿造技术。相传埃及在公元前40~公元前30世纪已开始用发酵手段烤制面包。古埃及石刻还显示，古埃及人能对枣椰树进行交叉授粉，以改善果实的质量。

另外，泡菜、奶酪、干酪的制作以及面团发酵、粪便和秸秆的沤制、以霉制疡等技术都属于“古老生物技术”的产品或实践。虽然这些原始的生物技术被使用了数千年，但人们并不知道其中的道理。

2. 初期（第一代）生物技术阶段（17世纪~20世纪40年代）

1676年，荷兰人列文虎克（Antonvan Leeuwenhoek）制成了能放大170~300倍的显微镜，首次观察到微生物的存在并系统阐明了发酵是由微生物（酵母菌）作用而产生的原理。1857~1876年，法国著名生物学家巴斯德（Pasteur）通过研究给出了酵母发酵能力的确凿证据，使发酵技术纳入了科学的轨道，因此，巴斯德可以被认为是“生物技术”之父。1897年，德国的布赫纳（Buchner）发现磨碎了的酵母仍能使糖发酵成酒精，并将此具有发酵能力的物质称为酶，进一步认清了发酵现象的本质。

由于上述科研成果的取得，从19世纪末开始，不少工业发酵产品（如乙醇、醋酸、有机物、丁醇、丙酮等）陆续出现，并在生产中开始采用大规模的纯种培养技术发酵化工原料，开创了工业微生物发酵的新世纪。

此外，另一个非无菌生物技术的典型是废水处理和固体废弃物的堆肥处理。长期以来，微生物早就被开发应用于最大限度地分解人类垃圾与去除废水中的有毒物质。可见，生物技术在早期就是一项涉足于环境保护领域的工程技术。

3. 近代（第二代）生物技术阶段（20世纪40~70年代）

1939年，第二次世界大战爆发，医生们急需抗细菌感染药物。1941年，美国和英国合作开始对弗莱明（Fleming）早在1928年发现的青霉素进行更深入的研究开发，并于1943年研制成全套的工艺设备。在青霉素大规模发酵生产的带动下，发酵工业和酶制剂工业大量涌现。发酵技术和酶技术被广泛应用于医药、食品、化工、制革和农产品加工等部门。

近代生物技术阶段主要有4个特点。

（1）产品类型多　不但有初级代谢产物（如氨基酸、酶制剂、有机酸等），也出现了次级代谢产物（如抗生素、多糖等），还有生物转化产品（如甾体化合物）、酶反应（如6-氨基青霉烷酸等）。

（2）技术要求高　发酵过程技术在纯种或无菌条件下进行，大多属好气发酵，在发酵中要通入无菌空气。作为药品或食品的发酵产品，质量要求严格。

（3）规模巨大　这一时期技术要求最高，通气搅拌罐可大至500m^3，规模最大的单细胞蛋白（SCP）工厂的气升式容积发酵罐容积已超过2000m^3。

（4）技术发展速度快　一方面，作为发酵工业中能提高产量和质量的关键一种，其活力和性能都得到了惊人的提高；另一方面，产品品种的更新、新技术及新设备的应用等都达到了前所未有的程度。

20世纪初，遗传学的建立及其应用，产生了遗传育种学，并于60年代取得了辉煌的成就，被誉为“第一次绿色革命”。细胞学的理论被应用于生产而产生了细胞工程。在今天看来，上述诸方面的发展，还只能被视为传统的生物技术，因为它们还不具备高技术的诸要素。

4. 现代（第三代）生物技术阶段（20世纪70年代~现在）

现代生物技术的主要标志是20世纪70年代DNA重组技术的建立。

1944年，Avery等阐明了DNA是遗传信息的携带者。1953年，Watson和Crick提出了DNA的双螺旋结构模型，阐明了DNA的半保留复制模式，开辟了分子生物学时代。1961年，M. Nirenberg等破译了遗传密码，揭开了DNA编码遗传信息及其如何传递给蛋白质这一秘密。1972年，Berg首先实现了DNA体外重组技术。1973 年，Boyer 和 Cohen 实现了基因转移，为基因工程开启了通向现实的大门。

基因工程技术的出现为人们提供了一种全新的技术手段，使人们可以按照意愿切割 DNA、分离基因并重组后，导入其他生物或细胞以改造农作物或畜牧品种；也可以导入细菌以生产大量的有用蛋白质或药物、疫苗；也可以导入人体内进行基因治疗。这是一项技术上的革命，以基因工程为核心，带动了发酵工程、酶工程、细胞工程和蛋白质工程的发展，形成了具有划时代意义和战略价值的现代生物技术。

目前，我国生物技术产业迅速崛起。北京市政府已将生物医药产业列为四个重点支持的产业之一，正在建设中关村生命科学园、北京大兴生物医药产业基地和亚洲最大的生物产业孵化器等三大生物产业工程。进入新时期，党中央和国务院明确要求“把生物科技作为未来高技术产业迎头赶上的重点”。《国家中长期科学与技术发展规划纲要》把生物技术列为我国未来 15 年科技发展的五个战略重点之一。争取用 15 年的时间，使我国生物技术与产业化率先进入世界先进行列。

四、环境生物技术的学科体系

现代生物技术是一门多学科相互交叉、渗透的新兴的综合性学科，内容十分丰富，是现代生物技术与环境科学与技术交叉、渗透、综合的产物。

1. 环境生物技术涉及的学科

到目前为止，环境生物技术涉及的学科主要有分子生物学、生物化学、酶学、环境微生物学、植物学、动物学、生态学、环境毒理学、土壤学等，这些都是基础科学。另外，它涉及的技术科学主要包括基因工程、酶工程、发酵工程、化学工程、环境工程、生态工程、微电子学以及计算机科学与工程等。这些学科中，既有基础理论学科，又有技术学科，通过相互交叉、渗透、综合形成了环境生物技术的学科体系。因此，环境生物技术具有多学科性和综合性。

2. 环境生物技术的学科结构

环境生物技术作为一门独立的生物技术的分支学科，除了具有自身的技术体系外，还有自身的学科及理论基础。笔者认为上面提到的学科基础中，最基本的是生物学基础（包括生态学）、生物工程学基础和环境工程学基础。它们之间具有内在的联系，体现了各学科的交叉与渗透，因而具有一定的学科结构。

科学的发展取决于社会生产力的发展和制约，但又有其自身的规律性，学科的结构对科学的发展有时也起决定性的作用。另外，科学的发展又表现为不平衡性，学科的结构可以随着学科的发展发生一定的变化。环境生物技术是在现代科学革命中产生的新兴学科，尽管目前有的领域还比较薄弱，但随着时间的推移，不久的将来就可能成为发展的热点和重点。

第二节 环境生物技术的基本特征和研究内容

一、环境生物技术的研究内容

现代生物技术学科是在20世纪下半叶现代科技革命的大背景下，由于分子生物学的诞生和DNA重组技术的产生，通过各学科交叉、渗透、综合，在传统生物技术基础上产生革命性的飞跃而形成的。现代生物技术一经产生，不仅给生命科学和传统生物技术带来了革命性的变化，对社会经济发展也具有深刻而长远的影响，因而被世界各国视为高新技术。

现代生物技术的应用领域非常广泛，已对人类社会产生了巨大影响，是20世纪后半叶发展最快的学科之一，其进展真可谓“一日千里”。人们普遍认为现代生物技术是21世纪的带头学科之一。现代生物技术可应用于几个大的方面(表1-1)，表明未来的生物技术必将对人类社会产生更大的影响，与生物技术相关的产业必将有更大的发展。

表1-1 生物技术所涉及的行业种类

行业种类	经营范围
疾病治疗	控制人类疾病的医药产品，包括抗生素、生物药品、基因治疗
诊断	临床检测与诊断，环境与农业检测
农业、林业与园艺	新的农作物与动物、肥料、杀虫剂
食品	扩大食品、饮料及营养素的来源
环境	废物处理、生物净化及新能源
化学品	酶、DNA、RNA及特殊化学品
设备	由生物技术生产和使用的金属、生物反应器、计算机芯片等

现代环境生物技术应用现代生物技术，服务于环境保护。目前环境生物技术面临的任务有：

①基因工程菌从实验室进入模拟系统和现场应用过程中，其遗传稳定性、功能高效性和生态安全性等方面的问题；

②开发废物资源化和能源化技术，利用废物生产单细胞蛋白、生物塑料、生物农药、生物肥料以及利用废物生产生物能源，如甲烷、氢气、乙醇等；

③建立无害化生物技术清洁生产新工艺，如生物制浆、生物絮凝剂、煤的生物脱硫、生物冶金等；

④开发对环境污染物的生理毒性及其对生态的影响检测技术。

二、环境生物技术的应用和进展

1. 环境生物技术的应用

现代生物技术的发展，为环境生物技术向纵深发展增添了强大的动力，它无论是在生态环境保护方面，还是在污染预防和治理方面，以及环境监测方面，都显示出独特的功能和优越性。从技术难度和理论深度来考虑，环境生物技术可分为高、中、低三个层次：①高层次是指以基因工程为主导的现代污染防治生物技术，如基因工程菌的构建、抗污染型转基因植物的培育等；②中层次是指传统的生物处理技术，如活性污泥法、生物膜法，以及其在新的理论和技术背景下产生的强化处理技术和工艺，如生物流化床、生物强化工艺等；③低层次是指利用天然处理系统进行废物处理的技术，如氧化塘、人工湿地系统等。

环境生物技术的三个层次均是污染治理不可缺少的生物技术手段，各种工艺与技术之间可能存在相互渗透或交叉应用的现象，有时难以确定明显的界限，更没有重要不重要之分。某项环境生物技术可能集高、中、低三个层次的技术于一身。例如，废物资源化生物技术中，所需的高效菌种可以采用基因工程技术构建，所采用的工艺可以是现代的发酵技术，也可以是传统的技术。

2. 环境生物技术的进展

近年来，环境生物技术发展极其迅猛，已成为一种经济效益和环境效益俱佳的、解决复杂环境问题的最有效手段。国际上认为21世纪生物技术产业化的十大热点中，环境污染监测、有毒污染物的生物降解和生物降解塑料三项属于环境生物技术的内容。环境生物技术已经取得了辉煌的成绩，也面临许多难题，而这些难题的解决，依赖于现代生物技术的发展。

我国是一个发展中国家，经济水平和科技总体水平离国际发达水平仍有相当差距，但随着国民经济的快速增长、人们环保意识的增强和环境保护工作力度的加大，中国环保产业取得了较大的发展。在国家和各级政府不断加大重视并持续增加投入，以及伴随着工业发展产生的大量市场需求等多方面因素的作用，近年来中国环保产业始终保持较快增长。“十一五”期间中国环保产业产值规模增长率在15%~20%，2010年环保产值规模已超过10000亿元。2006~2010年，全国累计建成运行5亿千瓦燃煤电厂脱硫设施，全国火电脱硫机组比例从2005年的12%提高到80%；新增污水处理能力超过5000万吨/d，全国城市污水处理率由2005年的52%提高到75%以上。到2011年，我国环保产业从业单位共有3万多家，从业人员近300万人。我国在科技发展特别是环保高科技发展上紧跟国际前沿，与国际上同步开发未来可能应用的高新技术。以下几项是经多年开发，已接近产业化的环境生物技术。

（1）高硫煤微生物脱硫技术　由中华人民共和国环境保护部资助，中国环境科学研究院生物工程重点实验室进行了浮选法微生物脱硫工艺的可行性研究。在中性条件下，经约30min的微生物处理，可脱除无机硫达60%，比纯物理浮选提高约1倍。

（2）石油污染土壤的生物修复　针对严重污染的环境，我国尚未采取大规模的治理措施，仅在少数地区开展了治理，并以物理化学方法（如洗脱、吸附）为主，不仅投资成本高，而且也造成了二次污染。如采用生物修复技术，不仅其投资规模大为缩小（仅需传统方法的1/5～1/3），而且还没有二次污染。

（3）造纸工业中的生物制浆和生物漂白技术　利用生物酶制剂在造纸行业中，进行生物漂白，减少甚至彻底替代化学漂白，并最终在造纸工业中实现完全的生物制浆和生物漂白，彻底解决严重污染我国水环境的造纸黑液问题。

目前，我国的环境生物技术处于刚刚起步阶段。该技术的进一步开发需要得到社会、同行及主管部门的广泛支持，大力开展以污染控制生物技术为主体的环境生物技术的研究，将大力推进生物技术在环境保护中的应用，并将通过生物高技术的发展带动整个环保科技的发展，解决我国目前和未来面临的严峻的环境保护问题，并为环保市场提供高品质的环境保护技术。应该充分认识到环境生物技术开发对我国环境保护和社会、经济发展的重大意义。

三、本书的主要内容和结构

环境生物技术是近代生物技术起源的一部分，是一门新兴的学科，其发展历史并不长。从某种意义上说，一些生物废水处理工程实际上是一种大规模的发酵工程。近30年来，现代生物技术的多数内容都已渗入环境工程领域中。特别是近10年来，环境生物技术在各个方面都有长足发展，目前环境生物技术已形成了自己独立的比较完整的学科体系。本书主要讲述现代生物技术在环境领域的应用，重点介绍环境领域中的新兴应用方向。

本书共分8章，试图较系统全面地介绍环境生物技术的主要学科内容。首先介绍了现代生物技术中与环境问题紧密相联系的主要内容，接着分章介绍了现代环境生物技术的主要内容。考虑到在环境生物技术学科的技术体系中，环境污染治理生物技术发展最早、最为成熟、内容最多，本书安排4章内容予以介绍，即废水好氧生物处理技术、废水生物除磷脱氮技术、固体废弃物生物处理技术及环境污染的生物修复技术。

第一章为环境生物技术引论，简要介绍生物技术的学科发展历史、现代生物技术的学科体系、环境生物技术的学科体系与结构。

第二章为环境生物技术的生物学基础，主要介绍环境微生物学的基础知识（微生物的类群、营养、代谢）、酶学基础知识、生态学基础知识。这些都是环境污染治理生物技术及环境污染修复技术的生物学基础。

第三章为环境污染治理基因工程技术，主要介绍基因工程方法的历史发展及其在环境工程微生物中的应用。

第四章为废水的生物处理技术，主要介绍活性污泥法、生物膜法及其应用与最新进展及废水厌氧处理的工艺特点和作用。

第五章为固体废弃物生物处理技术，主要介绍有机垃圾的堆肥、卫生填埋及有机有毒废物的生物降解方法。

第六章为环境污染生物修复技术，主要介绍生物修复技术的基本原理和方法及其在水体、土壤、地下水修复中的应用。

第七章为重金属污染生物处理技术及污染预防生物技术，主要介绍生物吸附技术处理重金属废水和重金属污染土壤植物修复的原理与工艺方法。

第八章为农药环境污染预防生物技术，主要介绍微生物农药、微生物除草剂、农用抗生素、植物生理活性物质、昆虫生长调节剂及“以虫治虫”等可以从源头减少农业环境污染的有关技术。

环境生物技术是一门新兴的独立的分支学科，涉及面很广，发展十分迅速。随着时间的推移，相信该学科将会不断完善、不断丰富和发展。

知识链接

油轮 Exxon Valdez 泄漏事故介绍

1989 年 3 月 24 日，午夜刚过，油轮 Exxon Valdez 撞上了在阿拉斯加威廉王子湾的 Bligh 礁石，溢出超过 1100 万加仑原油。这是美国历史最大的一起泄漏事故，测试了当地、全国和工业组织在准备、应对这样的巨大灾害的能力。泄漏事故威胁了威廉王子湾支撑着商业捕鱼业的脆弱食物链。同时处于危险中的还有上千万的迁移陆地鸟类和水鸟，成百的海獭，许多其他物种，譬如港口海豚和海狮，还有各种鲸鱼（图 1－1）。

美国环保署实验性生物补救技术专家协助清理泄漏的石油，加利福尼亚圣迭戈 Hubbs 海洋学院的专家建立了给水獭清洗石油的设施，并且加利福尼亚州伯克利的国际鸟研究中心建立一个中心帮助那些沾了油的水鸟清洗并且恢复健康。在清理石油泄漏时主要用了三个方法：燃烧、机械清洁和化学分解剂。

在 Exxon Valdez 事件后，国会通过了 1990 年油污染法案，要求海岸警卫队加强它的关于油轮、油轮所有者和操作者的管理。今天，油轮外壳能为防止类似的泄漏提供更好的保护，并且船长和航运交通中心之间的通讯也得到改善以确保更加安全的航行。

关于 Exxon Valdez 灾难后果的一组数据：3.8 万吨原油（相当于 125 个奥林

匹克游泳池的水量）泄漏到了海中；海岸被污染；估计有25万只鸟、2800只水獭、300只海豹、250只秃头海鹰、22头鲸以及不计其数的鱼类死于此次灾难。

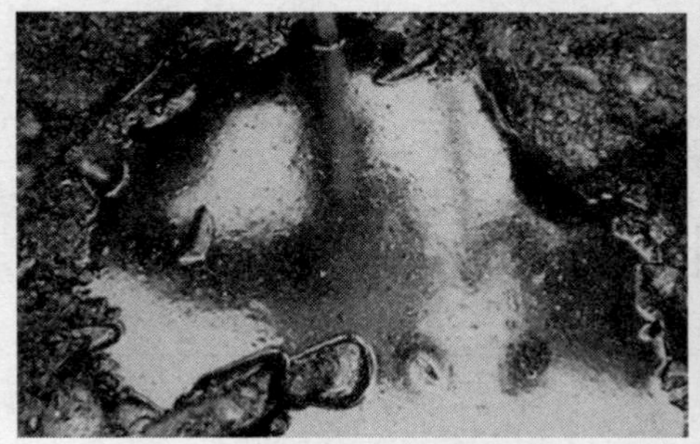

图1-1　原油泄漏，海面、海滩被原油污染

沼　气

沼泽地里的“鬼火”是一种真实存在的现象。3000年前的中国古代著作《易经》曾经提到，将沼气称为“沼泽地里的火”。在欧洲，意大利物理学家Alessandro Volta将它描述为“沼泽上空燃烧的空气”。那些不相信UFO之类的人在湿地也看到了相同的现象。从地下冒出的发酵气体中含有易燃的甲烷，燃烧的甲烷正是对这一切最完美、合理的解释。当搅动湖中的淤泥时，我们就可以观察到冒出的沼气泡。反刍动物的瘤胃（第一胃）也是一个微型的沼气工厂。一头牛的瘤胃中的菌群能将8%～10%的食物转化为100～200L的温室气体——甲烷，以嗳气或矢气的形式释放出来。

沼气能挽救森林：全世界大约有200万人仍然依靠燃烧木材、农业废物和干粪等生物质获取能源——这是一种直接但低效的获能方式，而且对农业和环境都造成了灾难性后果。在发展中国家，木材已经变得和食物一样匮乏。另一方面，用沼气作为燃料是农业领域一项可行的选择，它们还能以淤泥的形式提供自然肥料（其中含有丰富的氮、磷、钾），这样也能减少对人工肥料的需求。因此，沼气可以帮助很多发展中国家挽救森林。

第二章
环境生物技术的理论基础

【知识目标】

1. 了解微生物的类群和形态结构。
2. 了解微生物的代谢类型。
3. 掌握微生物对污染的降解和转化。
4. 掌握酶的基础知识和酶与细胞的固定化技术。
5. 了解酶在环境治理中的应用。
6. 了解生态系统的基本概念、掌握生态系统的基本特征。
7. 掌握生态系统的基本结构。
8. 了解生态系统的组成要素及作用。
9. 了解生态系统的环境功能和自净作用。

【能力目标】

1. 能够学会利用微生物对污染进行降解和转化。
2. 能够自觉形成保护环境的意识。

生物是构成生态系统的要素，生态系统内物质循环主要是依靠生物过程来完成的。生物技术在处理环境污染物方面具有速度快、消耗低、效率高、成本低、反应条件温和无二次污染等显著优点。生物技术在水污染控制、大气污染治理、有毒有害物质的降解、清洁，可再生能源的开发、废物资源化、环境监测、污染环境的修复和污染等环境保护的各个方面，发挥着极为重要的作用。目前生物技术应用于环境保护中主要是利用微生物的作用。当应用环境生物技术处理污染物时，最终产物大都是无毒无害的、稳定的物质，如二氧化碳、水和氮气。利用生物方法处理污染物通常能一步到位，避免了污染物的多次转移，因此它是消除污染安全而彻底的一种方法。特别是现代生物技术的发展，尤其是基因工程、细胞工程和酶工程等生物高技术的飞速发展和应用，大大强化了上述环境生物处理过程，使生物处理具有更高的效率，更低的成本和更好的专一性，为生物技术在环境保护中的应用展示了更为广阔的前景。由于大部分有机污染物适于作为生物过程反应物（底物），其中一些有机污染物经生物过程处理后可转化成沼气、乙醇、生物蛋白等有用物质，因此，生物处理方法也常是有机废物资源化的首选技术。生物过程是以酶促反应为基础的，作为催化剂的酶是一种活性蛋白，因此，生物反应过程通常是在常温、常压下进行的。另外，酶对底物有高度的特异性，因此，生物转化技术（Bioconversion）的效率高、副产物少，这与常需要高温、高压条件的化工过程相比，反应条件大大简化，因而投资省、费用少、消耗低，而且效果好、过程稳定、操作简便。用生物过程代替化学过程可以降低生产活动的污染水平，有利于实现工艺过程生态化或无废生产，真正实现清洁生产的目标。生物处理技术除易于大规模处理外，还可利用天然水体或土壤作为污染物处理场所，从而大大节约生物处理的费用。另外，生物技术的产品或副产品基本上都是可以较快生物降解的，并且都可以作为一种营养源加以利用。生物是构成生态系统的要素，生态系统内物质循环主要是依靠生物过程来完成的。

第一节　环境生物技术的微生物学基础

微生物与环境保护有着极为密切的关系。环境受到污染后，在物理、化学和生物特别是微生物的作用下，污染物被逐步降解、消除并达到自然净化的过程叫环境自净。在环境自净中，微生物具有十分突出的作用。利用微生物在处理环境污染物和环境监测等方面，已取得了很大的成果，微生物在环境保护中有奇特的作用，比如净化土壤、净化水质。自然界中的各种物质以及许多污染环境的人工合成物，特别是有机化合物，几乎都可被微生物降解或转化。微生物种类繁多，人们研究得最多、也较深入的主要有细菌、放线菌、蓝细菌、支原体、立克次体、古菌、真菌、显微藻类、原生动物、病毒、类病毒和朊病毒等。

一、微生物的类群和形态结构

1. 细菌

细菌是一类细胞细而短（细胞直径约0.5μm）、结构简单、细胞壁坚韧、以二等分裂方式繁殖、水生性较强的原核微生物，分布广泛。

（1）细菌的形态　细菌按其外形，分为球菌、杆菌和螺形菌三大类（图2－1）。

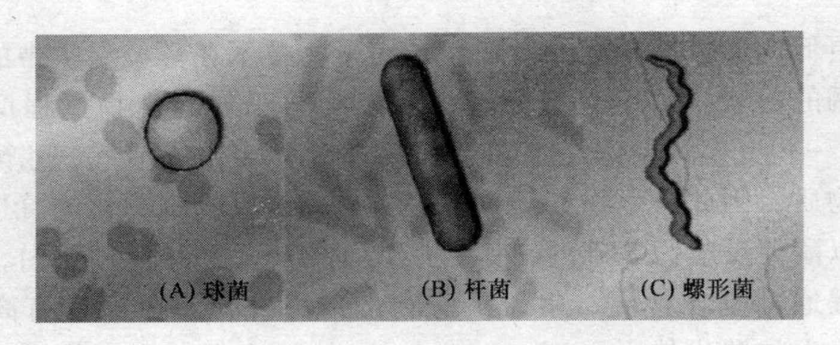

图 2－1　细菌形态

①球菌　直径为 1μm 左右，呈球形或近似球形（豆形、肾形、矛头形等）。根据球菌繁殖时分裂平面不同和分裂后菌体间相互黏附程度及排列方式不同，可分为：双球菌、链球菌、葡萄球菌。

②杆菌　呈杆状。根据杆菌形态上的差异，可把杆菌分为：棒状杆菌、球杆菌、分枝杆菌（如炭疽芽孢杆菌）。

③螺形菌　菌体弯曲，可分为两类：一是弧菌，菌体长 2～3μm，只有一个弯曲，呈弧形或逗点状，如霍乱弧菌；二是螺菌，菌体较长，3～6μm，有数个弯曲，较僵硬，如鼠咬热螺菌。

（2）细菌的结构　细菌的基本结构包括细胞壁、细胞膜、细胞质、核区（图 2－2）。细菌的附属结构包括质粒、荚膜、鞭毛、菌毛和芽孢。质粒是某些细菌除染色体外的遗传因子，特点是能自我复制、可转移性、相溶与不相溶、大小不等、控制次要性状。荚膜是部分细菌在生活过程中，在细胞壁外产生的一种疏松透明的黏液层，内含多个细菌时称为菌胶团。荚膜按厚度分大荚膜、微荚膜、黏液层。其形成与菌种和营养条件有关。功能主要是保护、抗吞噬、抗干燥（图 2－3）。鞭毛是杆菌、弧菌、螺菌和少数球菌在菌体上附有的细长呈波状弯曲的具有运动功能的丝状毛（图 2－4）。菌毛，细丝状物，数量极多，周身排列，无运动功能，化学本质为菌毛蛋白亚单位。分为普通菌毛和性菌毛。功能可能是黏附和传递遗传物质。芽孢是细菌的休眠体，能够抵抗恶劣环境因素。因不同细菌芽孢的形态不同，可作为鉴别的依据。

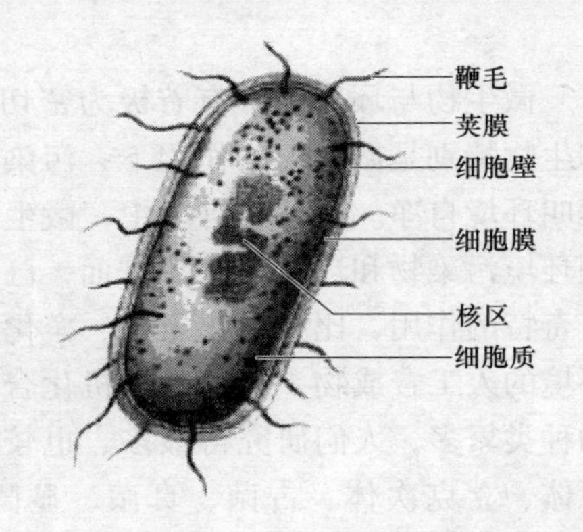

图 2－2　细菌结构

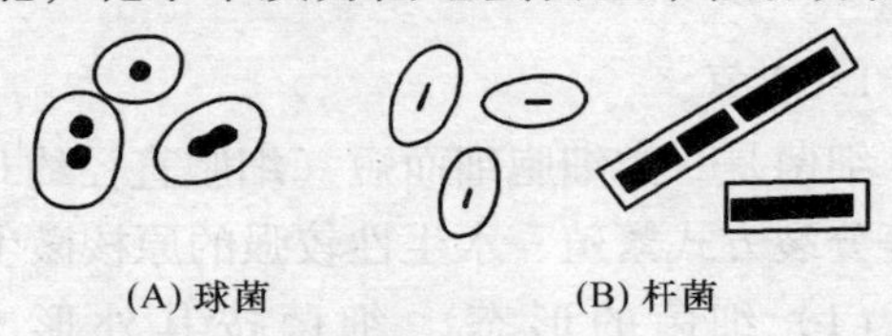

图 2－3　细菌的荚膜

(3) 细菌的繁殖　二分分裂繁殖是细菌最普遍、最主要的繁殖方式。在分裂前先延长菌体，染色体复制为二，然后垂直于长轴分裂，细胞赤道附近的细胞质膜凹陷生长，直至形成横隔膜，同时形成横隔壁，这样便产生两个子细胞。

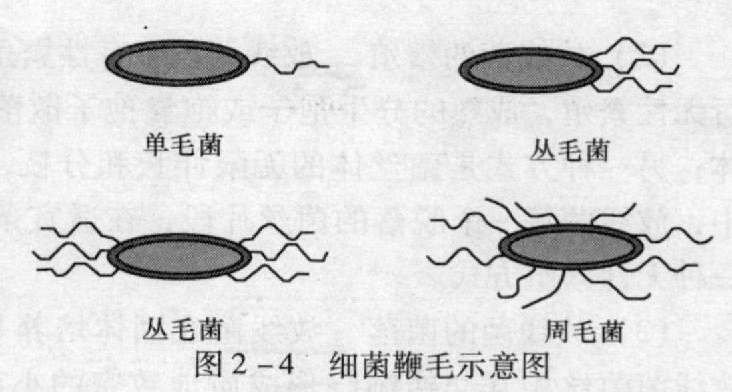

图2-4　细菌鞭毛示意图

(4) 细菌的菌落　单个或少数细菌细胞生长繁殖后，会形成以母细胞为中心的一堆肉眼可见、有一定形态构造的子细胞集团，这就是菌落。细菌菌落常表现为湿润、黏稠、光滑、较透明、易挑取、质地均匀以及菌落正反面或边缘与中央部位颜色一致等。细菌的菌落特征因种而异。可作为鉴定细菌种的依据。

2. 放线菌

(1) 放线菌的形态、大小和结构　放线菌的形态比细菌复杂些，但仍属于单细胞。在显微镜下，放线菌呈分枝丝状，我们把这些细丝一样的结构叫做菌丝，菌丝直径与细菌相似，小于1μm。菌丝细胞的结构与细菌基本相同（图2-5）。

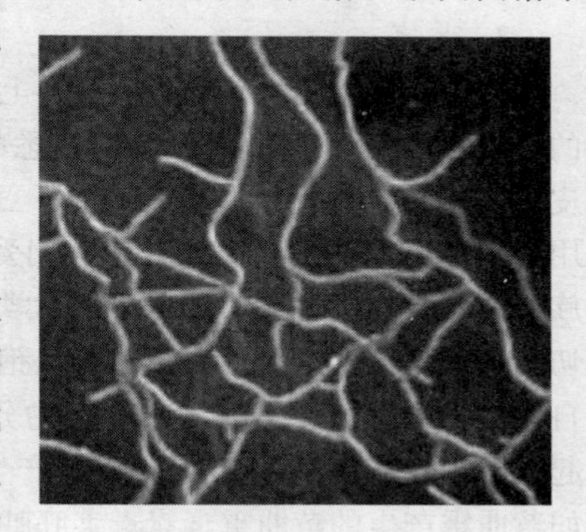
图2-5　放线菌的菌丝

根据菌丝形态和功能的不同，放线菌菌丝可分为基内菌丝、气生菌丝和孢子丝三种。链霉菌属是放线菌中种类最多、分布最广、形态特征最典型的类群（图2-6）。

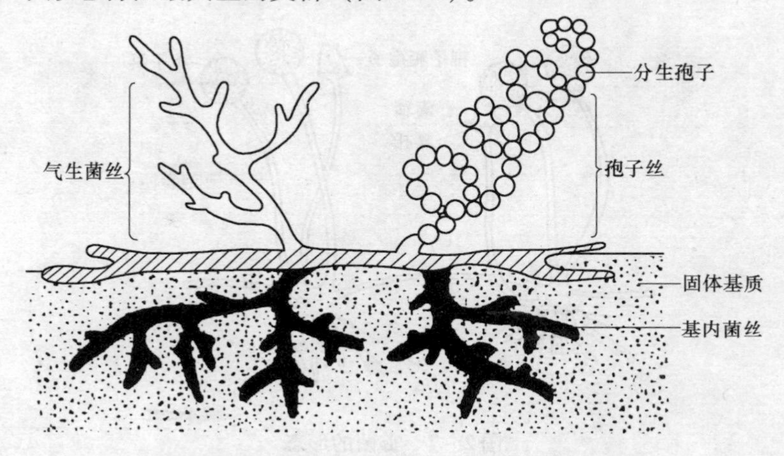

图2-6　链霉菌的一般形态和构造

（2）放线菌的繁殖　放线菌没有有性繁殖，主要通过形成无性孢子方式进行无性繁殖，成熟的分生孢子或孢囊孢子散落在适宜环境里发芽形成新的菌丝体；另一种方式是菌丝体的无限伸长和分枝，在液体振荡培养（或工业发酵）中，放线菌每一个脱落的菌丝片段，在适宜条件下都能长成新的菌丝体，也是一种无性繁殖方式。

（3）放线菌的菌落　放线菌在固体培养基上形成与细菌不同的菌落特征，放线菌菌丝相互交错缠绕形成质地致密的小菌落，干燥、不透明、难以挑取，当大量孢子覆盖于菌落表面时，就形成表面为粉末状或颗粒状的典型放线菌菌落，由于基内菌丝和孢子常有颜色，使得菌落的正反面呈现出不同的色泽。

3. 霉菌

真菌在微生物世界中可以称得上是个“巨人家族”，真菌的个头较大，其中的许多成员对我们来说都是很熟悉的。例如，在潮湿的天气里，粮食、衣服、皮鞋上长的霉；我们做酱、酱油、豆腐乳用的曲霉和毛霉等霉菌；发面、酿酒用的酵母菌等都是真菌，就连人们爱吃的蘑菇、木耳等蕈子，也都是真菌大家族的成员。真菌是微生物中的一大类群，属于真核微生物，与人类关系非常密切。真菌是抗生素（如青霉素、头孢霉素）、有机酸等多种发酵工业的基础，在自然界中则扮演着各种复杂有机物分解者的角色。然而有些真菌是病原菌，引起人类和动植物病害，有些真菌产生毒素，使人、畜中毒，严重者引起癌症。如黄曲霉产生的黄曲霉毒素毒害肝脏，易引发肝癌。

霉菌是丝状真菌的俗称，意即“发霉的真菌”，它们往往能形成分枝繁茂的菌丝体，但又不像蘑菇那样产生大型的子实体（图2－7）。在潮湿温暖的地方，很多物品上长出一些肉眼可见的绒毛状、絮状或蛛网状的菌落，那就是霉菌。

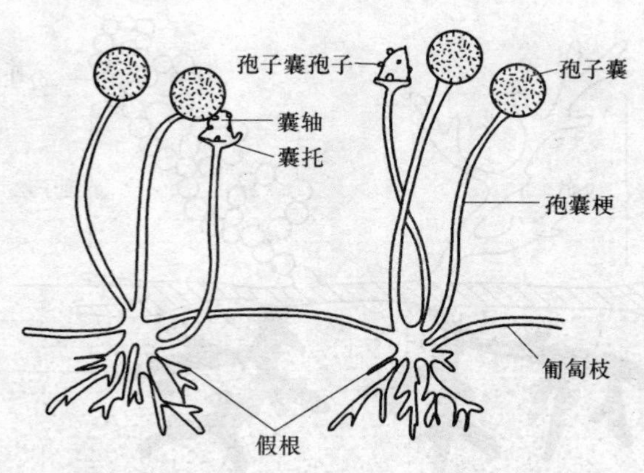

图2－7　霉菌的形态

（1）霉菌的形态、大小和结构

①霉菌的菌丝　构成霉菌营养体的基本单位是菌丝。菌丝是一种管状的细丝，把它放在显微镜下观察，很像一根透明胶管，它的直径一般为 3～10μm，比细菌和放线菌的细胞粗几倍到几十倍。菌丝可伸长并产生分枝，许多分枝的菌丝相互交织在一起，就叫菌丝体。

根据菌丝中是否存在隔膜，可把霉菌菌丝分成下面两种类型。

无隔膜菌丝：菌丝中无隔膜，整团。菌丝体就是一个单细胞，其中含有多个细胞核。这是低等真菌（即鞭毛菌亚门和接合菌亚门中的霉菌）所具有的菌丝类型。

有隔膜菌丝：菌丝中有隔膜，被隔膜隔开的一段菌丝就是一个细胞，菌丝体由很多个细胞组成，每个细胞内有 1 个或多个细胞核。在隔膜上有 1 至多个小孔，使细胞之间的细胞质和营养物质可以相互沟通。这是高等真菌（即子囊菌亚门和半知菌亚门中的霉菌）所具有的菌丝类型。

②霉菌菌丝的变态　为适应不同的环境条件和更有效地摄取营养满足生长发育的需要，许多霉菌的菌丝可以分化成一些特殊的形态和组织，这种特化的形态称为菌丝变态。

吸器：由专性寄生霉菌（如锈菌、霜霉菌和白粉菌等）产生的菌丝变态，它们是从菌丝上产生出来的旁枝，侵入细胞内分化成根状、指状、球状和佛手状等，用以吸收寄主细胞内的养料。

假根：根霉属霉菌的菌丝与营养基质接触处分化出的根状结构，有固着和吸收养料的功能。

菌网和菌环：某些捕食性霉菌的菌丝变态成环状或网状，用于捕捉其他小生物（如线虫、草履虫等）。

菌核：大量菌丝集聚成的紧密组织，是一种休眠体，可抵抗不良的环境条件。其外层组织坚硬，颜色较深；内层疏松，大多呈白色。如药用的茯苓、麦角都是菌核。

子实体：是由大量气生菌丝体特化而成，子实体是指在里面或上面可产生孢子的、有一定形状的任何构造。例如有三类能产有性孢子的结构复杂的子实体，分别称为闭囊壳、子囊壳和子囊盘。

（2）霉菌的繁殖　霉菌有着极强的繁殖能力，而且繁殖方式也是多种多样的。虽然霉菌菌丝体上任一片段在适宜条件下都能发展成新个体，但在自然界中，霉菌主要依靠产生形形色色的无性或有性孢子进行繁殖。孢子有点像植物的种子，不过数量特别多，特别小。

①霉菌的无性孢子　直接由生殖菌丝的分化而形成，常见的有节孢子、厚垣孢子、孢囊孢子和分生孢子。

节孢子：菌丝生长到一定阶段时出现横隔膜，然后从隔膜处断裂而形成的细胞称为节孢子。如白地霉产生的节孢子。

厚垣孢子：某些霉菌种类在菌丝中间或顶端发生局部的细胞质浓缩和细胞壁加厚，最后形成一些厚壁的休眠孢子，称为厚垣孢子。如毛霉属中的总状毛霉。

孢囊孢子：在孢子囊内形成的孢子叫孢囊孢子。孢子囊是由菌丝顶端细胞膨大而成，膨大部分的下方形成隔膜与菌丝隔开，膨大细胞的原生质分化成许多小块，每小块可发育成一个孢子。孢囊孢子有两种类型，一种为生鞭毛，能游动的叫游动孢子，如鞭毛菌亚门中的绵霉属；另一种是不生鞭毛，不能游动的叫静孢子，如接合菌亚门中的根霉属。

分生孢子：是在生殖菌丝顶端或已分化的分生孢子梗上形成的孢子，分生孢子有单生、成链或成簇等排列方式，是子囊菌和半知菌亚门的霉菌产生的一类无性孢子。

②霉菌的有性繁殖和有性孢子　经过两性细胞结合而形成的孢子称为有性孢子。霉菌的有性繁殖过程一般分为三个阶段，即质配、核配和减数分裂。

质配是两个配偶细胞的原生质融合在同一细胞中，而两个细胞核并不结合，每个核的染色体数都是单倍的。

核配即两个核结合成一个双倍体的核。

减数分裂则使细胞核中的染色体数目又恢复到原来的单倍体。

有性孢子的产生不及无性孢子那么频繁和丰富，它们常常只在一些特殊的条件下产生。常见的有卵孢子、接合孢子、子囊孢子和担孢子，分别由鞭毛菌亚门、接合菌亚门、子囊菌亚门和担子菌亚门的霉菌所产生。

卵孢子：菌丝分化成形状不同的雄器和藏卵器，雄器与藏卵器结合后所形成的有性孢子叫卵孢子。

接合孢子：由菌丝分化成两个形状相同、但性别不同的配子囊结合而形成的有性孢子叫接合孢子。

子囊孢子：菌丝分化成产囊器和雄器，两者结合形成子囊，在子囊内形成的有性孢子即为子囊孢子。

担孢子：菌丝经过特殊的分化和有性结合形成担子，在担子上形成的有性孢子即为担孢子。

霉菌的孢子具有小、轻、干、多，以及形态色泽各异、休眠期长和抗逆性强等特点，每个个体所产生的孢子数，经常是成千上万的，有时竟达几百亿、几千亿甚至更多。这些特点有助于霉菌在自然界中随处散播和繁殖。对人类的实践来说，孢子的这些特点有利于接种、扩大培养、菌种选育、保藏和鉴定等工作，对人类的不利之处则是易于造成污染、霉变和易于传播动植物的霉菌病害。

（3）霉菌的菌落　由于霉菌的菌丝较粗而长，因而霉菌的菌落较大，有的霉菌的菌丝蔓延，没有局限性，其菌落可扩展到整个培养皿，有的种则有一定的局限性，直径1~2cm或更小。菌落质地一般比放线菌疏松，外观干燥，不透明，呈现或紧或松的蛛网状、绒毛状或棉絮状；菌落与培养基的连接紧密，不易挑取；菌落正反面的颜色和边缘与中心的颜色常不一致。

4. 酵母菌

酵母菌是人类实践中应用比较早的一类微生物，我国古代劳动人民就利用酵母菌酿酒；酵母菌的细胞里含有丰富的蛋白质和维生素，所以也可以做成高级营养品添加到食品中，或用作饲养动物的高级饲料。酵母菌在自然界中分布很广，尤其喜欢在偏酸性且含糖较多的环境中生长，例如，在水果、蔬菜、花蜜的表面和在果园土壤中最为常见。

（1）酵母菌的形态、大小和结构　酵母菌是单细胞真核微生物。酵母菌细胞的形态通常有球形、卵圆形、腊肠形、椭圆形、柠檬形或藕节形等。比细菌的单细胞个体要大得多。酵母菌无鞭毛，不能游动。

酵母菌具有典型的真核细胞结构，有细胞壁、细胞膜、细胞核、细胞质、液泡、线粒体等，有的还具有微体。

（2）酵母菌的菌落　大多数酵母菌的菌落特征与细菌相似，但比细菌菌落大而厚，菌落表面光滑、湿润、黏稠，容易挑起，菌落质地均匀，正反面和边缘、中央部位的颜色都很均一，菌落多为乳白色，少数为红色，个别为黑色。

（3）酵母菌的繁殖　酵母菌有多种繁殖方式，有人把只进行无性繁殖的酵母菌称作“假酵母”，而把具有有性繁殖的酵母菌称作“真酵母”。

①酵母菌的无性繁殖

芽殖：酵母菌最常见的无性繁殖方式是芽殖（图2-8）。芽殖发生在细胞壁的预定点上，此点被称为芽痕，每个酵母细胞有一至多个芽痕。成熟的酵母细胞长出芽体，母细胞的细胞核分裂成两个子核，一个随母细胞的细胞质进入芽体内，当芽体接近母细胞大小时，自母细胞脱落成为新个体，如此继续出芽。如果酵母菌生长旺盛，在芽体尚未自母细胞脱落前，即可在芽体上又长出新的芽体，最后形成假菌丝状。

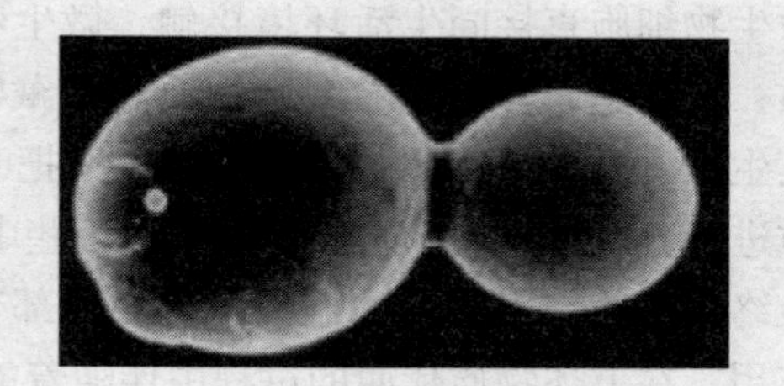

图2-8　酵母菌

裂殖：是少数酵母菌进行的无性繁殖方式，类似于细菌的裂殖。其过程是细胞延长，核分裂为二，细胞中央出现隔膜，将细胞横分为两个具有单核的子细胞。

酵母菌的有性繁殖　酵母菌是以形成子囊和子囊孢子的方式进行无性繁殖

的。两个临近的酵母细胞各自伸出一根管状的原生质突起，随即相互接触、融合，并形成一个通道，两个细胞核在此通道内结合，形成双倍体细胞核，然后进行减数分裂，形成4个或8个细胞核。每一子核与其周围的原生质形成孢子，即为子囊孢子，形成子囊孢子的细胞称为子囊。

②酵母的有性繁殖则是通过形成子囊和子囊孢子。酵母菌是以形成子囊和子囊孢子的方式进行有性繁殖的。两个临近的酵母细胞各自伸出一根管状的原生质突起，随即相互接触、融合，并形成一个通道，两个细胞核在此通道内结合，形成双倍体细胞核，然后进行减数分裂，形成4个或8个细胞核。每一子核与其周围的原生质形成孢子，即为子囊孢子，形成子囊孢子的细胞称为子囊。

5. 病毒

（1）形态结构　病毒的形态基本可归纳为三种：杆状、球状和这两种形态结合的复合型。没有细胞构造，病毒粒子的主要成分是核酸和蛋白质，在宿主细胞协助下，通过核酸的复制和核酸蛋白装配的形式进行增殖。病毒粒子通常形成螺旋对称、二十面体对称和复合对称。

病毒粒子是无法用光学显微镜观察的亚显微颗粒，但当他们大量聚集在一起并使宿主细胞发生病变时，就可以用光学显微镜加以观察。例如动植物细胞中的病毒包涵体；有的还可用肉眼看到，如噬菌体的噬菌斑等。

（2）繁殖方式　病毒只有在宿主细胞里才能进行繁殖，而且是通过复制的方式进行的。概括起来可分为吸附、侵入、脱壳、生物合成、装配与释放五个步骤。

二、微生物的代谢

微生物同其他生物一样都是具有生命的，新陈代谢作用贯穿于它们生命活动的始终，新陈代谢作用包括合成代谢（同化作用）和分解代谢（异化作用）。微生物细胞直接同生活环境接触，微生物不停地从外界环境吸收适当的营养物质，在细胞内合成新的细胞物质和储藏物质，并储存能量，即同化作用，这是其生长、发育的物质基础；同时，又把衰老的细胞物质和从外界吸收的营养物质进行分解变成简单物质，并产生一些中间产物作为合成细胞物质的基础原料，最终将不能利用的废物排出体外，一部分能量以热量的形式散发，这便是异化作用。在上述物质代谢的过程中伴随着能量代谢的进行，在物质的分解过程中，伴随着能量的释放，这些能量一部分以热的形式散失，一部分以高能磷酸键的形式储存在三磷酸腺苷（ATP）中，这些能量主要用于维持微生物的生理活动或供合成代谢需要。

微生物的代谢作用是由微生物体内一系列有一定次序的、连续性的生物化学反应所组成，这些生化反应在生物体内可以在常温、常压和pH中性条件下极其迅速地进行，这是由于生物体内存在着多种多样的酶和酶系，绝大多数的生化反应是在特定酶催化下进行的。

同化作用和异化作用它们两者既是矛盾的，又是统一的，微生物同其他生物一样，新陈代谢作用是它最基本的生命过程，也是其他一切生命现象的基础。

1. 微生物的呼吸（生物氧化）类型

根据在底物进行氧化时，脱下的氢和电子受体的不同，微生物的呼吸可以分为如下三个类型。

（1）好氧呼吸　以分子氧作为最终电子受体的生物氧化过程，称为好氧呼吸。许多异养微生物在有氧条件下，以有机物作为呼吸底物，通过呼吸而获得能量。以葡萄糖为例，通过 EMP 途径和 TCA 循环被彻底氧化成二氧化碳和水，生成 38 个 ATP，化学反应式如下：

$$C_6H_{12}O_6 + 6O_2 + 38ADP + 38Pi \longrightarrow 6CO_2 + 6H_2O + 38ATP$$

（2）厌氧呼吸　以无机氧化物作为最终电子受体的生物氧化过程，称为厌氧呼吸。能起这种作用的化合物有硫酸盐、硝酸盐和碳酸盐。这是少数微生物的呼吸过程。例如脱氮小球菌利用葡萄糖氧化成二氧化碳和水，而把硝酸盐还原成亚硝酸盐（故称反硝化作用），反应式如下：

$$C_6H_{12}O_6 + 12NO_3^- \longrightarrow 6CO_2 + 6H_2O + 12NO_2^- + 429kcal$$

（3）发酵作用　如果电子供体是有机化合物，而最终电子受体也是有机化合物的生物氧化过程称为发酵作用。在发酵过程中，有机物既是被氧化了基质，又是最终的电子受体，但是由于氧化不彻底，所以产能比较少。酵母菌利用葡萄糖进行酒精发酵，只释放 2.26×10^5J 热量，其中只有 9.6×10^4J 储存于 ATP 中，其余又以热的形式丧失，反应式如下：

$$C_6H_{12}O_6 + 2ADP + 2Pi \longrightarrow 2C_2H_5OH + 2CO_2 + 2ATP$$

2. 微生物的分解代谢

微生物对自然界中的各种物质以及许多污染环境的人工合成物，特别是有机化合物如纤维素、半纤维素、淀粉等糖类物质，进行降解或转化。利用微生物的分解代谢达到环境自净的目的。

（1）微生物糖代谢的途径　微生物糖代谢的主要途径有：EMP 途径和 HMP 途径。

①EMP 途径　EMP 途径也称己糖双磷酸降解途径或糖酵解途径。这个途径的特点是当葡萄糖转化成 1,6 - 二磷酸果糖后，在果糖二磷酸醛缩酶作用下，裂解为两个 3C 化合物，再由此转化为 2 分子丙酮酸。

总反应式为：

$$C_6H_{12}O_6 + 2NAD + 2(ADP + Pi) \longrightarrow 2CH_3COCOOH + 2ATP + 2NADH_2$$

EMP 途径的关键酶是磷酸己糖激酶和果糖二磷酸醛缩酶，它开始时消耗

ATP，后来又产生 ATP，总计起来，每分子葡萄糖通过 EMP 途径净合成 2 分子 ATP，产能水平较低。

EMP 途径是生物体内 6-磷酸葡萄糖转变为丙酮酸的最普遍的反应过程，许多微生物都具有 EMP 途径。但 EMP 途径往往是和 HMP 途径同时存在于同一种微生物中，以 EMP 途径作为唯一降解途径的微生物极少，只有在含有牛肉汁酵母膏复杂培养基上生长的同型乳酸细菌可以利用 EMP 作为唯一降解途径。EMP 途径的生理作用主要是为微生物代谢提供能量（即 ATP），还原剂（即 $NADH_2$）及代谢的中间产物如丙酮酸等。

在 EMP 途径的反应过程中所生成的 $NADH_2$ 不能积累，必须被重新氧化为 NAD 后，才能保证继续不断地推动全部反应的进行。$NADH_2$ 重新氧化的方式，因不同的微生物和不同的条件而异。厌氧微生物及兼厌氧性微生物在无氧条件下，$NADH_2$ 的受氢体可以是丙酮酸，如乳酸细菌所进行的乳酸发酵，也可以是丙酮酸的降解产物——乙醛，如酵母的乙醇发酵等。好氧性微生物和在有氧条件下的兼厌氧性微生物经 EMP 途径产生的丙酮酸进一步通过三羧酸循环，被彻底氧化，生成 CO_2，氧化过程中脱下的氢和电子经电子传递链生成 H_2O 和大量 ATP。

三羧酸循环（简称 TCA 环），总反应式为：

$$CH_3COSCoA + 2O_2 + 12(ADP + Pi) \longrightarrow 2CO_2 + H_2O + 12ATP + CoA$$

TCA 环产生能量的水平是很高的，每氧化一分子乙酰 CoA，可产生 12 分子 ATP。

葡萄糖经 EMP 途径和 TCA 环彻底氧化成 CO_2 和 H_2O 的全部过程为：

a. $C_6H_{12}O_6 + 2NAD + 2(ADP + Pi) \longrightarrow 2CH_3COCOOH + 2ATP + 2NADH_2$

$$2NADH_2 + O_2 + 6(ADP + Pi) \longrightarrow 2NAD + 2H_2O + 6ATP$$

b. $2CH_3COCOOH + 2NAD + 2CoA \longrightarrow 2CH_3COSCoA + 2CO_2 + 2NADH_2$

$$2NADH_2 + O_2 + 6(ADP + Pi) \longrightarrow 2NAD + 2H_2O + 6ATP$$

c. $2H_3COSCoA + 4O_2 + 24(ADP + Pi) \longrightarrow 4CO_2 + 2H_2O + 24ATP + 2CoA$

总反应式：$C_6H_{12}O_6 + 6O_2 + 38(ADP + Pi) \longrightarrow 6CO_2 + 6H_2O + 38ATP$

TCA 循环的关键酶是柠檬酸合成酶，它催化草酰乙酰与乙酰 CoA 合成柠檬酸的反应。很多微生物中都存在这条循环途径，它除了产生大量能量，作为微生物生命活动的主要能量来源以外，还有许多生理功能。特别是循环中的某些中间代谢产物是一些重要的细胞物质，如各种氨基酸、嘌呤、嘧啶及脂类等生物合成前体物，例如乙酰 CoA 是脂肪酸合成的起始物质；α-酮戊二酸可转化为谷氨酸，草酰乙酸可转化为天冬氨酸，而且上述这些氨基酸还可转变为其他氨基酸，并参与蛋白质的生物合成。另外，TCA 环不仅是糖有氧降解的主要途径，也是脂、蛋白质降解的必经途径，例如脂肪酸经β－氧化途径，变成乙酰CoA可进入TCA环彻底氧化成CO_2和H_2O；又如丙氨酸，天冬氨酸，谷氨酸等经脱氨基作用后，可分别形成丙酮酸，草酰乙酸，α－酮戊二酸等，它们都可进入TCA环被彻底氧化。因此，TCA环实际上是微生物细胞内各类物质的合成和分解代谢的中心枢纽。

②HMP途径　HMP途径也称己糖单磷酸降解途径或磷酸戊糖循环。这个途径的特点是当葡萄糖经一次磷酸化脱氢生成6－磷酸葡萄糖酸后，在6－磷酸葡萄糖酸脱氢酶作用下，再次脱氢降解为1分子CO_2和1分子磷酸戊糖。磷酸戊糖的进一步代谢较复杂，由3分子磷酸己糖经脱氢脱羧生成的3分子磷酸戊糖，3分子磷酸戊糖之间，在转酮酶和转醛酶的作用下，又生成2分子磷酸己糖和一分子磷酸丙糖，磷酸丙糖再经EMP途径的后半部反应转为丙酮酸，这个反应过程称为HMP途径。完全HMP途径的总反应式为：

$$6－磷酸葡萄糖 + 7H_2O + 12NADP \longrightarrow 6CO_2 + 12NADPH_2 + H_3PO_4$$

不完全HMP途径反应所生成的3－磷酸甘油醛经过EMP途径的后半部分，转化成丙酮酸。不完全HMP途径的总反应式为：

$$6－磷酸葡萄糖 + 7H_2O + 12NADP \longrightarrow CH_3COCOOH + 3CO_2 + 6NADPH_2 + ATP$$

HMP途径普遍存在于微生物细胞中，通常是和EMP途径同时存在一种微生物中。能以HMP途径作为唯一降解途径的微生物，目前发现的只有亚氧化醋酸杆菌。

（2）多糖的分解　多糖分解的种类很多，如淀粉、纤维素、果胶质的分解。淀粉是多种微生物用作碳源的原料，是葡萄糖的多聚物，有直链淀粉和支链淀粉之分。微生物对淀粉的分解是由微生物分泌的淀粉酶催化进行的。淀粉酶是水解淀粉糖苷键一类酶的总称，它的种类有以下几种。

①液化型淀粉酶（又称α－淀粉酶）　这种酶可以任意分解淀粉的α－1,4糖苷键，而不能分解α－1,6糖苷键。淀粉经该酶作用以后，黏度很快下降，液化后变为糊精，最终产物为糊精、麦芽糖和少量葡萄糖。由于这种酶能使淀粉表现为液化，淀粉黏度急速下降，故称液化酶，又由于生成的麦芽糖在光学上是α型，所以又称为α－淀粉酶。

产生α－淀粉酶的微生物很多，如细菌、霉菌、放线菌。

②糖化型淀粉酶　这类酶又可细分为好几种，其共同特点将淀粉水解为麦芽糖或葡萄糖，故称为糖化型淀粉酶。

a. β－淀粉酶（淀粉1,4－麦芽糖苷酶）。此酶作用方式是从淀粉分子的非还原性末端开始，逐次分解。分解物以麦芽糖为单体，但不能作用于也不能越过α－1,6糖苷键，这样分解到最后，仍会剩下较大分子的极限糊精。由于生成的麦芽糖，在光学上是β型，所以称为β－淀粉酶。

b. 糖化酶（淀粉1,4－葡萄糖苷酶、淀粉1,6－葡萄糖苷酶）。此酶对α－1,4－糖苷键能作用，对α－1,6－糖苷键也能分解，所以最终产物几乎全是葡萄糖。

常用于生产糖化酶的菌种有根霉、曲霉等。

c. 异淀粉酶（淀粉1,6－糊精酶）。此酶可以分解淀粉中的α－1,6－糖苷键，生成较短的直链淀粉。异淀粉酶用于水解由α－淀粉酶产生的极限糊精和由β－淀粉酶产生的极限糊精。

异淀粉酶存在于产气气杆菌、中间埃希杆菌、软链球菌、链霉菌等。

微生物产生的淀粉酶广泛用于粮食加工、食品工业、发酵、纺织、医药、轻工、化工等行业。

(3) 纤维素的分解　纤维素的葡萄糖由β－1,4糖苷键组成的大分子化合物。它广泛存在于自然界，是植物细胞壁的主要组成成分。人和动物均不能消化纤维素，但是很多微生物（如木霉、青霉、某些放线菌和细菌）能分解利用纤维素，原因是它们能产生纤维素酶。

纤维素酶是一类纤维素水解酶的总称。它由c1酶、cx酶合成纤维二糖，再经过β－葡萄糖苷酶作用，最终变为葡萄糖，其水解过程如下：

$$\text{天然纤维素}\xrightarrow{\text{C1 酶}}\text{水合纤维素分子}\xrightarrow{\text{Cx1、Cx2 酶}}\text{纤维二糖}\xrightarrow{\text{纤维二糖酶}}\text{葡萄糖}$$

生产纤维素酶的菌种常有绿色木霉、康氏木霉、某些放线菌和细菌。我国采用绿色木霉、木素木霉为菌种，进行了研究、试制。

纤维素酶在为开辟食品及发酵工业原料新来源，提高饲料的营养价值，综合利用农村的农副产品方面将会起着积极的作用，具有重要的经济意义。

(4) 果胶质的分解　果胶是植物细胞的间隙物质，使邻近的细胞壁相连，是半乳糖醛酸以α－1,4糖苷键结合成直链状分子化合物。其羧基大部分形成甲基酯，而不含甲基酯的称为果胶酸。

果胶在浆果中最丰富。它的一个重要特点是在酸和糖存在下，可以形成果冻。食品厂利用这一性质来制造果浆、果冻等食品；但对果汁加工、葡萄酒生产则引起榨汁困难。

果胶酶含有不同的酶系，在果胶分解中起着不同的作用。主要有果胶酯酶和半乳糖醛酸酶两种，引起的反应式如下：

$$\text{果胶}\xrightarrow{\text{果胶酯酶}}\text{甲醇}+\text{果胶酸}\xrightarrow{\text{聚半乳糖醛酸酶}}\text{半乳糖醛酸}$$

果胶酶广泛存在于植物、霉菌、细菌和酵母中。其中以霉菌产的果胶酶产量高，澄清果汁力强，因此工业上常用的菌种几乎都是霉菌，如文氏曲霉、黑曲霉等。果胶酶大多属于诱导酶，故生产时必须添加含果胶的物质，才会提高产量。

(5) 蛋白质的分解　蛋白质是由氨基酸组成的分子巨大、结构复杂的化合物。它们不能直接进入细胞。微生物利用蛋白质，首先分泌蛋白酶至体外，将其分解为大小不等的多肽或氨基酸等小分子化合物后再进入细胞。通式如下：

$$\text{蛋白质} \xrightarrow{\text{蛋白酶}} \text{多肽、氨基酸}$$

产生蛋白酶的菌种很多，细菌、放线菌、霉菌等中均有。不同的菌种可以产生不同的蛋白酶，如黑曲霉主要生产酸性蛋白酶。短小芽孢杆菌用于生产碱性蛋白酶。不同的菌种也可生产功能相同的蛋白酶，同一个菌种也可产生多种性质不同的蛋白酶。

（6）脂肪的分解　脂肪是脂肪酸的甘油三酯。在脂肪酶作用下，可水解生成甘油和脂肪酸，反应式如下：

$$\begin{array}{l} CH_2OCOR_1 \\ | \\ CHOCOR_2 \\ | \\ CH_2OCOR_3 \end{array} + 3H_2O \xrightarrow{\text{脂肪酶}} \begin{array}{l} CH_2OH \\ | \\ CHOH \\ | \\ CH_2OH \end{array} + \begin{array}{l} R_1-COOH \\ \\ R_2-COOH \\ \\ R_3-COOH \end{array}$$

脂肪酶成分较为复杂，作用对象也不完全一样。不同的微生物产生的脂肪酶作用也不一样。能产生脂肪酶的微生物很多，有根霉、圆柱形假丝酵母、小放线菌、白地霉等。

3. 微生物独特的合成代谢

所谓合成代谢，是指微生物利用能量将简单的无机或有机的小分子前体物质同化成高分子或细胞结构物质；但微生物合成代谢时，必须具备三个条件，那就是代谢能量、小分子前体物质和还原基，只有具备了这三个基本条件，合成代谢才能进行。自养型微生物的合成代谢能力很强，它们利用无机物能够合成完全的自身物质；化能异养型微生物所需要的代谢能量、小分子前体物质和还原基都是从复杂的有机物中获得代谢能量、小分子前体物质和还原基，所以，分解代谢和合成代谢是不能分开的，两者在生物体内是有条不紊的平衡过程。

三、微生物对污染物的降解与转化

由于微生物代谢类型多样，所以自然界所有的有机物几乎都能被微生物降解与转化。随着工业的发展，许多人工合成的新的化合物，掺入到自然环境中，引起环境污染。微生物以其个体小、繁殖快、适应性强、易变异等特点，可随环境变化，产生新的自发突变株，也可能通过形成诱导酶、生成新的酶系，具备新的代谢功能以适应新的环境，从而降解和转化那些“陌生”的化合物。大量事实证明微生物有着降解、转化物质的巨大潜力。

1. 环境中的主要污染物

所谓污染物，是指人类在生产生活中，排入大气、水体或土壤内的能引起环境污染，并对人类环境有不利影响的物质的总称。这些物质主要有农药、污泥、烃类、合成聚合物、重金属、放射性核素等。总体可归为无毒污染物和有毒污染物两大类，前者如纤维素、淀粉等有机物和酸、碱等无机物，后者如苯酚、多氯联苯等有机毒物和氰化物、各种重金属等无机毒物。污染物对人类的危害是极其复杂的，有些污染物在短期内通过空气、水、食物链等多种媒介侵入人体，造成急性危害；也有些污染物通过小剂量持续不断地侵入人体，经过相当长时间，才显露出对人体的慢性危害或远期危害，甚至影响到子孙后代的健康。

2. 微生物对农药等有毒污染物的降解

农药是除草剂、杀虫剂、杀菌剂等化学制剂的总称。我国每年使用 50 多万吨农药，利用率只有 10%。绝大部分残留在土壤中，有的被土壤吸附，有的经空气、江河传播扩散，引起大范围污染。目前的农药多是有机氯、有机磷、有机氮、有机硫农药，其中以有机氯农药危害性最大。这些有毒化合物在自然界存留时间长、对人畜危害严重。实验证明，环境中农药的清除主要靠细菌、放线菌、真菌等微生物的作用。

微生物降解农药的方式有两种：一种是以农药作为唯一碳源和能源，或作为唯一的氮源物质，此类农药能很快被微生物降解，如氟乐灵，这是一种新型除草剂，它可作为曲霉属的唯一碳源，所以很易被分解；另一种是通过共代谢作用，共代谢是指一些很难降解的有机物，虽不能作为微生物唯一碳源或能源被降解，但可通过微生物利用其他有机物作为碳源或能源的同时被降解的现象，如直肠梭菌降解 666 时需要有蛋白胨之类物质提供能量才能降解。微生物降解农药主要是通过脱卤作用、脱烃作用，对酰胺及脂的水解、氧化作用、还原作用及环裂解、缩合等方式把农药分子的一些化学基本结构改变而达到的。

3. 重金属的转化

环境污染中所说的重金属一般指汞、镉、铬、铅、砷、银、硒、锡等。微生物特别是细菌、真菌在重金属的生物转化中起重要作用：一方面，微生物可以改变重金属在环境中的存在状态，会使化学物毒性增强，引起严重环境问题，还可以浓缩重金属，并通过食物链积累；另一方面微生物直接和间接的作用也可以去除环境中的重金属，有助于改善环境。

汞所造成的环境污染最早受到关注，汞的微生物转化及其环境意义具有代表性。汞的微生物转化包括三个方面：无机汞的甲基化；有机汞还原成汞；甲基汞和其他有机汞化合物裂解并还原成汞。包括梭菌、脉胞菌、假单胞菌等和许多真菌在内的微生物具有甲基化汞的能力。能使无机汞和有机汞转化为单质汞的微生物也被称为抗汞微生物，包括铜绿假单胞菌、金黄色葡萄球菌、大肠埃希菌等。微生物的抗汞功能是由质粒控制的，编码有机汞裂解酶和无机汞还原酶的是操纵子。

微生物对其他重金属也具有转化能力，硒、铅、锡、砷、铝、镁、金也可以甲基化转化。微生物虽然不能降解重金属，但通过对重金属的转化作用，控制其转化途径，可以达到减轻毒性的作用。

4. 石油的降解

石油是一种含有烃类和少量其他有机物的复杂混合物，可被多种微生物降解。但是，近年来由于原油或各种精炼石油产品在陆地上就地排放或进入水域中，特别是由于油船遇难，或由于海上钻井的操作失控，引起石油的大规模溢漏，因而造成环境污染。给渔业经济和各种海生动、植物带来重大危害。

能降解石油的微生物很多，已报道的有 70 余属 200 多种。土壤真菌和细菌以及海洋细菌，丝状真菌等都是石油的重要降解者，其中以灰绿青霉、产朊假丝酵母等真菌，和假单胞菌属、诺卡菌属、分枝杆菌属中的一些种类，降解能力最强。同时，由于石油是多种烃类的混合物，一般是由多种微生物共同作用而使其降解。

微生物降解石油，主要是在加氧酶的催化作用下，将分子氧组合入基质中，形成一种含氧的中间产物，然后转化成其他物质而参与代谢过程。例如，微生物降解烷烃类的最初产物为相应的醇类，然后被进一步转化为脂肪酸类；另外，微生物降解芳烃类和脂环烃类的起始反应也是加氧，在芳烃的降解中是将氧气的两个原子均组合入芳香环中，而在烷烃和脂环烃的降解中是将氧气中的一个原子组合进去。

5. 固体废弃物的生物处理

固体废弃物处理的方法有物理法、化学法和生物法。其中生物法主要是利用微生物分解有机物，制作有机肥料和沼气，且在发酵过程中 70～80℃ 高温能杀死病原菌、虫卵及杂草种子，达到无害化目的。根据微生物与氧的关系，可分为好氧堆肥法和厌氧发酵法两大类。

（1）好氧堆肥法　好氧堆肥法是指有机弃废物，在好氧微生物作用下，达到稳定化，转变为有利于土壤性状改良并利于作物吸收和利用的有机物的方法。所谓稳定化是指病原性生物的失活，有机物的分解及腐殖质的生成。从堆肥到腐殖质的整个过程中有机污染物发生复杂的分解与合成的变化，可分为如下三个阶段。

①发热阶段　堆肥初期，中温性好氧细菌和真菌，充分利用堆肥中易分解、可溶性物质（淀粉、糖类）而旺盛增殖，释放出热量，使堆肥温度逐渐上升。

②高温阶段　堆肥温度上升到 50℃ 以上进入高温阶段。中温性微生物逐步被高温性微生物取代，堆肥中除剩余的或新形成的可溶性有机物继续被分解转化外，复杂有机物也开始分解，腐殖质开始形成。高温可使有机物快速腐熟，并可杀灭病原性生物。

③降温腐熟保温阶段　当高温持续一段时间后，易分解或较易分解的有机物已大部分被利用，剩下难分解物质（如木质素）和新形成的腐殖质。此时微

生物活动减弱，产生热量少，温度下降，中温性微生物逐渐形成优势种群。残留物质进一步被分解，腐殖质积累不断增加，堆肥进入腐熟阶段。

（2）厌氧发酵法　厌氧发酵法包括厌氧堆肥法和沼气发酵。厌氧堆肥法是指在不通气条件下，微生物通过厌氧发酵将有机弃废物转化为有机肥料，使固体废物无害化的过程。堆制方式与好氧堆肥法基本相同。但此法不设通气系统、有机废弃物在堆内进行厌氧发酵，温度低，腐熟及无害化所需时间长。利用固体废弃物进行沼气发酵与污水的厌氧处理情况基本相似。

第二节 环境生物技术的酶学基础

一、酶的基础知识

酶是一种具有生物活性的蛋白质，有单纯酶和结合酶两种。单纯酶只含蛋白质，不含其他物质，其催化活性仅由蛋白质的结构决定。结合酶则由单纯蛋白质和辅基组成，辅基是结合酶催化活性中不可缺少的部分。

根据催化反应的类型，可以把酶分成六大类：

①氧化还原酶：如细胞色素氧化酶、乳酸脱氢酶、氨基酸氧化酶。

②水解酶：如胃蛋白酶、淀粉酶、蔗糖酶、脂肪酶等。

③转移酶：如转氨酶等。

④裂解酶：如碳酸酐酶等。

⑤异构酶：如磷酸葡萄糖异构酶等。

⑥合成酶：如谷氨酰胺合成酶、谷胱甘肽合成酶等。

酶是一种生物催化剂，它具有一般催化剂的共性，但是酶的催化能力和催化反应条件有其自身的特异性：

①酶的催化效力远远超过化学催化剂（高 108~109 倍）。

②酶催化剂具有高效化学选择性，能从混合物中选择特定异构体进行催化反应。

③酶催化剂对反应条件要求苛刻，如 pH、温度都各有特定的界限，超出界限即可引起酶蛋白的变性与分解。

二、酶与细胞的固定化技术

酶作为各种化学反应的催化剂，除了具有高效、专一的优点之外，同时也存在着一些缺点：如由于酶在本质上是蛋白质，在遇到高温、强酸、强碱时就会失去活性，毫无催化功能可言；又如，酶的分离、提纯和生产，要花费大量的时间，投入大量的技术和劳动，因而成本很高，价钱很贵。对酶工程来说，酶催化反应往往是在稀释液体里进行的，反应完毕，酶难以回收。也就是说，事实上酶只能使用一次，一方面是酶的成本很高，一方面是酶可以反复使用成千上万次而事实上只使用了一次，导致酶的推广应用受到了限制。

由此，出现了酶的固定化技术，即用物理或化学方法处理水溶性的酶，使之变成不溶于水或固定于固相载体的但仍具有酶活性的酶衍生物的一门技术。20世纪60年代初，一位以色列科学家率先取得了突破。他发现，生物细胞里的许多酶并不是独立在溶液里起作用，而是包埋在细胞膜里或其他细胞器里面起作用。于是，他试着把分离得到的酶结合到某种不溶于水的载体上，或者是包埋于天然或人工合成的膜上，这样就装配成了固定化酶。接着他又对固定化酶的催化特性进行观察，出乎意料地发现，许多酶经过固定化以后，活性丝毫未减，稳定性反而有所提高。在反应容器里，固定化酶可以反复利用，成百次、成千次地发挥效能，以不变促成万变。这位以色列科学家万分欣喜地将他的发现公诸于世。这一发现是酶的推广应用的转折点，也是酶工程发展的转折点。在这一发展的基础上，酶的固定化技术日新月异。它表现在下面两方面。

1. 固定化方法

从目前来看，固定化的方法有四大类：吸附法、共价结合法、交联法和包埋法。所使用的载体材料和结合技术五花八门，层出不穷。

（1）吸附法　是指酶被吸附于惰性的固体载体或离子交换剂上的方法，又可分为物理吸附法和离子交换吸附法两种。

①物理吸附法　所用的载体是对酶蛋白有高度吸附能力的硅胶、活性炭、氧化铝、高岭土、石英砂、火棉胶膜、多孔玻璃等。物理法操作简单，反应条件温和，酶活力损失少，载体可反复使用。但由于该法利用的是酶与载体之间的物理吸附力，结合力较弱，当反应液的pH、离子强度、温度、浓度等发生变化时，会导致酶从载体上脱落。

②离子交换吸附法　是利用载体上带有的离子交换基团与酶蛋白分子上的带电基团互相吸引而形成酶的固定。该法与物理法的优缺点类似：具有操作简单、反应条件温和、酶活力损失少、载体可反复使用的优点；也具有离子键结合松散、在高离子强度下酶易脱落的缺点。

（2）共价结合法　是使酶蛋白的非必需基团通过共价键和载体形成不可逆连接的一种固定化方法。常用的载体分两类：一类是天然高分子，如纤维素、葡聚糖凝胶、琼脂糖及其衍生物；另一类是合成的高聚物，如聚苯乙烯、聚丙烯酰胺、氨基酸共聚物等。按载体与酶之间发生的反应不同，分为重氮法、肽法、烷化法和载体交联法四种方法。该法制得的固定化酶，其载体与酶之间的结合比较牢固，在外界因素发生改变及反应中，酶不会脱落，因而，该法制得的固定化酶半衰期较长，可反复使用较长时间。但该法制备较复杂，反应比较剧烈，所得的固定化酶活力回收率较低。

(3) 交联法　是依靠双功能试剂使酶蛋白之间或酶蛋白与其他惰性蛋白之间发生交联而凝集成网状结构的固定化方法。最常用的双功能试剂有戊二醛、顺丁烯二酸酐和乙烯共聚物等。酶蛋白中的游离氨基、酚基、咪唑基及巯基均可参与交联反应。该法反应激烈，单独使用时，所制得的固定化酶颗粒小，机械性能差，酶活性低，现常常与吸附法和包埋法联合使用，效果较佳。

(4) 包埋法　是将酶包埋在凝胶的微小空格里或半透膜的微型胶束内的一种固定化方法。当用包埋法制备固定化酶时，不需要利用酶蛋白上的氨基酸残基进行化学反应，制备条件温和，制得的固定化酶的酶蛋白结构几乎不起变化，因此酶的活力回收率较高，适用于大多数酶及粗酶制剂。常用的材料有聚丙烯酰胺、醋酸纤维素、琼脂、淀粉、卡那胶、明胶、海藻酸钠等。该法最大的缺点是，酶被包埋在内部，大分子底物难以进入酶区域，影响底物与酶的接近，影响催化效率。因此，包埋法一般只适用于小分子底物。

这四种固定化方法各有优缺点，现在，采用联合固定化方法逐渐增多，因联合法可以消除单独应用时所产生的缺点而将各自的优点表现出来。现采用较多的联合法有交联法+包埋法、离交吸附法+包埋法、共价法+包埋法、离交吸附法+交联法等。

2. 固定化细胞

固定下来用于催化反应的，除了各种酶之外，又发展了含有酶的细胞。固定化细胞省却了酶的提取和纯化，而且它具有多种酶，能催化一系列的反应，大大提高了效率。固定化细胞经历了从固定死细胞（其中的酶仍有活性）到固定活细胞的发展过程。与自然酶相比，固定化酶和固定化细胞具有明显的特点。

(1) 固定化酶的优缺点

①与原酶相比，固定化酶有很多的优点：

a. 酶对热、酸、碱、有机溶剂等条件的稳定性都有显著增加。

b. 酶可回收，可以反复利用。

c. 可实现连续化生产，大规模生产。

d. 可根据需要，制成不同性质及形状的固定化酶。

e. 可缩小反应器体积，节省反应器费用，减少反应器占地面积。

f. 反应条件容易控制。

g. 可提高反应产物的纯度和产率。

h. 节省劳动力，生产费用低，具有充分利用资源、节约能源、环境保护方面的优点。

②但酶经固定化后，也存在许多缺点：

a. 酶在固定化之后，其活性多半比原酶的活性要低，而且有的酶经固定化后对底物的特异性也有改变。

b. 酶的固定需要载体和试剂，增添了额外的固定化工作。

c. 固定化酶不适宜于高分子底物。

d. 固定化酶适宜于单级反应，多级反应虽已有应用，但还不多。

e. 若是胞内酶，必须经过细胞破壁及酶的抽提工作。

f. 若是需要辅助因子的酶，固定化后其辅助因子容易丢失，应用过程中有困难。

（2）固定化酶制备的原则　固定化酶最大的缺点是酶活性降低或特异性发生变化，分析其原因大概是因为：酶活性中心的部分氨基酸残基在固定化时参与了固定结合或遭到了破坏；酶蛋白的高级结构发生了改变；底物和产物的扩散和膜通透受到了限制，酶与底物之间的结合机会大大减少；由于所用载体的空间障碍，影响了底物与酶的亲和性；酶蛋白的电子状态发生了变化，酶反应的最适 pH 产生了变化。

因此，在制备固定化酶时，关键在于选择适当的固定化方法和必要的载体，以及进行稳定性研究、改进，避免酶活性过多损失。根据有关专著和综述粗略统计，目前已经进行固定化的酶已超过 100 种。我国研究者也已对 40 多种酶进行了固定化研究。

酶固定化后，首先应当测定固定化酶的活力，以确定固定化过程的活力回收率。研究它的最适反应条件（如底物浓度、pH、温度、离子浓度等）；固定化酶的稳定性和不稳定性原因的探究，以便能改善载体微环境的物化性质；对酶进行人工修饰，使其与载体的结合达到较为理想的状态。经总结，制备固定化酶需遵循下列原则：

①制备固定化酶时应注意保护与酶活性中心有关的基团，尽可能保持原有酶活性。

②制备固定化酶须尽可能在温和条件下进行，避免制备过程中酶活性降低甚至失活。

③制备固定化酶需尽可能使酶与载体结合牢固，使之便于回收、储藏和反复使用。

④固定化酶需有一定的机械强度，以便满足机械化、自动化的需要。

⑤制备固定化酶需尽可能避免造成酶与底物接近的空间障碍。

⑥制备固定化酶所选的载体应尽可能是惰性的，不会与底物、中间产物及产物发生反应。

⑦固定化酶应易于与产物分离，易于回收，可重复使用。

⑧固定化酶应价格低廉，有利于大规模生产。

固定化技术使得酶工程的推广如同雨后春笋一般。从日本首先采用固定化酶来生产氨基酸开始，到如今已有数十个国家采用固定化酶和固定化细胞进行工业生产，产品包括乙醇、啤酒、各种氨基酸、各种有机酸以及药品等。今后酶工程发展的步伐，也将与固定化技术的提高紧紧相连。

三、酶在环境治理中的应用

传统的污染治理方法存在着诸多的自身缺陷，主要表现在：处理效率低下、占地广、浪费土地资源和能源、处理成本高、效果不尽理想、容易产生新废弃副产物，甚至产生新的污染源。所以以环境生物技术为新技术体系解决环境污染问题，成为当今乃至未来发展的方向。酶与酶技术的开发与应用是环境生物技术中重要的部分。

现代研究表明，酶与酶技术与环境保护的关系十分密切。表现在三个方面：第一，在产品加工过程中用酶来替代化学品可以降低生产活动中的污染水平，有利于实现工艺过程生态化或无废生产，真正实现清洁生产的目标；第二，酶作为生物催化剂，只对产品内容起作用，使产品在过程中产生的污染大大减少，利于环境的保护；第三，酶的反应条件温和、专一性强、催化效率高等自身的特点，决定了对污染物处理和环境监测具有高效、快速、可靠的优点。因此，酶工程技术在环境治理领域具有广阔的前景。

酶与酶技术以实际应用的要求为目的，利用酶的催化特性对对象进行有用物质的生产或有害废物的分解。几年来，环保用酶制剂与酶技术已经开始引起学术界的关注。与国外在这方面的研究相比，国内环保用酶的研究工作刚刚起步，在实现工业化、商品化应用方面基本处于空白。其原因主要还在于国内对环保用酶的研究系统方法落后，学科之间单兵作战，科研机构与生产厂商及应用单位相脱节，严重制约了环保用酶与酶技术的开发与应用，一直未能形成工业化和商品化的开发。

环保用酶与酶技术的开发与应用项目，通过应用系统方法，对高效酶类的选用与开发、酶固定化（载体）材料的选择，酶生物反应器的研究与制造，以成本低、速度快、效率高、安全简便的操作解决环境污染中的废水处理问题，开发出新一代的环保用酶制剂和酶生物反应器系列产品，并且使该技术得到产业化。对解决生活污水、工业废水、垃圾渗滤液的无害化处理带来崭新的突破，对环保领域酶制剂开发应用具有积极的意义。

1. 国内酶技术发展的概况及需求

（1）酶的发展现状　酶作为生物催化剂是生物技术产业化的重要一环，它广泛应用于轻工、化工、医药卫生、食品、环保等行业，酶制剂生产已成为21世纪的新兴产业之一。我国从20世纪60年代开始注意酶工程研究和酶制剂的开发，近年来，国际酶制剂行业发展迅速，这与广泛采用基因工程、蛋白质工程及其他新技术有关。国内酶制剂工业的现状是投入少、缺乏核心技术，产品结构不合理、品种单一，重复建设现象严重，酶制剂应用领域仅局限于淀粉加工、洗涤剂工业等，影响了酶制剂行业的发展及应用领域的开拓。全行业整体工艺技术与装备水平落后，绝大多数工厂沿用硫酸铵（硫酸钠）盐析工艺或发酵液直接喷雾干燥工艺，不仅产品质量差，也影响了下游产业产品质量的提高。环保用酶受此影响，处理成本高使用推广慢。因此，加快产品结构调整，努力提高产品质量，已成为酶制剂行业发展的当务之急。

（2）环保用酶应用及现状　酶与酶技术用于环境治理领域，国内目前已经引起研究部门的重视，陆续有了这方面的相关报道，但在实践应用方面的开发仍属鲜见，几乎还处于空白。

（3）环保用酶的市场需求　在社会生活不断现代化、工业化高速发展的今天，环境污染问题已日益严峻，传统的解决环境污染技术和工艺已经满足不了现实的要求，环保领域酶和酶技术的应用发挥越来越重要的作用，同时由于其广阔的市场前景，必将产生巨大的经济效益和社会效益。

2. 酶与酶技术主要研究、开发内容及目标

环保用酶与酶技术是国内研究之前沿领域，是一项系统的研究工程。运用目前国内成熟的酶发酵工艺和提炼工艺生物下游技术，生产低成本、高活性环保用酶和酶固定化载体材料的选取以及酶反应器的生产开发。

酶与酶技术在环保产业中的开发应用项目，主要建立在目前科研单位研究成果的应用及我方科技人员原有的固体发酵生产纤维素酶其他酶的研究成果基础上，采用国内最新，成熟的技术装备，膜分离－超滤装备，“分子切割”技术装备，沸腾一次造粒技术制备高活性酶，以及应用吸附法、交联法等技术开发生产固定化酶，实现酶与酶技术在环保产业中的推广应用，开发出新型高效废水处理的环保用酶和酶生物反应器。

第三节　环境生物技术的生态学基础

一、生态系统的基本概念和特征

1. 生态系统的基本概念

在自然界，任何生物群落都不是孤立存在的，它们总是通过能量和物质的交换与其生存的环境不可分割地相互联系相互作用着，共同形成一种统一的整体，这样的整体就是生态系统。换句话说，生态系统就是在一定地区内，生物和它们的非生物环境（物理环境）之间进行着连续的能量和物质交换所形成的一个生态学功能单位。例如森林、草原、荒漠、冻原、沼泽、河流、海洋、湖

泊等，最大的生态系统就是生物圈。

2. 生态系统的基本特征

（1）有时空概念的复杂的大系统　生态系统通常与一定的时间、空间相联系，以生物为主体，呈网络式的多维空间结构的复杂系统。并且生态系统是一个极其复杂的由多要素、多变量构成的系统，而且不同变量及其不同的组合，以及多种不同组合在一定变量动态之中，又构成了很多亚系统。

（2）有一定的负荷力　生态系统负荷力是涉及用户数量和每个使用者强度的二维概念。在实践中可将有益生物种群保护在一个环境条件所允许的最大种群数量，此时，种群的繁殖数量最快。

（3）有明确的功能　生态系统不是生物分类单元，而是个功能单元。首先是能量的流动，绿色植物通过光合作用把太阳能转变为化学能储藏在植物体内，然后再转给其他动物，这样营养就从一个取食类群转移到另一个取食类群，最后由分解者重新释放到环境中；其次，在生态系统内部生物与生物之间，生物与环境之间不断进行着复杂而有序的物质交换，这种交换是周而复始和不断地进行着，对生态系统起着深刻的影响。

（4）有自我维持、自我调控功能　任何一个生态系统都是开放的，不断有物质和能量的进入和输出。一个自然生态系统中的生物与其环境条件是经过长期进化适应，逐渐建立了相互协调的关系。生态系统的自我调控机能主要表现在三方面：第一是同种生物的种群密度的调控，这是在有限空间内比较普遍存在的种群变动规律；第二是异种生物种群之间的数量调控，多出现在植物与动物、动物与动物之间；第三是生物与环境之间的互相适应的调控。生物经常不断地从所在的生存环境中摄取所需的物质，生存环境也需要对其输出进行及时的补偿，两者进行着输入与输出之间的供需调控。

（5）有动态的、生命的特征　生态系统也和自然界许多事物一样，具有发生、形成和发展的过程。生态系统可分为幼年期、成长期和成熟期，表现出鲜明的历史性特点，从而具有生态系统自身特有的整体演变规律。换言之，任何一个自然生态系统都是经过长期历史发展而成的。

（6）有健康、可持续发展特性　自然生态系统是在数十亿年中发展起来的整体系统，为人类提供了物质基础和良好的生存环境，然而长期以来人类活动已损害了生态系统健康。为此，加强生态系统管理促进生态系统健康和可持续发展是全人类的共同任务。

二、生态系统的基本结构

生态系统结构的一般性模型如图 2－9 所示，模型包括三个亚系统，即生产者亚系统、消费者亚系统和分解者亚系统。图中还表示了系统组成成分间的主要相互作用。

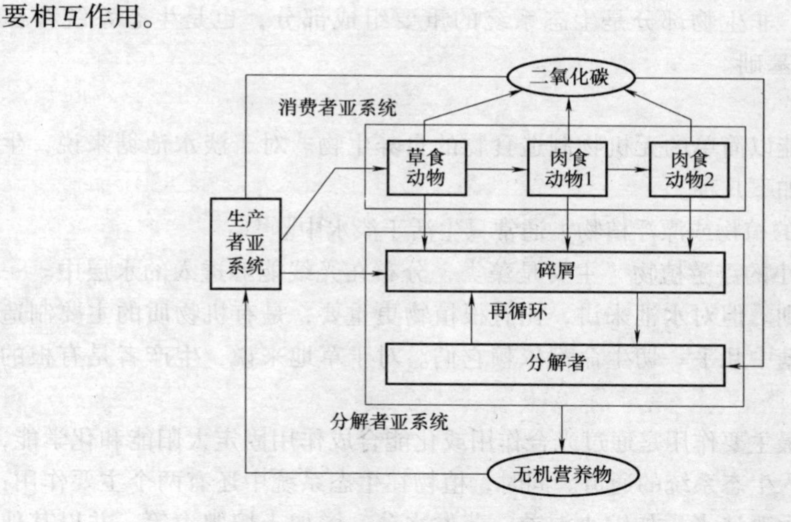

图2－9　生态系统结构的一般性模型

生产者通过光合作用合成复杂的有机物质，使生产者植物的生物量（包括个体生长和数量）增加，所以称为生产过程。

消费者（包括直接取食植物的食草动物和间接取食食草动物的肉食动物）摄食植物已经制造好的有机物质，通过消化、吸收再合成为自身所需的有机物质，增加动物的生产量，所以也是一种生产过程，所不同的是生产者是自养的，消费者是异养的。

分解者的主要功能与光合作用相反，把复杂的有机物分解为简单的无机物，可称为分解过程。生产者、消费者和分解者三个亚系统，加上无机的环境系统（图2－9中简化为无机营养物和二氧化碳），都是生态系统维持其生命活动所必不可少的成分。

由生产者、消费者和分解者这三个亚系统的生物成员与非生物环境成分间通过能流和物流而形成的高层次的生物组织，是一个物种间、生物与环境间协调共生，能维持持续生存和相对稳定的系统。它是地球上生物与环境、生物与生物长期共同进化的结果。

三、生态系统的组成要素及作用

生态系统包括下列四种主要组成成分，现以池塘和草地为例来说明。

1. 非生物部分

非生物部分包括无机物（如C、N、CO_2、Ca、S、P、K、Na等参加物质循环的无机元素和化合物）、有机物（如蛋白质、糖类、脂类和腐殖质等联系生物与无机物之间的成分）和气候状态（如温度、压力、射线、磁场等物理条件）。非生物部分是生态系统的重要组成部分，也是生态系统存在和发展的物质基础。

2. 生产者

生产者是能以简单的无机物制造食物的自养生物。对于淡水池塘来说，生产者主要分为如下几种。

（1）有根的植物或漂浮植物　通常只生活于淡水中。

（2）体形小的浮游植物　主要是藻类，分布在光线能够透入的水层中。一般用肉眼看不到。但对水池来讲，比有根植物更重要，是有机物质的主要制造者。因此，池塘中几乎一切生命都依赖它们。对于草地来说，生产者是有根的绿色植物。

生产者的最主要作用是通过光合作用或化能合成作用固定太阳能和化学能，是外界能量进入生态系统的通道。同时，植物在生态系统中还有两个主要作用：一是环境的强大改造者，如缩小温差、蒸发水分、增加土壤肥力等，并以其他多种方式改变环境；二是有力的促进物质循环。

3. 消费者

所谓消费者是针对生产者而言的，即它们不能从无机物质制造有机物质，而是直接或间接依赖于生产者所制造的有机物质，因此属于异养生物。消费者按其营养方式上的不同又可分为如下几种。

（1）草食动物　是直接以植物体为营养的动物。在池塘中有浮游动物和某些底栖动物两大类，后者如环节动物，它们直接依赖生产者而生存。草地上的食草动物，如一些食草性昆虫和食草性哺乳动物。食草动物可以统称为一级消费者。

（2）食肉动物　即以食草动物为食者。例如，池塘中某些以浮游动物为食的鱼类，在草地上也有以食草动物为食的捕食性鸟兽。以食草性动物为食的食肉动物，可以统称为二级消费者。

（3）大型食肉动物或顶级食肉动物　即以食肉动物为食者。例如，池塘中的黑鱼，草地上的鹰等猛禽。它们可统称为三级消费者。

消费者在生态系统中，不仅对初级生产物起着加工、再生产的作用，而且许多消费者对其他生物种群数量起着重要的调控作用。消费者在生态系统物质循环和能量流动中起着十分重要的作用。

4. 分解者

分解者是异养生物，其作用是把动植物残体的复杂有机物分解为生产者能重新利用的简单化合物，并释放出能量，其作用正与生产者相反。分解者在生态系统中的作用是极为重要的，如果没有它们，动植物尸体将堆积成灾，物质不能循环，生态系统将毁灭。分解作用不是一类生物所能完成的，往往有一系列复杂的过程，各个阶段由不同的生物去完成。池塘中的分解者有两类：一类是细菌和真菌；另一类是蟹、软体动物和蠕虫等无脊椎动物。草地中也有生活在枯枝落叶和土壤上层的细菌和真菌，它们也在进行着分解作用。

四、生态系统的环境功能和自净作用

1. 生态系统的环境功能

（1）生产生物资源　生物资源比如木材、饲料、肉类、鱼类、水果、纤维、香料等都是有生态系统中的生产者直接或间接生产而来，生物资源是主要的维持人类生存与发展的自然资源，人类生存依赖的蛋白质等营养物质都来自一定的生态系统。

（2）蓄水保水功能　生态系统的蓄水保水功能是由地上植被和土壤共同作用的结果。在各类生态系统中，森林的蓄水功能最强，森林具有巨大的涵养水源、调节径流的功能。森林的复杂主体结构，能对降水层层拦截，可将地表径流更多地转化为地下径流。一棵25年生天然树木每小时可吸收150mm降水，一棵22年生人工水源林每小时可吸收300mm降水，而裸露地每小时仅吸收5mm。林地的降水约有65%为林冠截留或蒸发，35%变为地下水。因此，森林在雨季能在一定程度上削弱洪峰流量，延缓洪峰到来时间，延长径流输出时间；在旱季则可增加枯水流量，缩短枯水期长度，达到“消洪补枯”的作用。从松花江水系8个森林覆盖率不同的流域的径流季节分配资料分析，没有森林覆盖的流域，其春季枯水流径仅占全年流径的6.5%，夏季汛期流径却占78%；而森林覆盖率为90%的流域，则分别为28.6%和47.6%。

（3）保护土壤、防止水土流失　水土流失是指在水力、重力、风力等外营力作用下，水土资源和土地生产力的破坏和损失，包括土地表层侵蚀和水土损失，也称水土损失。

森林生态系统具有巨大的水土保持功能。据研究，林地土地只要有1cm厚的枯枝落叶层，就可以使泥沙流失量减少94%。有林地每公顷泥沙流失量为0.05t，无林地为2.22t，相差44倍。20cm的表土层被雨水冲净，有林地需要57700年，裸地仅为18年。

（4）生态系统是防风固沙的屏障　森林生态系统具有防风固沙的功能。其防风效益是从降低风速和改变风向两个方面表现的。一条疏透结构的防护林带，迎风面防风范围可达林带高度的3~5倍，背风面可达林带高度的25倍，在防风范围内，风速减低20%~50%，如果林带和林网配置合理，可将灾害性的风变成小风、微风，乔木、灌木草的根系可以固着土壤颗粒，防止其沙化，或者把被固定的沙土经过生物作用改变成具有一定肥力的土壤。

在 1995 年 5 月那场西北特大沙尘暴袭击中，林草覆盖度在 30% 以上的地带和农田防护林占地 10% 以上形成防护林体系的农田，都没有受灾或受灾很轻。反之，农作物几乎绝产或严重减产。据不完全统计，我国耕地实现农田林网化的地区，仅小麦一项就增产 5% ~20%。更重要的是，森林参与了构建新的稳定性强、生物生产力高的复合农业生态系统，这种复杂的生产结构，既可以形成经济合理的物质能量流通过程，构成复杂的食物链，又对自然灾害具有极大的抗逆性，有效地抵御风沙对经济作物的侵袭。

（5）净化空气、减轻和治理污染、满足人类身心健康和精神享受的功能

世界卫生组织和联合国环境署报告，现在城市里有 6.25 亿人生活在含硫烟气中，占世界人口总数 1/5 的 10 亿人口生活在对人体有害的气体之中。冶炼厂、化肥厂、发电厂等都有大量二氧化硫的排放，而树木能吸收大量的二氧化硫，使之氧化为硫酸。据研究，每公顷城市林木每年可吸收二氧化硫 30 ~60kg，一定宽度的林带可使氟的浓度降低一半左右，一般树叶都有吸收积累氯的功能，可以说，树木是人类的环保卫士。森林生态系统还可以减少噪声和减尘滞尘。噪声已成为现代城市的主要公害之一，被发达国家列为最严重的环境问题。美国资料报道，噪声经过 30m 的林带，可减低 6 ~8dB，国外甚至还出现了城市森林学。森林还有很大的防尘滞尘作用。生态系统可以增加空气中负离子浓度，优美环境，对人体健康十分有益。如果一个城市充满绿色，不仅有利于人们的身心健康，提高学习和工作效率，还能丰富人们的精神生活，陶冶情操。

2. 生态系统的自净作用力

生态系统的自净能力指的是自然环境可以通过大气、水流的扩散、氧化以及微生物的分解作用，将污染物化为无害物的能力。环境有自净能力。当环境受到污染时，在物理、化学和生物的作用下，环境可以逐步消除污染物达到自然净化。以大气为例，靠大气的稀释、扩散、氧化等物理化学作用，能使进入大气的污染物质逐渐消失，这就是大气自净。例如，排入大气中的颗粒物经过雨、雪的淋洗而落到地面，从而使空气澄清的过程就是一种大气自净过程。充分掌握和利用大气自净能力，可以降低污染物浓度，减少污染的危害。大气自净能力与当地气象条件、污染物排放总量及城市布局等诸多因素有关。在某一区域内，绿化植树，多种风景林，增加绿地面积，甚至建立自然保护区，不仅能美化环境、调节气候，而且能截留粉尘、吸收有害气体，从而大大提高大气自净能力，保证环境质量。

同样，水、土壤等也有自净能力，但无论是哪种自净能力都是有限的。当污染物数量超过了环境的自净能力时，污染的危害就不可避免地发生，生态系统就将被破坏，生物和人就可能发生病变或死亡。

知识链接：

室内环境污染的主要影响

①新装修的房间内有刺鼻、刺眼等刺激性气味，且长时间不散。

②每天清晨起床时感到恶心、心闷、头晕目眩，家人经常感冒。

③家里小孩常咳嗽、打喷嚏、免疫力下降，尤其是小孩容易感冒。

④新搬家后宠物莫名其妙地死掉。

⑤家人共有一种疾病，且离开这个环境后，其症状明显有好转。

⑥在搬新居或者新装修的房子里，室内的植物不易成活。

⑦家人常常皮肤过敏，且是群发性的。

⑧新婚夫妇长期不孕，且查不出原因。

⑨孕妇在正常怀孕的情况下发现胎儿畸形。

⑩家人长期精神、食欲不振，不吸烟却经常感到嗓子不适，呼吸不畅，容易疲劳，换个环境后便逐渐消失。

室内环境污染的治理方法

①活性炭可除污染。

②茶叶、菠萝除异味。

③摆放植物吸掉废气：芦荟、吊兰、虎尾兰能吸收一些有害气体，玫瑰、茉莉等具有杀菌作用，仙人掌可以净化空气等。

家居装修环保小知识

①新装修的住宅不要急于入住，通风2～3个月后再入住为好；已经入住的家庭，要注意保持室内空气的流通。

②家居装修前应向室内环境专家咨询，以便掌握一些必要的环保装修常识，入住前应该委托室内环境检测部门进行室内空气检测，在确保没有室内空气污染后再入住。

③选择装修材料、购买家具要慎重。当购买装修材料时，一定要向商家索取权威部门出具的检测报告。在购买家具时应与商家签订保证购置的家具不会对室内环境造成污染的合同。选用花岗石、瓷砖等最好在家居装修前请检测部门进行检测。

④家居装修一定要选择正规的、有实力的家装公司。目前家装市场上的一些正规的、规模较大的装修公司都在陆续推出“绿色装修”、“环保装修”的新举措，他们不仅把装修后的室内空气质量纳入了整个装饰工程竣工质量验收当中，并做出了在装修完工后请正规的室内环境检测部门进行室内环境检测的

承诺。

⑤选择室内环境检测单位要慎重。要选择有室内空气质量检测业务资格，检测仪器，检测实验室有国家计量监督部门所认证的检测单位来进行检测。

⑥养一些花草来吸收有害物质，如常春藤和铁树可以吸收苯，万年青和雏菊可以吸收三氯乙烯，吊兰、芦荟、虎尾兰可以吸收甲醛等。但以下这些花不宜放在居室中：兰花、紫荆花、含羞草、月季、百合、夜来香、夹竹桃、松柏、洋绣球、郁金香、黄杜鹃等。

第三章 环境污染治理基因工程技术

【知识目标】

1. 掌握基因工程的涵义、基因工程工具和基因工程常规操作。
2. 掌握细胞工程涵义、细胞融合过程及其意义。
3. 熟悉基因工程及细胞工程在环境保护中的应用。

【能力目标】

1. 能正确使用基因工程方法来处理环境污染问题。
2. 能理解利用细胞工程解决环境问题新技术的原理。

面对随经济的飞速发展而日益加剧的环境污染状况，如何保护环境、合理有效地处理环境污染物已迫在眉睫。采用传统的物理、化学方法可达到一定的除污净化效果，但成本高、过程繁琐，并易造成二次污染。近年来，利用基因工程、细胞工程等现代生物技术处理环境污染物，逐渐引起人们的重视。

第一节 基因工程

生物是构成生态系统的要素，生态系统内物质循环主要是依靠生物过程来完成的。科技的发展也充分证明生物技术是环境保护的理想武器，这一技术在解决环境问题过程中所显示的独特功能和显著优越性充分体现在它是一个纯生态过程。

基因工程是生物工程的一个重要分支，它和细胞工程、酶工程、蛋白质工程和微生物工程共同组成了生物工程。其中基因工程技术是现代生物技术的核心技术。科学界预言，21 世纪是一个基因工程世纪。基因工程是在分子水平对生物遗传作人为干预，是人们对生物基因进行改造，利用生物生产人们想要的特殊产品。随着 DNA 的内部结构和遗传机制的秘密一点一点呈现在人们眼前，生物学家不再仅仅满足于探索、揭示生物遗传的秘密，而是开始跃跃欲试，设想在分子的水平上去干预生物的遗传特性。

美国的吉尔伯特是碱基排列分析法的创始人，他率先支持人类基因组工程。如果将一种生物的DNA中的某个遗传密码片断连接到另外一种生物的DNA链上去，将DNA重新组织一下，不就可以按照人类的愿望，设计出新的遗传物质并创造出新的生物类型吗？这与过去培育生物繁殖后代的传统做法完全不同，它很像技术科学的工程设计，即按照人类的需要把这种生物的这个“基因”与那种生物的那个“基因”重新“施工”、“组装”成新的基因组合，创造出新的生物，如创造出既能长西红柿，又能长土豆的西红柿－土豆新品种（图3－1）。这种完全按照人的意愿，由重新组装基因到新生物产生的生物科学技术，就被称为基因工程，或者称之为遗传工程。

图3－1　基因工程获得新生物

人类基因工程在短短几十年的时间里经历了从无到有，从弱小到壮大。1866年，奥地利遗传学家孟德尔发现生物的遗传基因规律；1868年，瑞士生物学家弗里德里希发现细胞核内存有酸性物质和蛋白质两个部分。酸性部分就是后来的所谓的DNA；1882年，德国胚胎学家瓦尔特弗莱明在研究蝾螈细胞时发现细胞核内包含有大量的分裂的线状物体，也就是后来的染色体；1944年，美国科研人员证明DNA是大多数有机体的遗传原料，而不是蛋白质；1953年，美国生化学家沃森和英国物理学家克里克宣布他们发现了DNA的双螺旋结构，奠下了基因工程的基础；1980年，第一只经过基因改造的老鼠诞生；1996年，第一只克隆羊诞生；1999年，美国科学家破解了人类第22组基因排序列图。

人类基因组研究是一项生命科学的基础性研究。有科学家把基因组图谱看成是指路图，或化学中的元素周期表；也有科学家把基因组图谱比作字典，但不论是从哪个角度去阐释，破解人类自身基因密码，以促进人类健康、预防疾病、延长寿命，其应用前景都是极其美好的。人类基因组密码的破译为生物界其他生物体基因研究打下良好的基础，为改造自然界生物遗传特点，使其更好地为人类生活服务带来新的思路。

基因工程技术直接关系到与人民生活、卫生、健康密切相关的医药卫生、食品工业、化学工业、农业、环境治理工程的发展。可以在粮食危机，能源危机，环境污染中发挥巨大的作用。美国环保局（EPA）在评价环境生物技术时也指出“生物治理技术优于其他新技术的显著特点在于其是污染物消除技术而不是污染物分离技术。”因此，现代生物技术已经被世界各国列为重点项目。基因工程的研究为环境治理和保护提供了新的手段，并在环境污染治理、环境污染检测的研究中得到较快发展。

一、概述

1. 基因工程定义和特点

基因（遗传因子）是遗传的物质基础，是 DNA（脱氧核糖核酸）分子上具有遗传信息的特定核苷酸序列的总称，是具有遗传效应的 DNA 分子片断（图 3－2）。基因通过复制把遗传信息传递给下一代，使后代出现与亲代相似的性状。人类大约有几万个基因，储存着生命孕育、生长、凋亡过程的全部信息，通过复制、表达、修复，完成生命繁衍、细胞分裂和蛋白质合成等重要生理过程。基因是生命的密码，记录和传递着遗传信息。生物体的生、长、病、老、死等一切生命现象都与基因有关。它同时也决定着人体健康的内在因素，与人类的健康密切相关。

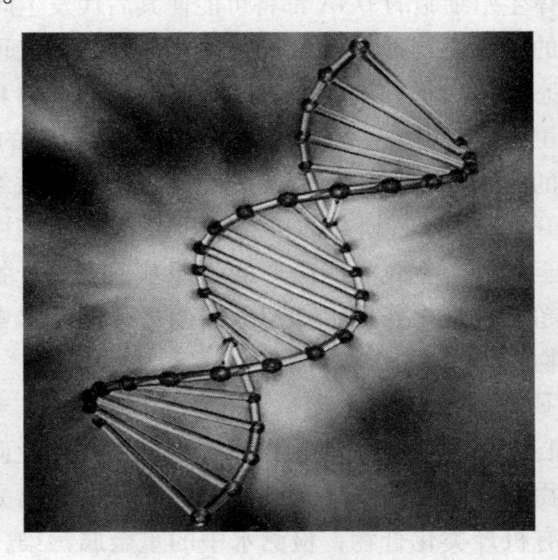

图 3－2　DNA 双螺旋结构

基因工程是在分子水平上对基因进行操作的复杂技术，属于基因重组，是将外源基因通过体外重组后导入受体细胞内，使这个基因能在受体细胞内复制、转录、翻译表达的操作。它是用人为的方法将所需要的某一供体生物的遗传物质——DNA 大分子提取出来，在离体条件下用适当的工具酶进行切割后，把它与作为载体的 DNA 分子连接起来，然后与载体一起导入某一更易生长、繁殖的受体细胞中，以让外源物质在其中“安家落户”，进行正常的复制和表达，从而获得新物种的一种崭新技术。基因工程明显地既具有理学的特点，同时也具有工程学的特点。

基因工程是在分子生物学和分子遗传学综合发展基础上于 20 世纪 70 年代诞生的一门崭新的生物技术科学。基因工程具有以下几个重要特征：首先，外源核酸分子在不同的寄主生物中进行繁殖，能够跨越天然物种屏障，把来自任何一种生物的基因放置到新的生物中，而这种生物可以与原来生物毫无亲缘关系，这种能力是基因工程的第一个重要特征。比如在基因工程中最常使用的大肠杆菌，它是一种原核生物，但它却能大量表达来自于人类及其他多种生物的多种基因。例如使大肠杆菌具有某种新的性状使其可以降解某些正常状态下不能降解的生物污染物。如果用常规的育种技术来做同一项工作，那么成功的机会应为零。因此，科学家们可以利用基因工程实现人类的各种物种改良的愿望。第二个特征是，一种确定的 DNA 小片断在新的寄主细胞中进行扩增，这样实现很少量 DNA 样品“拷贝”出大量的 DNA，而且是大量没有污染任何其他 DNA 序列的、绝对纯净的 DNA 分子群体。科学家将改变人类生殖细胞 DNA 的技术称为“基因治疗”，通常所说的“基因工程”则是针对改变动植物生殖细胞的。无论称谓如何，改变个体生殖细胞的 DNA 都将可能使其后代发生同样的改变。

生活在地球上的各种生物都是经过长期的生物进化演变而来，它们已基本上适应了当前的生态环境。每种生物体内或细胞内都处于精巧的调节控制和平衡之中。当用基因工程方法引入一段外源基因片断后，原有的平衡可能被打破，有可能导致细胞内的生物学功能发生紊乱，最后有可能导致细胞生长缓慢乃至细胞死亡。因此，开展基因工程研究的目的是既要使细胞像往常一样正常生长，又要使细胞产生甚至大量产生人类所需要的外源基因表达产物或具有人类所需要的某些性状并能超常规发生作用，如超级细菌可降解污水中的多数其他正常菌难以降解的污染物。

2. 基因工程的研究内容

基因工程的核心技术是 DNA 的重组技术，也就是基因克隆技术，通过基因克隆构建的新的生物就可以按人类事先设计好的蓝图表现出另外一种生物的某种性状。比如降解有机烃类化合物，检测水中的重金属污染，用大肠杆菌生产某种工业用酶类，用牛羊等动物生产具有特殊功能的蛋白质。除 DNA 重组技术外，基因工程还应包括基因的表达技术，基因的突变技术，基因的导入技术等。

3. 基因工程的基本过程

（1）基因工程基本操作步骤：

①从复杂的生物有机体基因组中，经过酶切消化或PCR扩增等步骤，分离出带有目的基因的DNA片断。

②在体外，将带有目的基因的外源DNA片断连接到能够自我复制的并具有选择标记的载体分子上，形成重组DNA分子。

③将重组DNA分子转移到适当的受体细胞（亦称宿主细胞），并与之一起增殖。

④从大量的细胞繁殖群体中，筛选出获得了重组DNA分子的受体细胞克隆。

⑤从这些筛选出来的受体细胞克隆，提取出已经得到扩增的目的基因，供进一步分析研究使用。

⑥将目的基因克隆到表达载体上，导入宿主细胞，使之在新的遗传背景下实现功能表达，产生出人类所需要的物质或具有某种性状。

（2）基因操作的工具　用什么样的工具才能准确无误地对基因进行剪切和拼接呢？这是从事基因工程研究的科学家首先遇到的难题。例如，在通过基因工程培育抗虫棉时，就需要将抗虫的基因从某种生物（如苏云金芽孢杆菌）中提取出来，“放入”棉的细胞中，与棉细胞中的DNA结合起来，在棉中发挥作用。这里遇到的难题主要有两个：首先是苏云金芽孢杆菌的一个DNA分子有许多基因，怎样从它的DNA分子的长链上辨别出所需要的基因，并且把它切割下来。其次是如何将切割下来的抗虫基因与棉的DNA“缝合”起来。为了突破这些难关，科学家进行了许多试验，最后他们发现了一种“基因剪刀”和“基因针线”，可以用来完成基因的剪切和拼接。

①基因的剪刀——限制性内切酶　基因的剪刀指的是DNA限制性内切酶（以下简称限制酶）。限制酶主要存在于微生物中。一种限制酶只能识别一种特定的核苷酸序列，并且能在特定的切点上切割DNA分子（图3－3）。例如，从大肠杆菌中发现的一种限制酶只能识别GAATTC序列，并在G和A之间将这段序列切开。目前已经发现了200多种限制酶，它们的切点各不相同。苏云金芽孢杆菌中的抗虫基因，就能被某

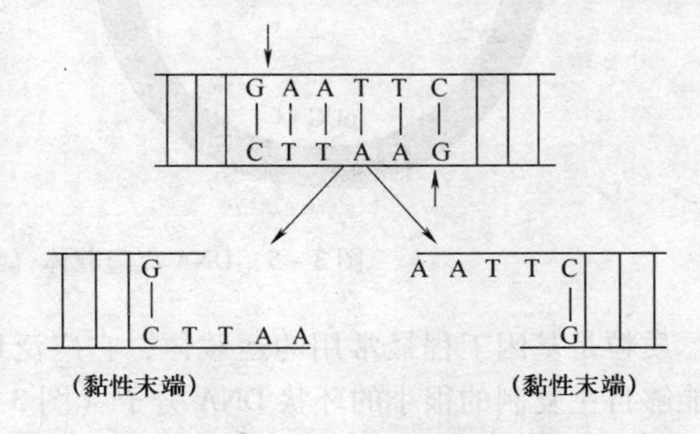

图3－3　限制性内切酶的作用

种限制酶切割下来。

②基因的针线——DNA 连接酶　如图 3－3 所示，被限制酶切开的 DNA 两条单链的切口，带有几个伸出的核苷酸，它们之间正好互补配对，这样的切口叫做黏性末端。可以设想，如果把两种来源不同的 DNA 用同一种限制酶来切割，然后让两者的黏性末端黏合起来，似乎就可以合成重组的 DNA 分子了。但是，实际上仅仅这样做是不够的，互补的碱基处虽然连接起来，但是这种连接只相当于把断成两截的梯子中间的踏板连接起来，两边的扶手的断口处还没有连接起来（图 3－4）。要把扶手的断口处连接起来，也就是把两条 DNA 末端之间的缝隙"缝合"起来，还要靠另一种极其重要的工具——DNA 连接酶。

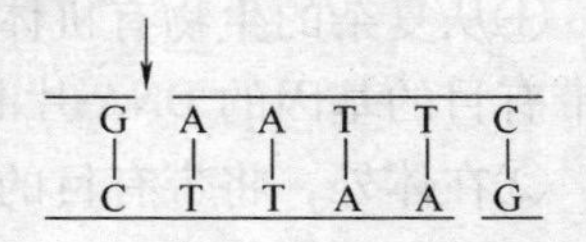

图 3－4　DNA 连接酶的连接

③基因的运输工具——运载体　要将一个外源基因送入受体细胞（如大肠杆菌细胞），还需要有运输工具，这就是运载体。作为运载体的物质必须具备以下条件：能够在宿主细胞中复制并稳定地保存；具有多个限制酶切点，以便与外源基因连接；具有某些标记基因，便于进行筛选。目前，符合上述条件并经常使用的运载体有质粒（图 3－5）、噬菌体和动植物病毒等。

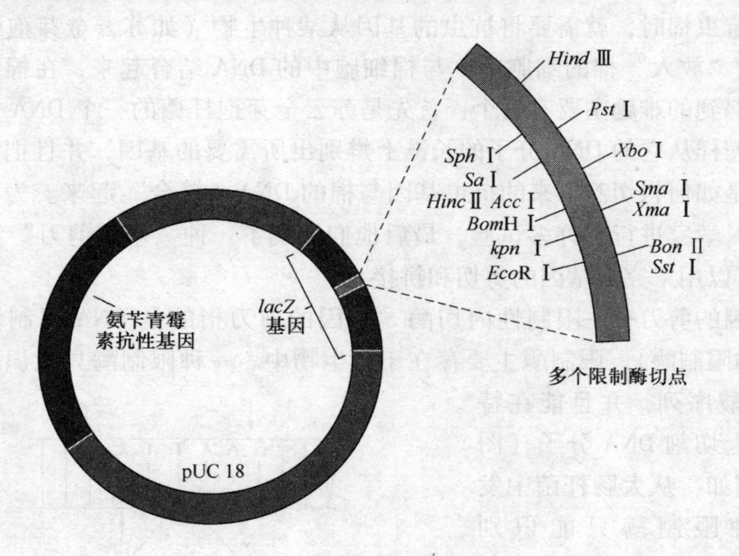

图 3－5　DNA 克隆载体（细菌质粒）

质粒是基因工程最常用的运载体，它广泛地存在于细菌中，是细菌染色体外能够自主复制的很小的环状 DNA 分子（图 3－6），大小只有普通细菌染色体 DNA 的百分之一。质粒能够"友好"地"借居"在宿主细胞中。一般来说，质粒的存在与否对宿主细胞生存没有决定性的作用。但是，质粒的复制则只能在宿主细胞内完成。

大肠杆菌、枯草杆菌、土壤农杆菌等细菌中都有质粒。土壤农杆菌很容易感染植物细胞，所以科学家在培育转基因植物时，常常用土壤农杆菌中的质粒做运载体。

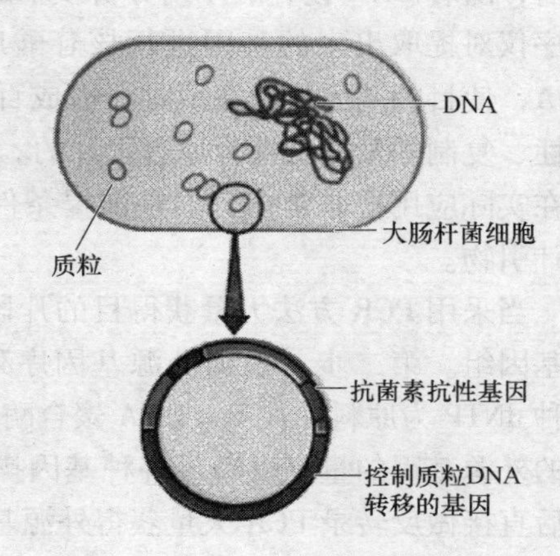

图 3－6　大肠杆菌质粒

（3）基因工程操作的关键技术

①提取目的基因　获取目的基因是实施基因工程的第一步。取得人们所需要的特定基因，也就是目的基因。如植物的抗病基因，某些降解污染物的酶的基因，以及人的胰岛素基因、干扰素基因等都是目的基因。

要从浩瀚的“基因海洋”中获得特定的目的基因，是十分不易的。科学家们经过不懈地探索，想出了许多办法，其中主要有两条途径：一条是从供体细胞的 DNA 中直接分离基因；另一条是体外人工合成基因。

简单的原核生物目的基因可从细胞核中直接分离得到，但人类的基因分布在 23 对染色体上，较难从直接法中得到。直接分离基因最常用的方法是“鸟枪法”，又叫“散弹射击法”。具体做法是：用限制酶将供体细胞中的 DNA 切成许多片断，将这些片断分别载入运载体，然后通过运载体分别转入不同的受体细胞，让供体细胞提供的 DNA（即外源 DNA）的所有片断分别在各个受体细胞中大量复制（在遗传学中叫做扩增），从中找出含有目的基因的细胞，再用一定的方法把带有目的基因的 DNA 片断分离出来。

用鸟枪法获得目的基因的优点是操作简便，缺点是工作量大，具有一定的盲目性。又由于真核细胞的基因含有不表达的 DNA 片断，一般使用人工合成的方法。

目前人工合成基因的方法主要有化学合成法和酶促合成法两条途径。化学合成法一般是采用 DNA 合成仪来合成长度不是很大的 DNA 片断。如根据已知的蛋白质的氨基酸序列，推测出相应的信使 RNA 序列，然后按照碱基互补配对的原则，推测出它的基因的核苷酸序列，再通过化学方法，以单核苷酸为原料合成目的基因。人的血红蛋白基因胰岛素基因等就可以通过人工合成基因的方法获得。另一条途径是以目的基因转录成的信使 RNA 为模版，反转录成互补的单链 DNA，然后在酶的作用下合成双链 DNA，从而获得所需要的基因。

除此之外，还有一种体外大量获得目的基因的方法越来越受到人们的重视。

即后来逐渐发展起来的聚合酶链式反应（PCR技术，图3－7）。20世纪80年代以后，随着DNA核苷酸序列分析技术的发展，人们已经可以通过DNA序列自动测序仪对提取出来的基因进行核苷酸序列分析，并且通过PCR技术大量扩增DNA，使目的基因片断在短时间内成百万倍地扩增。聚合酶链式反应是以DNA变性、复制的某些特性为原理设计的。通过PCR技术获取所需要的特异DNA片断在实际应用得非常多，但是前提条件是必须对目的基因有一定的了解，需要设计引物。

当采用PCR方法大量获得目的片段时，首先从天然动植物、微生物中提取全基因组。第二步，根据外源基因序列设计引物，以提取的全基因组为模板，四种dNTP为原料，在Taq DNA聚合酶催化下，大量扩增外源基因。以此方法获得的外源基因的量足以满足各种基因操作的需要。如果遗传物质为RNA，可提取后直接做反转录PCR大量获得外源基因。

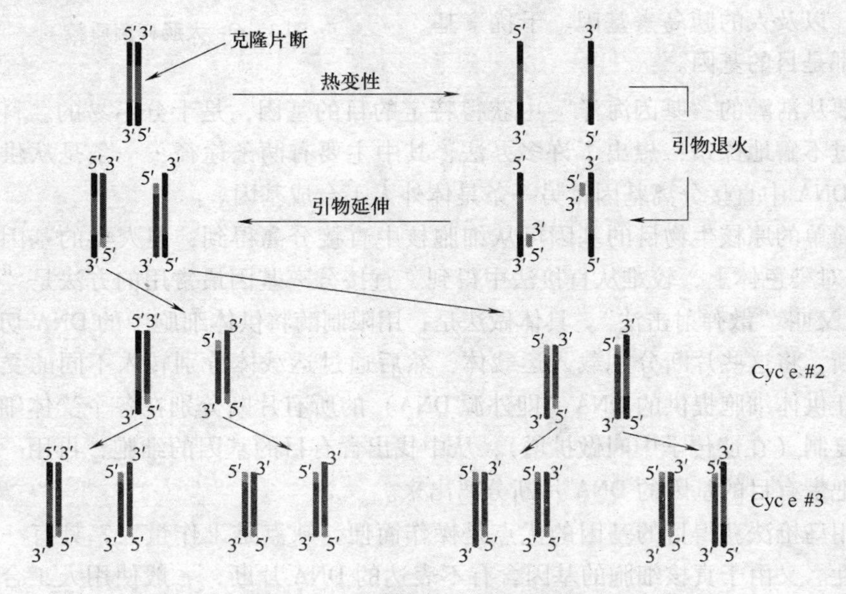

图3－7　聚合酶链式反应（PCR）

②目的基因与运载体结合　基因表达载体的构建（即目的基因与载体结合）是实施基因工程的第二步，也是基因工程的核心。

将目的基因与载体结合的过程，实际上是不同来源的DNA重新组合的过程。如果以质粒作为运载体，首先要用一定的限制性内切酶切割质粒，使质粒出现一个缺口，露出黏性末端。然后用同一种限制性内切酶切断目的基因，使其产生相同的黏性末端。将切下的目的基因的片断插入质粒的切口处，再加入适量DNA连接酶，质粒的黏性末端与目的基因DNA片断的黏性末端就会因碱基互补配对而结合，形成一个重组DNA分子。

③将目的基因导入受体细胞　将目的基因导入受体细胞是实施基因工程的第三步。目的基因的片断与运载体在生物体外连接形成重组 DNA 分子后，下一步是将重组 DNA 分子引入受体细胞中进行扩增即转化入受体细胞中。

基因工程中常用的受体细胞有大肠杆菌、枯草杆菌、土壤农杆菌、酵母菌和动植物细胞等。

用人工方法使体外重组的 DNA 分子转移到受体细胞，主要是借鉴细菌或病毒侵染细胞的途径。例如，如果运载体是质粒，受体细胞是细菌，一般是将细菌用氯化钙处理，以增大细菌细胞壁的通透性，制成感受态细胞，使含有目的基因的重组质粒进入受体细胞。目的基因导入受体细胞后，就可以随着受体细胞的繁殖而复制，由于细菌的繁殖速度非常快，在很短的时间内就能够获得大量的目的基因。

④目的基因的检测和表达　目的基因导入受体细胞后，是否可以稳定维持和表达其遗传特性，只有通过检测与鉴定才能知道。这是基因工程的第四步工作。

转化完成之后在全部的受体细胞中，真正能够摄入重组 DNA 分子的受体细胞是很少的。因此，必须通过一定的手段对受体细胞中是否导入了目的基因进行检测。检测的方法有很多种，例如，大肠杆菌的某种质粒具有青霉素抗性基因，当这种质粒与外源 DNA 组合在一起形成重组质粒，并被转入受体细胞后，就可以根据受体细胞是否具有青霉素抗性来判断受体细胞是否获得了目的基因。重组 DNA 分子进入受体细胞后，受体细胞必须表现出特定的性状，才能说明目的基因完成了表达过程（图 3－8）。例如，具有了某种抗性，或产生特定的物质使某种底物变色等。

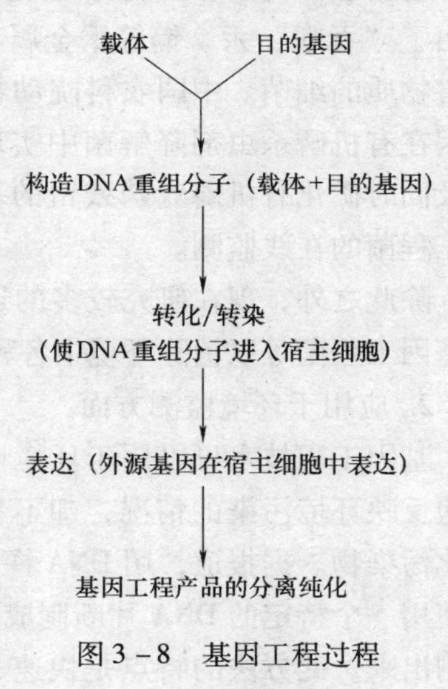

图 3－8　基因工程过程

二、基因工程与环境污染治理

基因工程是一项很精密的尖端生物技术。可以把某一生物的基因转殖送入另一种细胞中，甚至可把细菌、动植物的基因互换。当某一基因进入另一种细胞，就会改变这个细胞的某种功能。通过基因工程可以改变某些生物的性状为环境保护领域服务。目前基因工程技术在环保领域的应用主要集中在以下几个方面。

1. 在环境生物净化方面

传统的生物治理方法是将自然中的微生物群体加以驯化、繁殖后利用。在处理过程中，细菌、真菌、藻类和原生动物等共同参与净化作用，代谢过程复杂，能量利用不经济，加之各种微生物间可能存在拮抗作用，使污染物的降解缓慢。现代生物治理，多采用纯培养的微生物菌株，高效菌种的选育工作是其核心的技术之一。但从自然环境中分离筛选得到的菌株，降解污染物的酶活性往往有限，同时菌种选育工作耗时费力。如果能对这些菌株进行遗传改造，提高微生物酶的降解活性，并可大量繁殖，无疑会对生物治理工程产生极大的帮助。

基因工程技术的基本原理是通过基因分离和重组技术，将人们需要的目的基因片断转移到受体生物细胞中并表达，使受体生物具有该目的基因表达后显现的特殊性状，从而达到治理污染的目的。因此利用基因工程做成的“超级细菌”能吞食和分解多种污染环境的物质。目前，科学家已经用基因工程方法培养出了“吞噬”汞、镉等重金属和降解土壤中双对氯苯基三氯乙烷（DDT）等毒害物质的细菌。中国农科院动物所将克隆得到的脱卤素酶基因和绿色荧光蛋基因在有机磷杀虫剂降解菌中实现了功能性表达，构建了一株能快速降解六六六及同时矿化有机磷农药残留的基因工程菌，通过检测绿色荧光蛋可以实现对该工程菌的在线监测。

除此之外，现在研究较多的还有分解尼龙寡聚物的基因工程菌、分解多糖的基因工程菌等以消除环境中各种尼龙寡聚物和多糖的污染。

2. 应用于环境监测方面

基因工程技术可以用于环境监测。利用基因工程培育的指示生物能十分灵敏地反映环境污染的情况，却不易因环境污染而大量死亡，甚至还可以吸收和转化污染物。据报道，用 DNA 探针可以检测饮用水中病毒的含量。具体的方法是使用一个特定的 DNA 片断制成探针，与被检测的病毒 DNA 杂交，从而把病毒检测出来。此方法的特点是快速、灵敏。用传统方法进行检测，一次需要耗费几天或几个星期的时间，精确度也不高。用 DNA 探针只需要花费一天的时间，并且能够大幅度地提高检测精度，据报道，1t 水中有 10 个病毒也能检测出来。

3. 应用于开发新一代生物农药，以降低传统农药对环境的污染

一些科学家正努力通过基因重组构建新的杀虫剂，以取代生产过程中耗能多，又易造成环境污染的农药，并试图通过基因工程的方法回收和利用工业废物。

利用微生物降解农药已成为消除农药对环境污染的一个重要方面。能降解农药的微生物，有的是通过矿化作用将农药逐渐分解成终产物 CO_2 和 H_2O，这种降解途径彻底，一般不会带来副作用；有的是通过共代谢作用，将农药转化为可代谢的中间产物，从而从环境中消除残留农药，这种途径的降解结果比较

复杂，有正面效应也有负面效应。为了避免负面效应，就需要用基因工程的方法对已知有降解农药作用的微生物进行改造，改变其生化反应途径，以希望获得最佳的降解、除毒效果。要想彻底消除化学农药的污染，研制生物农药是最好的选择。

4. 通过植物育种减少农药、化肥的使用来保护环境

农药残留是环境污染的一个重要因素，利用生物杂交、生物遗传技术培育出高产、抗病、固氮的作物，可以减少化肥、农药的施用；另外，还可以通过杂交育种技术培养具有特殊降解、吸收能力的植物，利用它们吸收过滤地表径流、净化污水。如浙江大学核农所育成的抗螟虫转基因水稻于 2002 年在浙江上虞试种取得了较大成功。这种水稻不仅抗螟虫、不需要施用农药，而且产量高、米质好，受到包括国际水稻所在内的国内外一致好评。另外，还有一些国内育成的抗水稻白叶枯病品种等，都对减少化学农药的施用量、防治面源污染具有较好的作用。

5. 环境治理中的其他应用

①利用分子遗传技术筛选特定菌种将产品生产过程的废弃物直接转化为能源或副产品，如微生物化肥；利用 DNA 重组及蛋白质工程技术快速生成特定的酶，应用于生产环节，减少化学无机品用量，从而达到清洁生产的目的。

②利用分子微生物族群、基因技术、DNA 修复改变某些物质的分子结构使其具有可降解性或加速自然降解的速度。例如生物肥料、生物可降解塑料薄膜等生物产品将会大量应用到生产实际当中，逐步取代对环境存在污染或者污染威胁的环境物质的使用（如化学制成品的农药、化肥等）。

6. 基因工程在其他领域的应用

基因工程技术几乎涉及人类生存所必需的各个行业，除了在环境污染治理中能大显身手外，在以下几个领域应用也较广泛。

（1）农牧业、食品工业　运用基因工程技术，不但可以培养优质、高产、抗性好的农作物及畜、禽新品种，还可以培养出具有特殊用途的动植物。

①转基因鱼　生长快、耐不良环境、肉质好的转基因鱼。

②转基因牛　乳汁中含有人生长激素的转基因牛。

③转黄瓜抗青枯病基因的甜椒。

④转鱼抗寒基因的番茄。

⑤转黄瓜抗青枯病基因的马铃薯。

⑥不会引起过敏的转基因大豆。

⑦超级动物　导入储藏蛋白基因的超级羊和超级小鼠。

⑧特殊动物　导入人基因具特殊用途的猪和小鼠。

⑨抗虫棉　苏云金芽孢杆菌可合成毒蛋白杀死棉铃虫，把这部分基因导入棉花的离体细胞中，再组织培养就可获得抗虫棉。

（2）医学

①基因治疗　基因作为机体内的遗传单位，不仅可以决定我们的相貌、高矮，而且它的异常会不可避免地导致各种疾病的出现。某些缺陷基因可能会遗传给后代，有些则不能。基因治疗的提出最初是针对单基因缺陷的遗传疾病，目的在于有一个正常的基因来代替缺陷基因或者来补救缺陷基因的致病因素。用基因治病是把功能基因导入病人体内使之表达，并因表达产物——蛋白质发挥了功能使疾病得以治疗。基因治疗的结果就像给基因做了一次手术，治病治根，所以有人又把它形容为“分子外科”。

基因治疗目前都处于初期的临床试验阶段，均没有稳定的疗效和完全的安全性，这是当前基因治疗的研究现状。正如基因治疗的奠基者们当初所预言的那样，基因治疗的出现将推动新世纪医学的革命性变化。

②基因诊断　运用基因工程设计制造的“DNA 探针”检测肝炎病毒等病毒感染及遗传缺陷，不但准确而且迅速。通过基因工程给患有遗传病的人体内导入正常基因可“一次性”解除病人的疾苦。

（3）基因工程药品的生产　许多药品的生产是从生物组织中提取的。受材料来源限制产量有限，其价格往往十分昂贵。微生物生长迅速，容易控制，适于大规模工业化生产。若将生物合成相应药物成分的基因导入微生物细胞内，让它们产生相应的药物，不但能解决产量问题，还能大大降低生产成本。

①基因工程胰岛素　胰岛素是治疗糖尿病的特效药，长期以来只能依靠从猪、牛等动物的胰腺中提取，100kg 胰腺只能提取 4 ~ 5g 的胰岛素，其产量之低和价格之高可想而知。

将合成的胰岛素基因导入大肠杆菌，每 2000L 培养液就能产生 100g 胰岛素。大规模工业化生产不但解决了这种比黄金还贵的药品产量问题，还使其价格降低了 30% ~ 50%。

②基因工程干扰素　干扰素（IFN）是一种广谱抗病毒剂，过去从人血中提取，300L 血才提取 1mg，受来源限制，产量极少。

基因工程人干扰素 $\alpha-2b$ 是我国第一个全国产化基因工程人干扰素 $\alpha-2b$，具有抗病毒、抑制肿瘤细胞增生、调节人体免疫功能的作用，广泛用于病毒性疾病治疗和多种肿瘤的治疗，是当前国际公认的病毒性疾病治疗的首选药物和肿瘤生物治疗的主要药物。

③其他基因工程药物　人造血液、白细胞介素、乙肝疫苗等通过基因工程实现工业化生产，均为解除人类的病苦，提高人类的健康水平发挥了重大的作用。

三、基因工程技术的安全性问题

随着基因工程新技术的迅猛发展，转基因产品得到广泛应用，其安全性已引起了人们的广泛关注。虽然从本质上来讲，转基因植物和常规育成的品种是一样的，两者都是在原有品种的基础上对其一部分进行修饰，或增加新特性，或消除原来的不利性状，但是，以前所用的有性杂交仅仅局限于种类和近缘种之间，而转基因植物却大胆突破了这一局限，其外源基因可以来自植物、微生物甚至动物。在这种情况下，人们对可能出现的新组合、新性状是否会影响人类健康和生物环境还缺乏足够的认识和经验。至少从目前来说，我们还不可能很精确的预测某一个外源基因在新的遗传背景中会产生什么样的相互作用。

目前说的基因工程安全问题，多是指转基因植物的安全性。目前对转基因植物的安全性评价主要集中在下面两个方面。

1. 转基因植物的环境安全性

环境安全性评价的核心问题是转基因植物释放到田间后，是否会将所转基因移到野生植物中，是否会破坏自然生态环境，打破原有生物种群的动态平衡。包括如下几点。

（1）转基因植物演变成农田杂草的可能性　植物在获得新的基因后会不会增加其生存竞争性，在生长势、越冬性、种子产量和生活力等方面是否比非转基因植株强。若转基因植物可以在自然生态条件下生存，势必会改变自然的生物种群，打破生态平衡。从目前在水稻、玉米、棉花、马铃薯、亚麻、芦笋等转基因植物的田间试验结果来看，转基因植物在生长势、越冬能力等方面并不比非转基因植株强，也就是说数转基因植物的生存竞争力并没有增加，故一般不会演变为农田杂草。

（2）基因漂流到近缘野生种的可能性　在自然生态条件下，有些栽培植物会和周围生长的近缘野生种发生天然杂交而将栽培植物中的基因转入野生种中。若在这些地区种植转基因植物，则转入基因可以漂流到野生种中，并在野生近缘种中传播。比如现在应用最多的抗除草剂基因就可能通过同属野生植物异花传粉而逐渐扩散进入自然界，从而使杂草的控制变得更加困难。而抗虫、抗病基因也有可能通过类似的途径转移到环境，给野生种群带来选择优势而变得无法收拾。虽然现在一般会通过设置缓冲作物带和隔离区来防止基因漂流至临近作物，但若进行大规模生产和推广时就会难以控制。在进行转基因植物安全性评价时，我们应从两个方面考虑这一问题。一个是转基因植物释放区是否存在与其可以杂交的近缘野生种。若没有，则基因漂流就不会发生。如在加拿大种植转基因棉花，因没有近缘野生种存在则不可能发生基因转移。同样，在中国种植转基因玉米，因没有野生大刍草，所以也不会发生基因漂流。另一个可能是存在近缘野生种，基因可从栽培植物转移到野生种中。这就要考虑基因转移后会有什么效果。如果是一个抗除草剂基因，发生基因漂流后会使野生杂草获得抗性，从而增加杂草控制的难度。特别是若多个抗除草剂基因同时转入一个野生种，则会带来灾难。但若是品质相关基因等转入野生种，由于不能增加野生种的生存竞争力，所以影响也不大。

（3）对自然生物类群的影响　在植物基因工程中所用的许多基因是与抗虫性或抗病性有关的，其直接作用对象是生物。如转入 Bt 杀虫基因的抗虫棉，其目标昆虫是棉铃虫和红铃虫等植物害虫，如大面积和长期使用，昆虫有可能对抗虫棉产生适应性或抗性，这不仅会使抗虫棉的应用受到影响，而且会影响 Bt 农药制剂的防虫效果。为了解决这个问题，在抗虫棉推广时一般要求种植一定比例的非抗虫棉，以延缓昆虫产生抗性。除了目标昆虫外，我们还要考虑转基因植物对非靶昆虫的影响。另外，转基因作物还可能造成对微生物的影响，Hoffman 等就曾发现转基因油菜中的基因可转至黑曲霉中。自然界中存在着植物病毒间异源重组，病毒的异源包装可以改变其宿主范围。转基因植物表达的病毒外壳蛋白在体外实验中可以包装入侵另一种病毒的核酸，产生一种新病毒，虽然在小规模的田间实验中并未发现这种情况，但长期的大规模生产应用中是否也是这样还不得而知。此外，公众对转基因植物的接受性和标签问题也是我们应该考虑的问题。

2. 转基因植物的食品安全性

食品安全性也是转基因植物安全性评价的一个重要方面。经济合作与发展组织 1993 年提出了食品安全性评价的实质等同性原则。如果转基因植物生产的产品与传统产品具有实质等同性，则可以认为是安全的。如转病毒外壳蛋白基因的抗病毒植物及其产品与田间感染病毒的植物生产的产品都带有外壳蛋白，这类产品应该认为是安全的。若转基因植物生产的产品与传统产品不存在实质等同性，则应进行严格的安全性评价。在进行实质等同性评价时，一般需要考虑以下一些主要方面。

（1）有毒物质　必须确保转入的外源基因或基因产物对人畜无毒。如转 Bt 杀虫基因玉米除含有 Bt 杀虫蛋白外，与传统玉米在营养物质含量等方面具有实质等同性。要评价它作为饲料或食品的安全性，则应集中研究 Bt 蛋白对人畜的安全性。目前已有大量的实验数据证明 Bt 蛋白只对少数目标昆虫有毒，对人畜绝对安全。

（2）过敏源　在自然条件下存在着许多过敏源。在基因工程中如果将控制过敏源形成的基因转入新的植物中，则会对过敏人群造成不利的影响。所以，转入过敏源基因的植物不能批准商品化。如美国有人将巴西坚果中的 2S 清蛋白基因转入大豆，虽然使大豆的含硫氨基酸增加，但也未获批准进入商品化生产。另外还要考虑营养物质和抗营养因子的含量等。

四、我国对转基因生物安全性对策

目前，世界主要发达国家和部分发展中国家都制定了各自对转基因生物的管理法规，负责对其安全性进行评价和监控。在美国分别由农业部动植物检疫局（APHIS）环保署（EPA），以及联邦食品和药物管理局（FDA）负责环境和食品各方面安全性评价和审批。中国在对转基因生物的管理上，也制定了相应的法律法规。1993 年 12 月国家科委发布了《基因工程安全管理办法》。1996 年 7 月农业部发布了《农业生物基因工程安全管理实施办法》。

我国由农业部牵头起草的《农业转基因生物安全管理条例》（以下简称《条例》）于 2001 年 5 月 23 日以国务院第 304 号令公布并施行。《条例》规定了在中华人民共和国境内从事农业转基因生物的研究、试验、生产、加工、经营和进口、出口活动中应遵循的 5 项农业转基因生物管理制度。具体条文如下。

1. 安全评价制度　国家对农业转基因生物安全评价按照植物、动物、微生物三个类别，以科学为依据，以个案审查为原则，实行分级分阶段管理。

2. 生产许可证制度　生产转基因植物种子、种畜禽、水产苗种，应当取得农业部颁发的种子、种畜禽、水产苗种生产许可证。申请转基因植物种子、种畜禽、水产苗种生产许可证，首先要取得农业转基因生物安全证书，并符合有关法律、行政法规规定的条件。

3. 经营许可证制度　经营转基因植物种子、种畜禽、水产苗种的单位和个人，应当取得农业部颁发的种子、种畜禽、水产苗种经营许可证。申请经营许可证，除应当符合有关法律、行政法规规定的条件外，还应当符合《条例》规定的其他条件。

4. 标识制度　在中华人民共和国境内销售列入农业转基因生物标识目录的农业转基因生物，应当有明显的标识。标识由生产、分装单位和个人负责，未标识的，不得销售。

5. 进口安全管理制度　对于进口的农业转基因生物，按照用于研究和试验的、用于生产的以及用作加工原料的三种用途实行安全管理。

据了解，中国大陆目前正在进行研究的基因工程受体生物 92 种，而申报只有 22 种，从事此类研究的单位 80 多个，申报安全性评价的只有 19 个。但是最令人担忧的是基因工程安全评价没有一个完全合理的办法。

转基因动植物的安全性问题关系到全球的市场需求，而市场需求才是决定基因工程未来的重要因素。我国已经加入 WTO，必须为适应这种经济全球化早做准备，加强基因安全方面的研究，建立完善的法规和管理体系，为推动我国基因工程的产业化奠定基础。为此，当前需迫切进行的工作有：制定转基因食品（饲料）的安全性专门的法规，建立完善的食品（饲料）安全管理机构体系，建立转基因食品的安全性评价技术体系。同时，还要大力加强转基因食品安全性的基础性研究工作。

基因工程是一柄双刃剑，在造福于人类的同时也给人类带来一些意想不到的安全隐患。这就要求我们在大力发展的同时注意其安全性，不断完善理论以技术，使其更好地为人类服务。

第二节 细胞工程

一、细胞工程概念及特点

细胞工程是生物工程的一个重要方面。总体来说，它是应用细胞生物学和分子生物学的理论和方法，按照人们的设计蓝图，在细胞水平上进行的遗传操作及进行大规模的细胞和组织培养。当前细胞工程所涉及的主要技术领域有细胞培养、细胞融合、细胞拆合、染色体操作及基因转移等方面。通过细胞工程可以生产有用的生物产品或培养有价值的生物体，或产生新的物种或品系。

1. 概念

细胞工程是指以细胞为对象，应用生命科学理论，借助工程学原理与技术，有目的地进行培养、增殖或改造生物遗传特性，以获得具有经济价值的特定的细胞、组织产品或新型物种的一门综合性科学技术。更具体来说，细胞工程是指应用现代细胞生物学、发育生物学、遗传学和分子生物学的理论与方法，按照人们的需要和设计，在细胞水平上的遗传操作，重组细胞的结构和内含物，以改变生物的结构和功能，即通过细胞融合、核质移植、染色体或基因移植以及组织和细胞培养等方法，快速繁殖和培养出人们所需要的新物种的生物工程技术。

细胞工程与基因工程一起代表着生物技术最新的发展前沿，伴随着试管植物、试管动物、转基因生物反应器等相继问世，细胞工程在生命科学、农业、医药、食品、环境保护等领域发挥着越来越重要的作用。它主要由两部分构成：其一是上游工程，包含细胞培养、细胞遗传操作和细胞保藏三个步骤；另一个则是下游工程，是将已转化的细胞应用到生产实践中去，以生产生物产品的过程。根据细胞类型的不同，可以把细胞工程分为微生物细胞工程、植物细胞工程和动物细胞工程三大类。

21 世纪随着合成生物学的发展，采用计算机辅助设计、DNA 或基因合成技术，人工设计细胞的信号传导与基因表达调控网络，乃至整个基因组与细胞的人工设计与合成，刷新了基因工程与细胞工程技术，并将带来生物计算机、细胞制药厂、生物炼制石油等技术与产业革命。

2. 特点

（1）前沿性　现代生物技术的热点。

（2）争议性　新技术给伦理道德带来的冲击。

（3）综合性　多学科交叉。

（4）应用性　工程类课程，重在产品与技术。

二、细胞工程研究内容

细胞工程的研究内容主要包括以下几个方面。

1. 动植物细胞与组织培养

主要包括细胞培养、组织培养和器官培养。

2. 细胞融合

采用一定的方法使两个或几个不同的细胞（或原生质体）融合为一个细胞，用于生产新的物种或品系及产生单克隆抗体。

3. 染色体工程

按人们的需要来添加、消减或替换染色体的一种技术。主要用于新品种的培育。

4. 胚胎工程

主要是对动物的胚胎进行某种人为的工程技术操作，获得人们所需要的成体动物，包括胚胎分割、胚胎融合、细胞核移植、体外受精、胚胎培养、胚胎移植、性别鉴定、胚胎冷冻技术等。

5. 细胞遗传工程

主要包括动物克隆和转基因技术。转基因技术是指将外源基因通过一定的方法和手段，整合到受体染色体上，得到稳定、高效的表达，并能遗传给后代的试验技术。转基因技术是改变生物遗传性形状的有效途径，已在微生物、植物、动物上得到应用。

细胞工程的目的，是得到人们所需要的生物产品。要使已经改造好的细胞产生大量具有经济价值的产物，就必须依靠下游加工过程，也就是我们常说的下游工程。它的作用就是大量培养细胞，并从培养液中分离、精制出有关的生物化工产品。

三、细胞培养技术

1. 概述

细胞培养是指细胞在体外培养的条件下的存活或生长的过程。细胞培养技术也叫细胞克隆技术，不论对于整个生物工程技术，还是其中之一的生物克隆技术来说，细胞培养都是一个必不可少的过程，细胞培养本身就是细胞的大规模克隆。细胞培养技术可以由一个细胞经过大量培养成为简单的单细胞或极少分化的多细胞，这是克隆技术必不可少的环节，而且细胞培养本身就是细胞的克隆。通过细胞培养得到大量的细胞或其代谢产物。因为生物产品都是从细胞得来，所以可以说细胞培养技术是生物技术中最核心、最基础的技术。

细胞的生长需要一定的营养环境，用于维持细胞生长的营养基质称为培养基。培养基按其物理状态可分为液体培养基和固体培养基。液体培养基用于大规模的工业生产以及生理代谢等基本理论的研究工作。液体培养基中加入一定的凝固剂（如琼脂）或固体培养物（如麸皮、大米等）便成为固体培养基。固体培养基（图 3－9）为细胞的生长提供了一个营养及通气的表面，在这样一个营养表面上生产的细胞可形成单个细胞集团。因此，固体培养基在细胞的分离、鉴定、计数等方面起着相当重要的作用。从多细胞生物中分离所需要细胞和扩增获得的细胞以及对细胞进行体外改造、观察，必须首先解决细胞离体培养问题，同微生物细胞培养的难易相比，比较困难的是来自多细胞生物的单细胞培养，特别是动物细胞的培养。

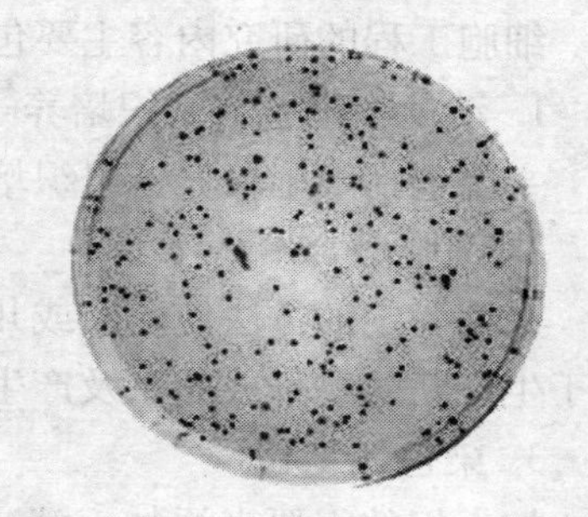

图 3－9　固体培养基培养细胞

2. 细胞培养的条件

（1）细胞培养的一般条件　细胞培养的实质是人工模拟细胞体内生存环境，在体外对细胞进行大规模培养。也就是细胞需要什么我们就在培养基中提供什么，道理是如此，真正能做到这点尚需时日，人们至今对细胞的生命周期控制机理认识不足，癌细胞虽然也来自正常细胞，但至今不知道究竟为什么癌细胞很难停止已经启动的有害分裂，尽管如此，人们长期的研究结果表明，离体细胞培养需要的基本条件就是下列细胞生理条件。

①温度　温度过低时细胞生长缓慢甚至不生长。利用冷冻保藏细胞可保持细胞的原有分裂分化能力。温度过高导致细胞死亡。这主要是由酶和蛋白质所需要的最适温度决定的。多数生物大分子遇到高温后容易导致空间结构改变或者丧失（变性）。细胞膜遇到高温后容易变态。在自然界，既有耐高温的细胞，

也有耐低温的细胞。在极端情况下生长的生物对付极端环境的机制研究在生物进化和农业、环保、发酵工业中意义重大。

②pH　过酸或过碱可导致细胞死亡。这主要与蛋白质的变性和细胞膜的结构受损有关。

③渗透压　细胞内外可溶于水的物质比例和种类决定细胞的膨胀与收缩程度，因为细胞膜是半透膜，只允许对自己有利的物质通过。同一物质在细胞内外的分布的数量不同，当某一种极溶于水的物质在细胞外浓度过大时，有可能导致细胞干瘪死亡，这些物质在细胞内过多时导致细胞过量吸水膨胀。细胞膜调节渗透压的能力是有限的。

④营养物　营养物和水一起，又叫细胞培养液，培养液中含有细胞增殖和生长所需要的各种物质。营养物包括：氮源、碳源，这些物质与提供能量有关；无机盐、维生素、激素，这些物质与代谢调节控制有关。细胞培养液的设计一直是细胞离体培养技术的关键。理想的细胞培养液可以同时解决细胞离体培养所需要的pH、渗透压、营养物、调节物质的全部需要。在干细胞分化研究与应用中，关键是找到一种使干细胞分化成为所需细胞和组织的营养液。相同的人干细胞，放在不同的营养液中分化培养出人体的各种脏器，这个昔日的梦想已经开始成为现实。植物细胞的组织培养技术已经基本完善配套。名贵花卉、中草药、脱毒马铃薯、组织培养莲莱苗等植物细胞与组织培养技术的不断完善，特别是由于组织培养液的商品化已经被广大农民普遍接受。

⑤水　水是细胞需要数量最大的物质，不同的物种、不同部位、不同生长期的细胞含水量差别相当大。干旱植物细胞的含水量高达90%。水的需求量一般随同细胞培养液一起考虑。

⑥无菌条件　体外细胞培养仅仅是对所需的细胞进行培养，但环境中（如空气）有各种其他微生物，必须对所需细胞进行无杂菌的隔离培养。无菌条件是细胞离体培养最基本的条件。

⑦光　植物细胞和少数细菌需要利用光进行光合作用。

⑧气体　动物细胞需要不断供给氧气和排除二氧化碳，植物细胞与此相反。

（2）动物细胞培养的特殊条件　在所有的细胞离体培养中，最困难的是动物细胞培养。下面是它所需要的特殊条件。

①血清　动物细胞离体培养常常需要血清。最常用的是小牛血清。血清提供生长必需因子，如激素、微量元素、矿物质和脂肪。血清等于是动物细胞离体培养的天然营养液。在细胞培养的早期阶段多采用天然培养基。由于血清作为细胞培养物在来源上有一定局限性，因此，1950年Morgan等首先采用成分明确的化学试剂配制成了第一个合成培养基——199培养基。一般来说，合成培养基中除各种动物细胞培养必须的营养成分外，还需加入少量动物血清，以使细

胞能顺利贴壁。随着细胞培养规模的逐渐扩大，以及高技术生物制品生产的需要，无血清培养基也已开始应用，此类培养基是在合成培养基基础上添加各种代血清成分（或添加剂）制成。

②支持物　大多数动物细胞有贴壁生长的习惯。离体培养常用玻璃、塑料等作为支持物。

③气体交换　二氧化碳和氧气的比例要在细胞培养过程中不断进行调节，不断维持所需要的气体条件，每一次开箱操作后的快速恢复对设备的要求可想而知有多难？由此决定了动物细胞离体培养设备要求高、投资大。

（3）植物细胞培养的特殊条件

①光照　离体培养的植物细胞对光照条件不甚严格，因为细胞生长所需要的物质主要是靠培养基供给的。但光照不仅与光合作用有关，而且与细胞分化有关，例如光周期可对性细胞分化和开花起调控作用，所以以获得植株为目的的早期植物细胞培养过程中，光照条件特别重要。以植物细胞离体培养方式获得重要物质，如药物的过程，植物细胞大多是在反应器中悬浮培养。

②激素　植物细胞的分裂和生长特别需要植物激素的调节，促进生长的生长素和促进细胞分裂的分裂素是最基本的激素。植物细胞的分裂、生长、分化和个体生长周期都有相应的激素参与调节。和动物细胞相比，植物细胞离体培养对激素要求的原理已经了解，其应用技术也已相当成熟，已经有一套广泛作为商品使用的培养液。同时解决了植物细胞对水、营养物、激素、渗透压、酸碱度、微量元素等的需求。

（4）微生物细胞培养的特殊条件　微生物多为单细胞生物，野生生存条件比较简单。所以微生物人工培养的条件比动植物细胞简单得多。其中厌氧微生物培养比好氧微生物复杂，因为严格厌氧需要维持二氧化碳等非氧的惰性气体浓度，而好氧微生物则只需要通过不断搅拌提供无菌氧气。微生物对培养条件要求不如动植物细胞那样苛刻，玉米浆、蛋白胨、麦芽汁、酵母膏等成为良好的微生物天然培养基。对于一些特殊微生物的营养条件要求，可以在这些天然培养基的基础上额外添加。

3. 细胞培养方法

（1）动物细胞培养

①准备工作　准备工作对开展细胞培养异常重要，工作量也较大，应给予足够的重视，准备工作中某一环节的疏忽可导致实验失败或无法进行。准备工作的内容包括器皿的清洗、干燥与消毒，培养基与其他试剂的配制、分装及灭菌，无菌室或超净台的清洁与消毒，培养箱及其他仪器的检查与调试。

②细胞分离（取材）　在无菌环境下从机体取出某种组织细胞（视实验目的而定），经过一定的处理（如分散细胞、分离等）后接入培养器血中，这一过程

称为取材。理论上讲各种动物和人体内的所有组织都可以用于培养，实际上幼体组织（尤其是胚胎组织）比成年个体的组织容易培养，所以往往较多的是选择动物的胚胎或出生不久的幼龄动物的器官和组织。

③细胞计数

a. 自动细胞计数器计数。此方法计数速度快，但无法分辨活细胞和死细胞，会将细胞结团当做单个细胞记录下来，使计数值偏低。

b. 血球计数板计数。用培养基将细胞悬液适当稀释，取少量滴于计数板的盖玻片一端，让液体自动进入盖片下方间隙，勿留气泡。镜下观察并计算四角大格内细胞数，压线只计上线和右线。

④培养（原代细胞培养）将取得的组织细胞接入培养瓶或培养板中的过程称为培养（图 3－10）。培养时需要有合适的培养液。正在培养中的细胞应每隔一定时间观察一次，观察的内容包括细胞是否生长良好，形态是否正常，有无污染，培养基的 pH 是否太酸或太碱（由酚红指示剂指示），此外对培养温度等也要定时检查。

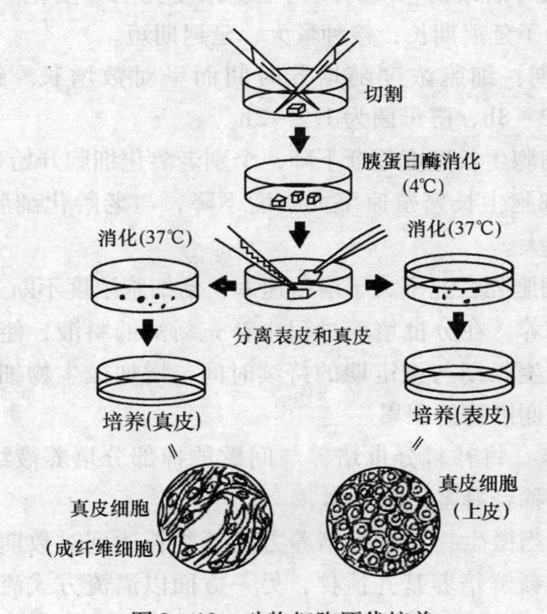

图 3－10　动物细胞原代培养

⑤细胞传代　传代指当细胞增殖至一定密度后，由于培养细胞的孤立生存环境和有限的营养，则需分离出一部分细胞接种到其他容器，并及时更新培养液，使细胞增殖继续的过程。从细胞接种到下一次传代再培养的一段时间称为一代。细胞培养一代的过程中，一般细胞可倍增 2～6 次。

（2）植物细胞培养

①植物材料的准备　植物细胞培养的外植体应无菌，生长正常、无病虫害。

清洁后表面灭菌，常用的灭菌剂有次氯酸钙、次氯酸钠、氯化汞、酒精等。

②愈伤组织培养

a. 愈伤组织的选择要求。愈伤组织结构疏松、颜色较浅以及生长速度快。通常在愈伤组织诱导的10～15d进行继代培养。

b. 接种。将愈伤组织转移到新鲜的培养基中进行培养。

c. 培养。无菌条件下将愈伤组织移至新培养基中培养。

③愈伤组织的再分化　愈伤组织接种到分化培养基上分化出幼苗。

④诱导成植株　将分化培养基培养的幼苗接种到生根培养基上诱导生根。

⑤移栽大田　将生根的幼苗移种到大田里继续培养。

(3) 微生物细胞培养　微生物细胞的培养主要有以下几种大规模培养方式。

①分批培养　又叫间歇培养，将微生物置于一定容积的定量的培养基中培养，培养基一次性加入。不再补充和更换，最后一次性收获。每个分批培养过程中细菌浓度需经过五个时期。

a. 延迟期：接种后最初一段时间内细胞浓度无明显变化。生长旺盛的种子延迟期短，老龄种子延迟期长；接种量大，延迟期短。

b. 对数生长期：细胞浓度随培养时间而呈对数增长。细菌代时一般为0.25～1h，霉菌为2～8h，酵母菌为1.2～2h。

c. 减速期：细胞生长速度逐渐下降，个别老龄化细胞开始死亡。

d. 稳定期：细胞生长繁殖速率大幅度下降，与老龄化细胞死亡速率平衡，活细胞浓度不再增大。

e. 衰退期：细胞死亡速率大于增殖速率，活细胞浓度不断下降。

②补料分批培养　在分批培养过程中补充新鲜的料液，使培养基的量逐渐增大，以延长对数生长期与稳定期的持续时间，增加微生物细胞的数量，也增加稳定期的细胞代谢产物的积累。

③半连续培养　将补料分批培养与间歇放掉部分培养液结合起来的方法。补充养分和前体，稀释有害代谢产物。

④连续培养　当微生物在单批培养方式下生长达到对数期后期时，一方面以一定的速度流进新鲜培养基并搅拌，另一方面以溢流方式流出培养液，使培养物达到动态平衡，其中的微生物就能长期保持对数期的平衡生长状态和稳定的生长速率。

四、细胞融合技术

通过基因工程可以改变生物的遗传物质，产生带有新性状的生物或产生新的物种。同样，通过细胞融合使两个异源细胞融合在一起形成一个新的细胞，也可以改变细胞的遗传性状，使遗传物质重新组合，产生新的生物体。

细胞融合的范围很广，从种内、种间、属间、科间一直到动植物两界之间都进行了尝试。在植物方面，由于各类细胞具有全能性，在烟草、矮牵牛、胡萝卜等种间杂种，马铃薯和番茄、曼陀罗和颠茄、烟草和矮牵牛等属间杂种都已获得了再生植株。在动物方面人和鼠体细胞杂交，虽然不能长成一个新个体，但能作基因定位的材料。因此，这项新技术，在理论研究和工、农、医方面的应用，均有广阔的前景。

细胞融合技术的发展，历史很短。自1960年在体外培养中发现杂种细胞以来，仅20多年。1965年冈田善雄等和H. 哈里斯等各自用灭活的仙台病毒诱导产生了第一个种间异核体。1970年已应用人与鼠的细胞杂交系统地进行了人类染色体基因的定位工作。在植物方面，1960年E. C. 科金首先使用纤维素酶分离番茄幼根的原生质体获得成功。1970年他们又成功地使种间原生质体融合在一起。1972年P. S. 卡尔森等又从融合的原生质体获得了第一株种间细胞杂种。到1980年为止，种间融合的再生植株已有16种之多。

1. 相关概念

（1）原生质体　原生质体是指在人工条件下用溶菌酶除尽原有细胞壁或用青霉素抑制细胞壁的合成后，所留下的仅由细胞膜裹着的圆球状渗透敏感细胞，一般由G^+菌形成。

革兰阳性菌经溶菌酶或青霉素（也可用果胶酶以及纤维素酶）处理后，可完全除去细胞壁，形成仅由细胞膜包住细胞质的菌体。原生质体是一生物工程学的概念。如植物细胞和细菌（或其他有细胞壁的细胞）通过酶解使细胞壁溶解而得到的具有质膜的原生质球状体。动物细胞无细胞壁，就相当于原生质体。

原生质体由原生质分化形成，具体包括细胞膜和膜内细胞质及其他具有生命活性的细胞器，植物和动物的如细胞核、线粒体和高尔基体等；细菌如核糖体、拟核等。

（2）细胞融合　细胞融合是在自发或人工诱导下，两个不同基因型的细胞或原生质体融合形成一个杂种细胞。基本过程包括细胞融合形成异核体、异核体通过细胞有丝分裂进行核融合、最终形成单核的杂种细胞，因此，细胞融合又称为体细胞杂交。

（3）原生质体融合　指通过人为的方法，使遗传性状不同的两个细胞的原生质体进行融合，借以获得兼有双亲遗传性状的稳定重组子的过程。

细胞融合是正常的生命活动。有性繁殖时发生的精卵结合是正常的细胞融合，即由两个配子融合形成一个新的的二倍体。用人工方法（生物的、物理的、化学的）使两个或两个以上的细胞合并形成一个细胞的过程为人工诱导的细胞融合，在20世纪60年代作为一门新兴技术而发展起来。由于它不仅能产生同种细胞融合，也能产生种间细胞的融合，因此被广泛应用于细胞生物学和医学研究的各个领域。基因型相同的细胞融合成的杂交细胞称为同核体；来自不同基因型的杂交细胞则称为异核体。

2. 细胞融合方法

（1）细胞融合的机理　细胞融合是一个连续的动态的过程，首先是细胞膜的融合，两个亲本细胞并列，细胞膜接触，然后细胞膜局部破坏，最终形成包围融合细胞的连续胞膜。之后是细胞核的融合，包括细胞融合导致异核体的形成，异核体通过细胞有丝分裂导致核的融合，形成单核的杂种细胞。有性生殖时发生正常的细胞融合，即由两个配子融合成一个合子（图 3－11）。

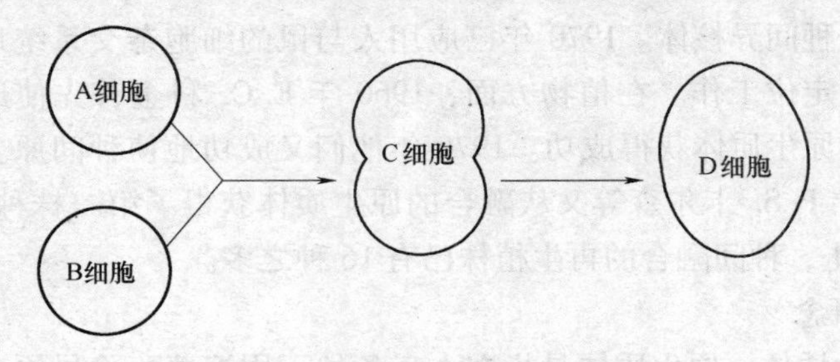

图 3－11　细胞融合

（2）细胞融合诱导方法　同种细胞在培养时两个靠在一起的细胞自发合并，称自发融合；异种间的细胞必须经诱导剂处理才能融合，称诱发融合。诱导细胞融合的方法有三种：生物方法（如病毒诱导融合法）、化学方法（如聚乙二醇 PEG 诱导融合法）、物理方法（如电场诱导融合法）。

（3）细胞融合过程

①动物细胞融合　将两个不同种的亲本细胞 A 和 B，以灭活的仙台病毒或聚乙二醇（PEG）为融合诱导剂，使 A 和 B 两细胞融合成为一个具两个遗传性不同核的异核体（如遗传性相同的核融合在一起叫同核体）。随后异核体经有丝分裂成为两个具有 A 和 B 两亲本的杂种融合核。AB 杂种经多次分裂，B 亲本的染色体会逐渐减少到一个或完全消失（图 3－12、图 3－13）。

②植物细胞融合植物细胞之间有果胶质粘连，每个细胞之外还有一层纤维素组成的壁，因此，在分离原生质体时，首先要在一定浓度的酶液（果胶酶与纤维素酶）中保温，消去果胶质与纤维素后才能使原生质体分离出来。不同种之间原生质体的融合，须选用一种融合诱导剂（如聚乙二醇）诱导融合。细胞融合后要把杂种细胞选择出来。一般都利用各种生化指标和遗传标记来选择和鉴定。

细胞融合不仅在基础研究中有重要的作用，而且在植物、微生物的改良，基因治疗、疾病诊治、环境治理等应用领域中展现着美好的前景。通过细胞融合得到淋巴细胞杂交瘤制备单克隆抗体被誉为免疫学上的一次技术性革命。细

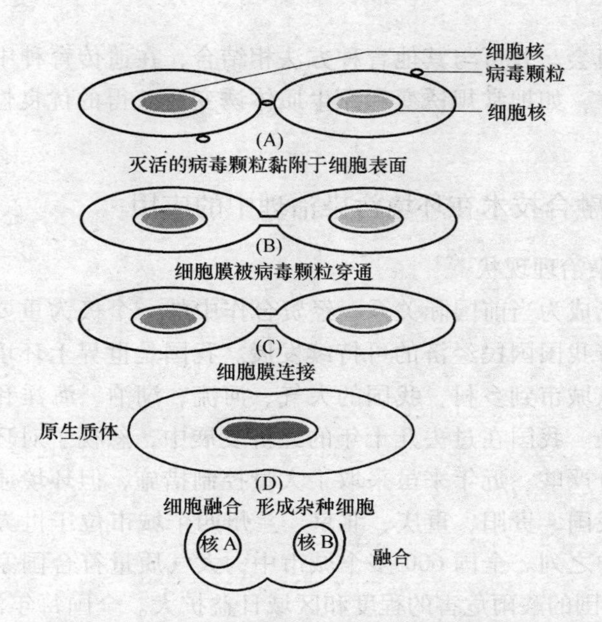

图 3－12　用灭活的病毒诱导的动物细胞融合过程示意

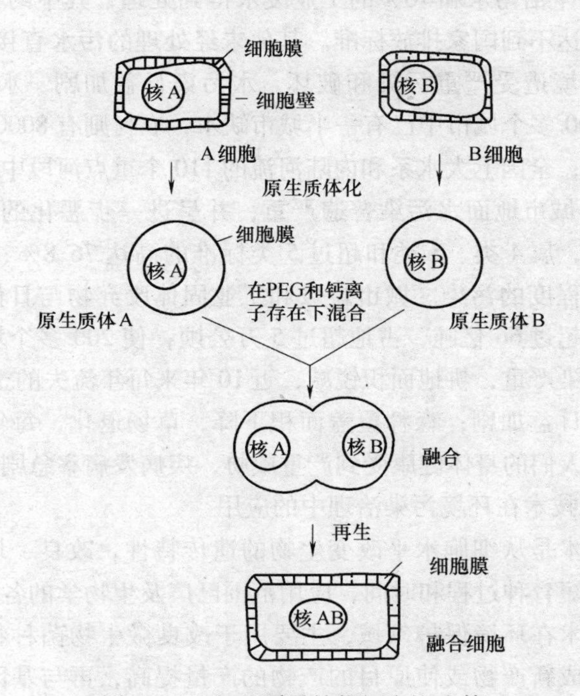

图 3－13　PEG 诱导植物细胞的融合

胞融合已成为细胞工程中的核心技术。通过人工诱导细胞融合，打破了生物的种界界限，可实现远缘物种的基因重组。可使遗传物质传递更为完整、获得更多基因重组的机会。并可与其他育种方法相结合，在遗传育种中将有价值的遗传基因保存下来，如把常规诱变和原生质体诱变所获得的优良性状，组合到一个单株中。

五、细胞融合技术在环境污染治理中的应用

1. 环境污染治理现状

环境保护已成为当前国际关系、经贸合作中的一个极为重要的问题，也日益严重地影响着我国国民经济的可持续发展。我国是世界上环境污染最为严重的国家之一，从城市到乡村，我国的大气、河流、湖泊、海洋和土壤等均受到不同程度的污染。我国在过去几十年的经济发展中，忽视了对环境的保护，目前环境状况十分严峻。近年来虽采取了大量控制措施，但环境质量下降的趋势仍在继续。在我国，贵阳、重庆、北京、兰州四个城市位于世界十大空气污染最严重的城市中之列。全国600多个城市中，大气质量符合国家一级标准的不足1%。全国范围的酸雨危害的程度和区域日益扩大。全国每年污水排放达360亿吨，仅10%的生活污水和70%的工业废水得到处理，其中约有一半工业污水处理设施的出水达不到国家排放标准。其他未经处理的污水直接排入江河湖海，致使我国的水环境遭受严重污染和破坏，水污染日益加剧，水资源严重短缺。据统计，全国600多个城市中已有一半城市缺水，农村则有8000万人和6000万头牲畜饮水困难；全国七大水系和内陆河流的110个重点河段中，属4类和5类水体的占39%；城市地面水污染普遍严重，并呈进一步恶化的趋势，136条流经城市的河流中，属4类、5类和超过5类标准的高达76.8%；约50%的城市地下水受到不同程度的污染。城市垃圾和工业固体废弃物与日俱增，工业废弃物累计堆积量已超过66亿吨，占地超过5万公顷，使200多个城市陷入垃圾包围之中。土壤污染严重，耕地面积锐减，近10年来每年流失的土壤总量达50亿吨，土地荒漠化日益加剧；森林覆盖面积下降，草场退化，每年减少森林面积达167万公顷；人们的身体健康受到严重威胁，疾病发病率急剧上升。

2. 细胞融合技术在环境污染治理中的应用

细胞融合技术是从细胞水平改变生物的遗传特性，改良、培育动植物、微生物新品种，缩短育种过程和时间，应用范围已广及生物学的各个分支学科。

细胞融合技术在环境保护领域，主要用于改良微生物菌种特性、使菌种获得新的性状、合成新产物或使原目的产物的产量提高，再与基因工程技术相结合，使对遗传物质进一步修饰提供了各种各样的可能性。

现代农业生产中由于对病虫害的防治而大量使用化学农药造成农药残留污染；工业上大量未经处理的化学工业废水的排放造成江河湖泊严重的环境污染对我们生存的环境造成严峻的威胁，污染环境的生物降解的研究与应用显得日

益迫切而重要。现代生物学应用于环境保护领域主要是应用微生物对各种污染物的降解功能，通过细胞融合技术，可以快速、有目的的构建目的菌株，使菌株具有更强的降解污染物的能力。

多环芳烃（PAHs）是含有2个苯环以上的有机化合物，广泛存在于大气、土壤和水体中。环境中的多环芳烃主要来源于不完全燃烧的石油、煤、木材、城市垃圾等，另外，石油化工产品生产过程、石油开发及石油运输中的溢漏、火山爆发、机动车辆尾气排放等均产生PAHs。PAHs具有致癌性和致突变性，严重影响生态环境和人类健康，已被国家列为优先控制的环境污染物。微生物是生态系统中最重要的分解者，微生物降解是自然环境中去除PAHs的主要途径。

硝基苯类化合物在工业上广泛用于制造苯胺、染料、炸药及肥皂等。是化工生产中重要的有机合成原料，不仅是燃料、农药和医药的重要中间体，还广泛应用于光化学品、防腐剂等生产过程。他们具有苯环结构，在环境中残留时间较长，尤其是硝基苯酚类化合物，本身具毒性，容易使微生物中毒，一直被认为是高毒性的环境污染物。利用生物法处理环境中的硝基苯酚类污染物受到极大限制，因此寻找高效硝基苯酚降解菌成为解决利用生物消除硝基苯酚污染的关键。

原生质体融合构建苯环化合物降解菌可以获得高效、低毒、价廉的环境微生物菌株，使污染物降解更经济、更有效。

为了获得能分解利用纤维素水解物，并高效产生乙醇的菌株，将利用纤维二糖能力强的*Candida abtusa*和产乙醇率高的发酵接合糖酵母进行融合，获得的融合子不但以纤维二糖为唯一碳源，而且产乙醇能力高于双亲。

绿孢链霉菌TTA和西康链霉菌75viz进行融合，得到降解玉米杆纤维素能力比亲株高出155%～264%的菌株。

通过电融合法对酿酒酵母和季也蒙假丝酵母进行融合，筛选出既能利用木糖又能利用纤维二糖生产乙醇的菌种，对纤维素再生资源的利用和减少环境污染具有重要意义。

另外，利用聚乙二醇诱导原生质体融合可制备细菌杀虫剂。细菌杀虫剂是一种对害虫有致病作用的细菌制剂，利用这种致病性来防治害虫是一种有效的生物防治方法。可大大减少农药的使用，降低了农药残留对环境带来的危害。

随着科技的进步，生物科学、生物工程以及生物技术将被越来越广泛地应用于生物多样性保护、人类健康、环境污染防治和环境、经济、社会的可持续发展中，同时在攻克环境保护的科技难关中有广阔的发展前景。21世纪，实现生物多样性保护，合理开发生物资源，有效利用生物技术，必将是21世纪的重要课题。我国个别地区污染严重，我们要构建一个有利于现代生物技术在环保中应用的良好环境，同时最大限度地减少和预防与这些技术伴生的对人类和环境的危害。以生态学和生态经济学为指导，着眼于改善社区环境卫生条件、提高居民环境保护意识，致力于经济、社会和环境保护的协调发展。

参考文献

1. 夏启中. 基因工程. 北京：中国农业出版社，2007.
2. 周少奇. 环境生物技术. 北京：科学出版社，2005.
3. 王建龙. 文湘华. 现代环境生物技术. 北京：清华大学出版社，2008.
4. 马贵民. 细胞工程. 北京：中国农业出版社，2007.
5. 潘求真. 细胞工程. 哈尔滨：哈尔滨工程大学出版社，2009.

知识链接：

敢“吃”砒霜的转基因植物

我们常常在小说和电视剧中看到砒霜害人的故事，然而，在我们脚下的土壤中，不少地方就含有砒霜。砒霜的剧毒来源于其中的砷元素。自然界中的砷可分为三价砷和五价砷，经人体摄入后，会在体内被代谢成有毒的化学物质。大剂量的砷可快速致死，长期摄入微量砷会引发癌症。不少受到砷污染的地区，即使经历上百年，砷仍会留在土壤中。最近，美国佐治亚大学的理查德·米格教授和他的同事已成功地培育出可以吸收土壤中砷的转基因植物。利用基因工程技术，米格教授将两段能吸收砷的杆菌的基因插入一种芥菜的基因序列中，进而培育出可以吸收砷的转基因芥菜。

处理重金属污染的传统方法是挖掘一个场地，将这些受污染的土壤搬运后掩埋。然而，这种方法不但费时、耗资，更造成环境再度污染。有些转基因植物根特别长，利用这些长根转基因植物吸收环境中的重金属砷特别方便、有效。而且，这些重金属砷会慢慢被吸收在转基因植物叶中，进行销毁和回收也特别方便、安全。对于培育吸收重金属转基因植物的地区，应该严禁放牧，以免那些植物被牲畜误食后产生严重的人畜中毒事件。

转基因烟草清除 TNT

在一些曾经发生过战争的地区，残留着不少炸药，污染着当地的土壤，其中一种主要的污染物是三硝基甲苯（TNT）。对于植物和动物来说，TNT 都是一种高毒性的污染物，如果人类食用含有 TNT 的蔬菜、农作物或是肉类，可能引发贫血症、肝硬化和癌症。目前，世界上大片的土地都已经被 TNT 污染了。

现在清除土壤中 TNT 的常用方法是焚烧，然而，这种消除 TNT 污染的方法费用昂贵，而且会产生不能循环使用的灰，还会产生有毒的烟雾。由于焚烧法对环境还是有很大程度的污染，所以科学家在寻找更加好的清除 TNT 的方法。最近，英国的一些生物科学家已经培养出一种转基因烟草，它们可以吸收土壤中的TNT，然后把TNT转化成对其他植物无害的物质，从而去除土壤的污染。这些转基因烟草植物的除污基因来源于土壤中的一种细菌，这种细菌可以产生一种转化TNT的酶。

这种转基因烟草是由剑桥大学的尼尔·布鲁斯领导的研究小组发现的。为了发现清除土壤中TNT的可行方法，布鲁斯研究小组到被TNT污染严重的地区取得了土壤样品。分析这些土壤样品的时候，他们却意外地发现了生活在被TNT严重污染的土壤中的细菌。这些细菌为什么没有被毒死呢？原来，细菌的适应能力和进化能力都特别强，富含TNT地区的土壤不但没有毒死细菌，反倒被进化后的细菌作为体内氮的来源。

研究人员把能食用TNT的细菌的相关基因引进到烟草中后，他们发现了转基因烟草在被TNT污染的地区也能茁壮成长。若是在这些地区种植普通烟草，这些烟草的根和茎被严重毒害，直至死亡。若是在被TNT污染的地区大面积种植这种转基因烟草，几年过后就可以让土壤变得干净起来。研究人员还打算把食用TNT细菌的相关基因引入到白杨树中，因为白杨树的吸收能力更强，对环境污染的消除将更为得力。

“吃”汞的转基因烟草

如果家里的水银温度计打破了，你可不能麻痹大意，因为这些洒落在地板上的汞如果不及时处理．它们就会蒸发成汞蒸气，会被你无意中吸入体内。汞和汞的化合物都是有毒的，汞具有明显的神经毒性，对内分泌系统、免疫系统等也有不良影响。汞引发的常见病症是小儿麻痹症和软骨症。

如果在土壤中含有汞，它们就会慢慢被一些农作物吸收，然后被我们摄入体内。中美科学家经过3年的努力合作，最近终于培育出世界上首次具有明显食汞效果的转基因烟草。用转基因烟草“吃”汞，不仅效率高，而且本身不留残毒。

中美科学家选择烟草治理汞污染，是因为烟草具有植株大、生长快、吸附性强、种植范围广等特点。实验表明，这种转基因烟草吸收汞的效果比常规烟草高出5~8倍，一片汞污染严重的土壤，在生长了三四茬转基因烟草后，汞含量即可明显降低。除了汞之外，这种转基因烟草还可吸收金和银。因此，这种转基因烟草不但有重要的环保价值，还有重要的经济价值。

第四章
废水生物处理技术

【知识目标】

1. 掌握微生物对有机物的降解机理（活性污泥法、生物膜法、厌氧生物处理法等）；熟悉微生物对常见有机物的降解性能。

2. 熟悉生物脱氮除磷的作用机理。

3. 了解微生物在治理环境污染中的重要性及简单工艺。

【能力目标】

1. 能用微生物对有机物的作用机理处理环境问题。

2. 能根据有机物的特性，选择合适的好氧或厌氧处理工艺。

3. 学会分析脱氮除磷工艺。

水是生命之源，是地球万物赖以生存和发展的基础，水环境的质量直接关系人类健康，对社会发展和文明的进步起着至关重要的作用。我国水资源紧缺形势日益加剧，而废水经过不同程度处理可成为人类的第二水资源，因此废水处理技术的发展日益得到重视。废水处理技术主要包括物理、化学、生物等方向，废水生物处理技术因其特有的经济性、适用广泛性而受到广大学者专家的青睐。废水生物处理是利用生物的新陈代谢作用，对废水中的污染物质进行转化和稳定，使之无害化的处理方法。对污染物进行转化和稳定的主体是微生物。

第一节 废水处理微生物基础

一、废水中的微生物

微生物一般只能用电子显微镜或光学显微镜才能看到。从狭义角度说主要是指菌类生物，包括细菌、放线菌、真菌以及病毒等。从广义角度说，除了菌类生物以及病毒外，还包括藻类、原生动物和一些后生动物。由于微生物具有来源广、易培养、繁殖快、对环境的适应性强、易变异等特性，在生产上能较容易地采集菌种进行培养增殖，并在特定条件下进行驯化，使之适应有毒工业废水的水质条件，从而通过微生物的新陈代谢是有机物无机化，有毒物无害化。

水中常见的微生物分类如图 4－1 所示。

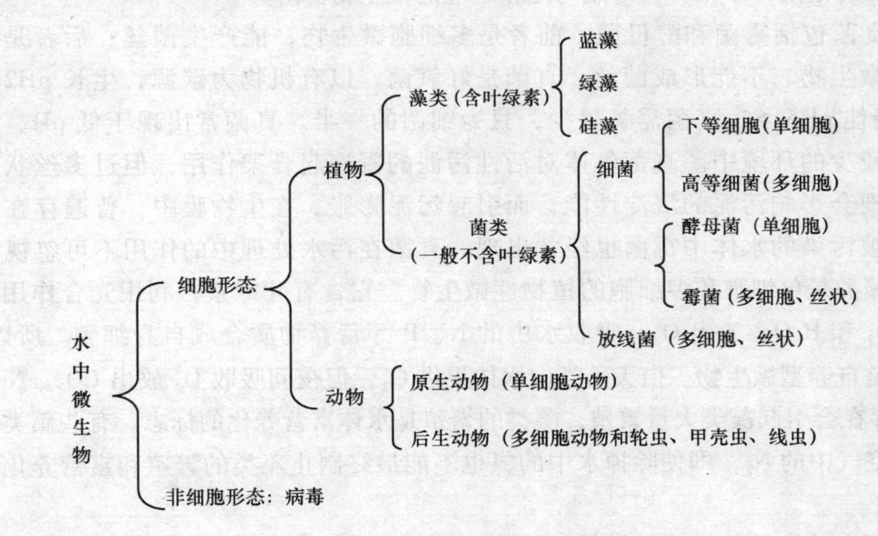

图 4－1　水中常见的微生物分类

微生物要不断进行繁殖和正常活动，必须拥有必要的能源、碳源和其他无机元素。其中碳是构成微生物细胞的主要成分、碳的主要来源是二氧化碳和有机物。如果微生物由二氧化碳取得组成细胞的碳，就称为自养型微生物；如果细胞利用有机碳进行细胞合成，则成为异养型微生物。在废水处理过程中，能分解有机物的主要是异养型微生物。图 4－2 为水中存在的微生物。

图 4－2　水中存在的微生物

根据利用氧的能力微生物可以分为好氧、厌氧和兼性三类：好氧微生物只能存在于有分子氧供给的条件下；厌氧微生物只能在无氧或者缺氧的环境中生存；而兼性微生物是既能在有分子氧的环境中生存，也可在无分子氧的环境中生存。

细菌的适应性强，增长速度快，细菌分裂一次的时间即世代期为 20～30min。细菌等各类微生物的种类与数量常与污水水质及其处理工艺有密切关系，在特定的污水中，会形成与之相适应的微生物群落。

真菌包括霉菌和酵母菌，前者是多细胞微生物，能产生菌丝；后者是单细胞微生物，不能形成菌丝。真菌是好氧菌，以有机物为碳源，生长 pH2～9，最佳 pH5.6。真菌需氧量少，只为细菌的一半。真菌常出现于低 pH、分子氧较少的环境中。真菌丝体对活性污泥的凝聚起骨架作用，但过多丝状菌的出现会影响污泥的沉淀性能，而引起污泥膨胀。在生物膜中，普遍存在霉菌，被污染的水体中霉菌也经常出现。真菌在污水处理中的作用不可忽视。

藻类是单细胞和多细胞的植物性微生物。它含有叶绿素，利用光合作用同化 CO_2 和 H_2O，放出 O_2，吸收水中的 N、P 等营养物质合成自身细胞。所以，藻类是自养型微生物。白天藻类向水体提供 O_2，但夜间吸收 O_2 放出 CO_2。N 和 P 的存在会引起藻类大量繁殖，藻类的繁殖是水体富营养化的标志。有些藻类能固定空气中的 N_2，即使除掉水中的氮也不能最终制止藻类的繁殖和富营养化的发展。

原生动物是最低等的能进行分裂增殖的单细胞动物。污水中的原生动物既是水质净化者又是水质指示物。绝大多数原生动物都属于好氧异养性。在污水处理中，原生动物的作用没有细菌重要，但由于大多数原生动物能吞食固态有机物和游离细菌，所以有净化水质的作用。原生动物对环境的变化比较敏感，在不同的水质环境中出现不同的原生动物，所以是水质指示物（图 4－3）。例如，当溶解氧充足时钟虫大量繁殖，溶解氧低于 1mg/L 时出现较少，也不活跃。

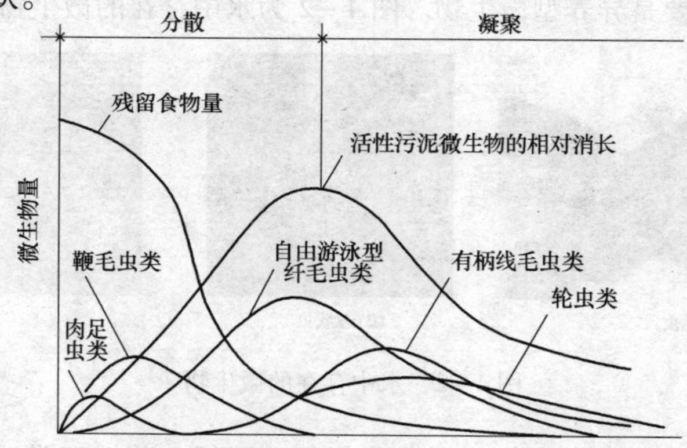

图4－3 原生动物在反应过程中数量和种类的增长与替变的关系（活性污泥系统）

后生动物是多细胞动物，在污水处理设施和稳定塘中常见的后生动物有轮虫、线虫和甲壳类动物。后生动物均为好氧微生物，生活在较好的水质环境中，后生动物以细菌、原生动物、藻类和有机固体为食，他们的出现表明处理效果较好，是污水处理的指示性生物。

二、微生物的呼吸类型

微生物的呼吸指微生物获取能量的生理功能。根据与氧气的关系，分为好氧呼吸和厌氧呼吸两大类。由于呼吸作用是生物氧化和还原的过程，存在着电子、原子转移，而在有机物的分解和合成过程中，都有氢原子的转移，因此，呼吸作用可按受氢体的不同来划分。分述如下。

1. 好氧呼吸

好氧呼吸是在有分子氧（O_2）参与的生物氧化，反应的最终受氢体是分子氧。好氧呼吸是营养物质进入好氧微生物细胞后，通过一系列氧化还原反应获得能量的过程。首先底物中的氢被脱氢酶活化，并从底物中脱出交给辅酶（递氢体），同时放出电子，氧化酶利用底物放出的电子激活游离氧，活化氧和从底物中脱出的氢结合成水。因此，好氧呼吸过程实质上是脱氢和氧活化相结合的过程。在这过程中，同时放出能量。

依好氧微生物的类型不同，被其氧化的底物不同，氧化产物也不同：好氧呼吸有下述两种。

（1）异养型微生物　异氧型微生物以有机物为底物（电子供体），其终点产物为二氧化碳、氨和水等无机物，同时放出能量。如式（4-1）和式（4-2）所示：

$$C_6H_{12}O_6 + 6O_2 \longrightarrow 6CO_2 + 6H_2O + 2817.3\text{kJ} \quad (4-1)$$

$$C_{11}H_{29}O_7N + 14O_2 + H^+ \longrightarrow 11CO_2 + 13H_2O + NH_4^+ + \text{能量} \quad (4-2)$$

有机废水的好氧生物处理，如活性污泥法、生物膜法、污泥的好氧消化等都属于这种类型的呼吸。

（2）自养型微生物　自养型微生物以无机物为底物（电子供体），其终点产物也是无机物，同时放出能量，如式（4-3）和式（4-4）所示：

$$H_2S + 2O_2 \longrightarrow H_2SO_4 + \text{能量} \quad (4-3)$$

$$NH_4^+ + 2O_2 \longrightarrow N_3 - NO_3^- + 2H^+ + H_2O + \text{能量} \quad (4-4)$$

大型合流污水沟道存在式（4-3）所示的生化反应，是引起沟道顶部腐蚀的原因。式（4-4）为生物脱氮工艺中的生物硝化过程。

在好氧呼吸过程中，底物被氧化得比较彻底，获得的能量也较多。

2. 厌氧呼吸

厌氧呼吸是在无分子氧（O_2）的情况下进行的生物氧化。厌氧微生物只有脱氢酶系统，没有氧化酶系统。在呼吸过程中，底物中的氢被脱氢酶活化，从底物中脱下来的氢经辅酶传递给除氧以外的有机物或无机物，使其还原。因此，厌氧呼吸的受氢体不是分子氧。在厌氧呼吸过程中，底物氧化不彻底，最终产物不是二氧化碳和水，而是一些较原来底物简单的化合物。这种化合物还含有相当的能量，故释放能量较少。如有机污泥的厌氧消化过程中产生的甲烷，是含有相当能量的可燃气体。

厌氧呼吸按在反应过程中的最终受氢体的不同，可分为发酵和无氧呼吸。

（1）发酵　指供氢体和受氢体都是有机化合物的生物氧化作用，最终受氢体无需外加，就是供氢体的分解产物（有机物）。这种生物氧化作用不彻底，最终形成的还原性产物，是比原来底物简单的有机物，在反应过程中，释放的自由能较少，故厌氧微生物在进行生命活动过程中，为了满足能量的需要，消耗的底物要比好氧微生物的多。

现以葡萄糖为例，说明发酵的反应过程，见下式：

$$C_6H_{12}O_6 \longrightarrow 2CH_3COCOOH + 4[H] \qquad (4-5)$$

$$2CH_3COCOOH \longrightarrow 2CO_2 + 2CH_3CHO \qquad (4-6)$$

$$4\ [H] + 2CH_3CHO \longrightarrow 2CH_3CH_2OH \qquad (4-7)$$

总反应式：

$$C_6H_{12}O_6 \longrightarrow 2CH_3CH_2OH + 2CO_2 + 92.0kJ \qquad (4-8)$$

（2）无氧呼吸　是指以无机氧化物，如 NO_3^-、NO_2^-、SO_4^{2-}、$S_2O_3^{2-}$、CO_2 等代替分子氧，作为最终受氢体的生物氧化作用。如在反硝化作用中，受氢体为 NO^{3-} 可用下式所示：

$$C_6H_{12}O_6 + 6H_2O \longrightarrow 6CO_2 + 24\ [H] \qquad (4-9)$$

$$24[H] + 4NO_3^- \longrightarrow 2N_2 + 12H_2O \qquad (4-10)$$

总反应式：

$$C_6H_{12}O_6 + 4NO_3^- \longrightarrow 6CO_2 + 6H_2O + 2N_2 + 1755.6kJ \qquad (4-11)$$

在无氧呼吸过程中，供氢体和受氢体之间也需要细胞色素等中间电子传递体，并伴随有磷酸化作用，底物可被彻底氧化，能量得以分级释放，故无氧呼吸也产生较多的能量用于生命活动。但由于有些能量随着电子转移至最终受氢体中，故释放的能量不如好氧呼吸的多。

由上可见，上述几种呼吸方式，获得的能量水平不同。

三、微生物的生长条件

污水生物处理的主体是微生物，只有创造良好的环境条件让微生物大量繁殖才能获得令人满意的处理效果。影响微生物生长的条件主要有营养、温度、pH、溶解氧及有毒物质等。

1. 营养条件

微生物正常生长也需要营养，营养物质的供应是微生物生存的首要条件。微生物主要的营养物质包括碳化物、氮化物、水和无机盐以及微量元素等。不同的微生物彼此所需要的营养条件有或多或少的差别。好氧微生物要求碳氮磷比值 BOD_5: N: P = 100: 5: 1；厌氧微生物需要碳氮磷比值为 BOD_5: N: P = 100: 6: 1。其中 N 以 NH_3-N 计，P 以 $PO_4^{3-}-P$ 计。

几乎所有的有机物都是微生物的营养源，为达到预期的净化效果，控制合适的 C: N: P 比显得十分重要。除需要 C、H、O、N、P 外，还需要 S、Mg、Fe、Ca、K 等元素，以及 Mn、Zn、Co、Ni、Cu、Mo、V、I、Br、B 等微量元素。

2. 温度

温度是影响微生物存活的重要因素之一。微生物有各自的最适温度，一般是在 20 ~ 70℃。个别微生物可在 200 ~ 300℃的高温下生活。好氧生物处理以中温为主，微生物的最适宜生长温度为 20 ~ 37℃。当处理厌氧生物时，中温性微生物的最适生长温度为 25 ~ 40℃，高温性微生物的最适生长温度为 50 ~ 60℃。所以厌氧生物处理常利用 33 ~ 38℃和 52 ~ 57℃两个温度段，分别叫做中温发酵和高温发酵。

3. pH

各种微生物都有其最适 pH。细菌、放线菌、藻类和原生动物的 pH 适应范围为 4 ~ 10。酵母菌和霉菌的最适 pH 范围为 3.0 ~ 6.0。大多数细菌适宜 pH6.5 ~ 8.5 的中性和偏碱性环境。好氧生物处理的适宜 pH6.5 ~ 8.5，厌氧生物处理的适宜 pH6.7 ~ 7.4。在生物处理过程中保持最适宜 pH 范围非常重要。否则，微生物的活性将会降低或丧失，微生物生长缓慢甚至死亡，导致处理失败。

进水 pH 的突然变化也会对生物处理产生很大的影响，这种影响不可逆转。所以保持 pH 的稳定性非常重要。

4. 溶解氧（DO）

好氧微生物的代谢过程以分子氧为受氢体，并参与部分物质的合成。没有分子氧，好氧微生物就不能生长繁殖，所以，在处理好氧生物时，要保持一定浓度的溶解氧。好氧生物在处理时溶解氧一般控制在 2 ~ 3mg/L 为宜。

厌氧微生物对氧气很敏感，当有氧存在时，它们就无法生长。所以厌氧处理设备要严格密封，隔绝空气。

5. 有毒物质

对微生物具有抑制和杀害作用的化学物质，即有毒物质。有毒物质对微生物的毒害作用，主要表现在使细菌细胞的正常结构遭到破坏以及使菌体的酶变质，并失去活性。

四、废水处理方法分类

生物处理靠的是微生物的代谢，按照作用机制和对氧的需求，可将生物处理分为好氧法和厌氧法两大类。按照微生物的附着方式，可将生物处理分为悬浮生长法和固着生长法，即活性污泥法和生物膜法。

1. 废水的好氧生物处理

好氧生物处理是在有游离氧（分子氧）存在的条件下，好氧微生物降解有机物，使其稳定、无害化的处理方法。微生物利用废水中存在的有机污染物（以溶解状与胶体状的为主），作为营养源进行好氧代谢。这些高能位的有机物质经过一系列的生化反应，逐级释放能量，最终以低能位的无机物质稳定下来，达到无害化的要求，以便返回自然环境或进一步处置。废水好氧生物处理的最终过程（图 4－4）表明，有机物被微生物摄取，通过代谢活动，约有 1/3 被分解、稳定，并提供其生理活动所需的能量；约有 2/3 被转化，合成为新的原生质（细胞质），即进行微生物自身生长繁殖。后者就是废水生物处理中的活性污泥或生物膜的增长部分，通常称其剩余活性污泥或生物膜，又称生物污泥。在废水生物处理过程中，生物污泥经固－液分离后，需进行进一步处理和处置。

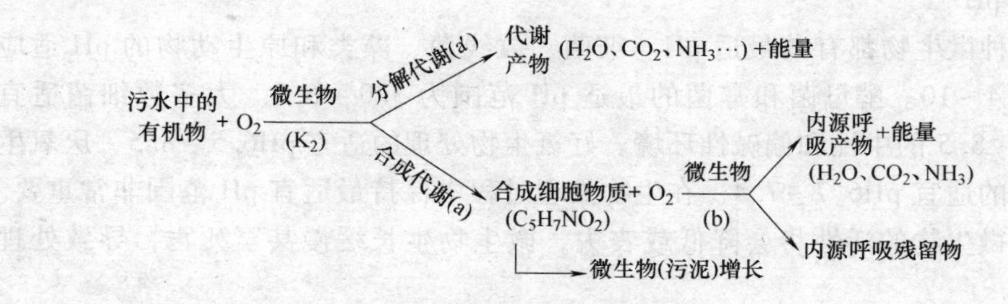

图 4－4　有机物的好氧分解图式

好氧生物处理的反应速度较快，所需的反应时间较短，故处理构筑物容积较小。且处理过程中散发的臭气较少。所以，目前对中低浓度的有机废水，或者说 BOD 浓度小于 500mg/L 的有机废水，基本上采用好氧生物处理法。在废水处理工程中，好氧生物处理法有活性污泥法和生物膜法两大类。

2. 废水的厌氧生物处理

厌氧生物处理是在没有游离氧存在的条件下，兼性细菌与厌氧细菌降解和稳定有机物的生物处理方法。在厌氧生物处理过程中，复杂的有机化合物被降解、转化为简单的化合物，同时释放能量。在这个过程中，有机物的转化分为三部分进行：部分转化为 CH_4，这是一种可燃气体，可回收利用；还有部分被分解为 CO_2、H_2O、NH_3、H_2S 等无机物，并为细胞合成提供能量；少量有机物被转化、合成为新的原生质的组成部分。由于仅少量有机物用于合成，故相对于好氧生物处理法，其污泥增长率小得多。

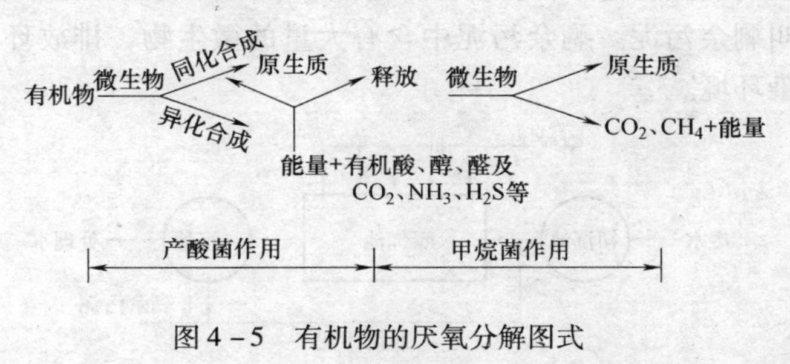

图4－5　有机物的厌氧分解图式

废水厌氧生物处理过程中有机物的转化如（图4－5）所示。由于废水厌氧生物处理过程不需另加氧源，故运行费用低。此外，它还具有剩余污泥量少、可回收能量（CH_4）等优点。其主要缺点是反应速度较慢、反应时间较长、处理构筑物容积大等。但通过对新型构筑物的研究开发，其容积可缩小。此外，为维持较高的反应速度，需维持较高的反应温度，就要消耗能源。对于有机污泥和高浓度有机废水（一般 $BOD_5 \geqslant 2000mg/L$）可采用厌氧生物处理法。

第二节　废水好氧生物处理技术

一、活性污泥法

1. 活性污泥法的基本原理

（1）活性污泥　活性污泥法是利用悬浮生长的微生物絮体处理有机废水一类好氧生物的处理方法。这种生物絮体叫做活性污泥，它由好氧性微生物（包括细菌、真菌、原生动物和后生动物）及其代谢的和吸附的有机物、无机物组成，具有降解废水中有机污染物的能力，显示生物化学活性。好氧活性污泥为褐色，稍有土腥味，具有良好的絮凝吸附性能。

（2）活性污泥法的基本流程　活性污泥法是由曝气池、沉淀池、污泥回流和剩余污泥排除系统所组成，如图4－6所示。污水和回流的活性污泥一起进入曝气池形成混合液。曝气池是一个生物反应器，通过曝气设备充入空气，空气中的氧溶入污水使活性污泥混合液产生好氧代谢反应。曝气设备不仅传递氧气进入混合液，且使混合液得到足够的搅拌而呈悬浮状态。这样，污水中的有机物、氧气同微生物能充分接触和反应。随后混合液流入沉淀池，混合液中的悬浮固体在沉淀池中沉下来和水分离。流出沉淀池的就是净化水。沉淀池中的污泥大部分回流，称为回流污泥。回流污泥的目的是使曝气池内保持一定的悬浮固体浓度，也就是保持一定的微生物浓度。曝气池中的生化反应引起了微生物的增殖，增殖的微生物通常从沉淀池中排除，以维持活性污泥系统的稳定运行。这部分污泥叫剩余污泥。剩余污泥中含有大量的微生物，排放环境前应进行处理，防止污染环境。

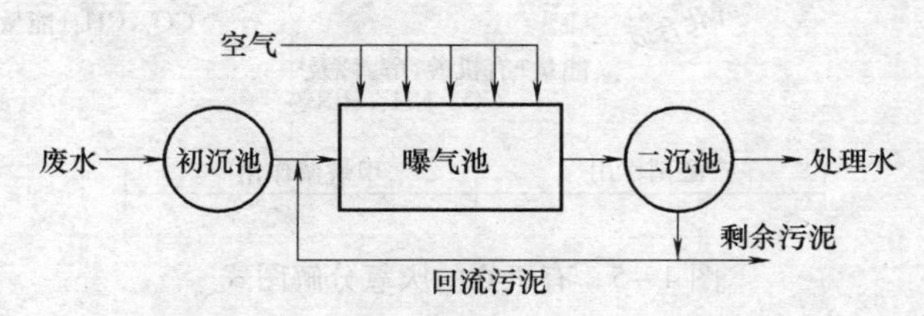

图4－6　普通活性污泥法处理系统

（3）活性污泥降解污水中有机物的过程　活性污泥在曝气过程中，对有机物的降解（去除）过程可分为两个阶段，吸附阶段和稳定阶段。在吸附阶段，主要是污水中的有机物转移到活性污泥上去，这是由于活性污泥具有巨大的表面积，而表面上含有多糖类的黏性物质所致。在稳定阶段，主要是转移到活性污泥上的有机物为微生物所利用。当污水中的有机物处于悬浮状态和胶体状态时，吸附阶段很短，一般在15～45min，而稳定阶段较长。

在活性污泥的曝气过程中，废水中有机物的变化包括吸附阶段和稳定阶段两个阶段。在吸附阶段，主要是废水中的有机物转移到活性污泥上去；在稳定阶段，主要是转移到活性污泥上去的有机物为微生物所利用。吸附量的大小，主要取决于有机物的状态，若废水中的有机物处于悬浮状态和胶体状态的相对量大时，则吸附量也大。分析中没有考虑微生物的内源呼吸。微生物的内源呼吸也消耗氧，特别是微生物的浓度比较高时，这部分耗氧量还比较大，不能忽略。图4－7为活性污泥系统中微生物的降解机理图。

2. 活性污泥工艺介绍

传统活性污泥工艺师最早采用的活性污泥法，采用空气曝气且沿池长均匀曝气，随着活性污泥工艺的广泛应用，人们发现传统活性污泥工艺有很多不足。在对这些工艺改进的过程中，出现工艺上的一些变形，或称为传统活性污泥的变形工艺，如完全混合活性污泥法、渐减曝气法、延时曝气法等。

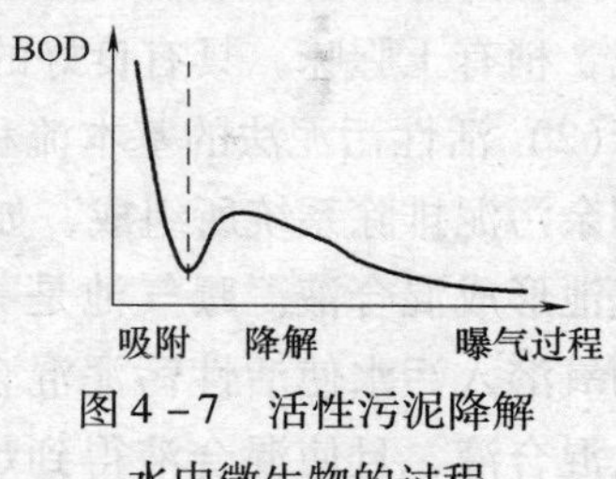

图4－7　活性污泥降解水中微生物的过程

这些工艺的详细介绍，请参阅水处理相关书籍。

二、生物膜法

1. 生物膜法的基本原理

生物膜法是利用附着生长于某些固体物表面的微生物（即生物膜）进行有机污水处理的方法。生物膜是由高度密集的好氧菌、厌氧菌、兼性菌、真菌、原生动物以及藻类等组成的生态系统，其附着的固体介质称为滤料或载体。生物膜自滤料向外可分为厌氧层、好氧层、附着水层、流动水层（图4-8）。

当污水流过生物膜时，有机物等经附着水层向膜内扩散。膜内的微生物将有机物转化为细胞物质和代谢产物。代谢产物（CO_2、H_2O、NO_3^-、SO_4^{2-}、有机酸等）从膜内向外扩散进入水相和大气。随着有机物的降解，细胞不断合成，生物膜不断增厚。当达到一定厚度时，营养物和氧气向深处扩散受阻，在深处的好氧微生物死亡，生物膜出现厌氧层而老化，老化的生物膜附着力减小，在水里冲刷下脱落，完成一个生长周期。“吸附—生产—脱落”生长周期不断交替循环，系统内活性生物膜量保持稳定。

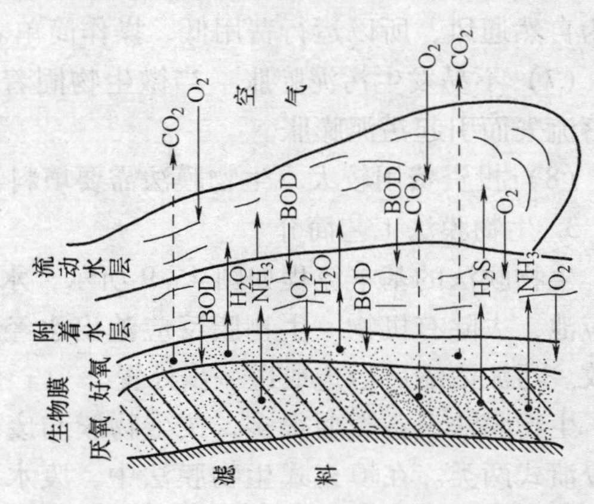

图4-8　生物膜净化机理

生物膜厚度一般为2~3mm，其中好氧层0.5~2.0mm，去除有机物主要靠好氧层的作用。污水浓度升高，好氧层厚度减小，生物膜总厚度增大；污水流量增大，好氧层厚度和生物膜总厚度均增大；改善供养条件，好氧层厚度和生物膜总厚度均增大。过厚的生物膜会堵塞载体间的空隙，造成短流，影响正常通风，处理效率下降。

2. 生物膜法的特点

（1）微生物相复杂，能去除难降解的有机物　固着生长的生物膜受水力冲刷影响小，所以生物膜中存在各种微生物（包括细菌、原生动物等）形成复杂的生物相。这种复杂的生物相，能去除各种污染物，尤其是难降解有机物。世代时间长的硝化细菌在生物膜上生长良好，所以生物膜法的硝化效果较好。

（2）微生物量大，净化效果好　生物膜含水率低，微生物浓度时活性污泥法的5~20倍，所以生物膜反应器的净化效果好、有机负荷高、容积小。

（3）剩余污泥少　生物膜上微生物的营养级高、食物链长、有机物氧化率高、剩余污泥少。

（4）污泥密实，沉降性能好　填料表面脱落的污泥比较密实、沉淀性能好、容易分离。

（5）耐负荷冲击，能处理低浓度废水　固着生长的微生物耐冲击负荷，适应性强。当受到冲击负荷时，恢复得快。有机物浓度低时活性污泥生长受到影响，所以活性污泥法对低浓度污水处理效果差。而生物膜法对低浓度污水的净化效果好。

（6）操作简便，运行费用低　生物膜反应器生物量大，无需污泥回流，有的为自然通风，所以运行费用低、操作简单。

（7）不易发生污泥膨胀　当微生物固着生长时，即使丝状菌占优势而不易脱落流失而引起污泥膨胀。

（8）投资费用较大　生物膜法需要填料和支撑结构，投资费用较大。

3. 生物膜法工艺简介

生物膜法的基本流程如图4－9所示，水经沉淀池取出悬浮物后进入生物膜反应池，去除有机物。生物膜反应池出水经二沉池去除脱落的生物体，澄清液排放。污泥浓缩后运走或进一步处置。

生物膜法设备类型很多，按生物膜与废水的接融方式不同，可分为填充式和浸渍式两类。在填充式生物膜法中，废水和空气沿固定的填料或转动的盘片表面流过，与其上生长的生物膜接触，典型设备有生物滤池和生物转盘。在浸渍式生物膜法中，生物膜载体完全浸没在水中，通过鼓风曝气供氧。如载体固定，称为接触氧化法；如载体流化则称为生物流化床。这些工艺的详细介绍，请参阅水处理相关书籍。

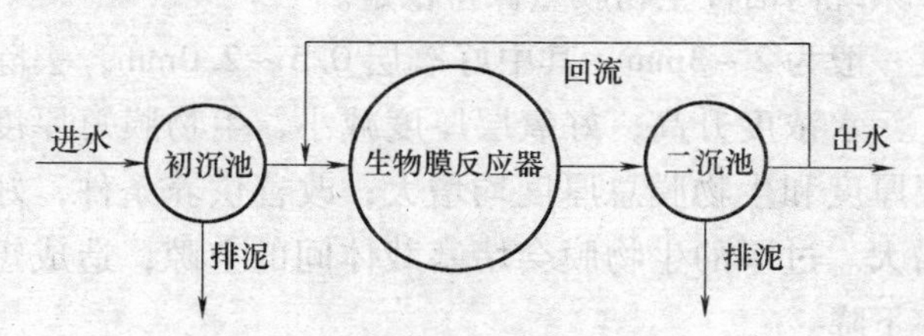

图4－9　生物膜法的基本流程

三、好氧生物处理技术进展

1. 活性污泥法技术进展

活性污泥法是最传统的好氧生物处理技术，于1914年首先在英国应用。污水经初沉池后，进入曝气池与污泥混合，从进水端向出水端呈推流式流动，在此过程中完成吸附和代谢分解，然后在第二沉淀池中完成水与污泥的分离。决定活性污泥处理系统功能和效果的因子很多，例如有机负荷、水力负荷与反应时间（决定反应器功能），污泥性质与泥龄（决定生物种类、活性与沉降性能）以及溶解氧水平、温度、水压等（影响处理效率）。活性污泥法中有两项最基本的技术措施：一是通过曝气来提高反应器水体中溶解氧的水平；二是通过污泥回流来保证反应器中的生物量与活性。因此，后人在研究和改进充氧方式和污泥回流的基础上，发展出了系列新型工艺。基于活性污泥法原理的新型生化处理技术中，较为典型和成功的要属间歇式活性污泥法和氧化沟。

间歇式活性污泥法，也称序批式活性污泥法（SBR），是近十年来新开发的一种活性污泥法，其特点是将初沉池、反应池和二沉池各工序放在同一反应器（SBR 反应器）中进行，提供一种时间顺序上的工艺处理模式，处理过程按序分为进水、反应、沉降、出水、闲置五个阶段（图 4－10）。与传统的活性污泥法不同，废水在反应器中不呈推流式运动，而是在 SBR 反应器的曝气过程中与污泥完全混合。完成降解反应后，停止曝气，活性污泥颗粒在静置中沉降，上层的清水则自反应器中排出。这一技术简化了工艺结构，提高了反应器的混合传质效率，相应提高了生物降解速率。SBR 法还具有投资少、反应易于操作控制的优点。因此这一技术在处理生活污水、食品工业废水和有机化工废水中得到广泛应用。

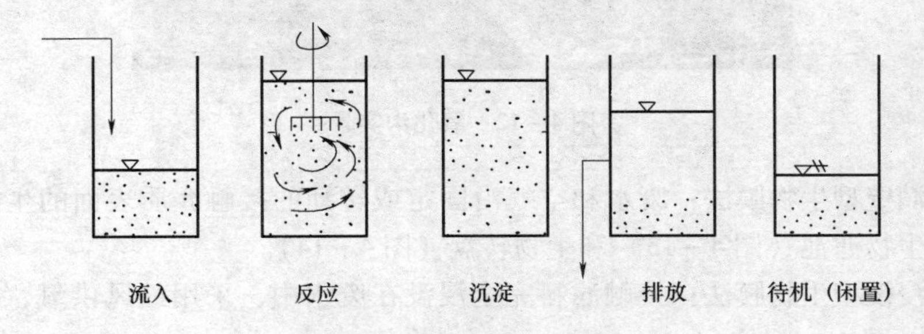

图 4－10　SBR 工艺流程

氧化沟，也称氧化渠或循环曝气池（图 4－11、图 4－12），这一方法的主要特点是采用横轴转刷，或竖轴表面叶轮曝气来推动水流。这一工艺不仅能耗小，而且具有推流式和混合式两者的特征。和 SBR 法一样，氧化沟技术在国内外应用很广，除了用以处理城市生活污水外，还被用在组合工艺中处理炼油废水和含氮废水等。

2. 生物膜法技术进展

传统的生物膜法于 1893 年在英国问世，当时的水力负荷与有机负荷都较低。到 20 世纪 60 年代后期，世界各国在新型载体填料的选择和研制以及供氧系统的改进和开发等方面取得了系列成果，极大地促进了生物膜反应器的发展。

当前在世界各国推广应用的生物膜法大致可分为三类。

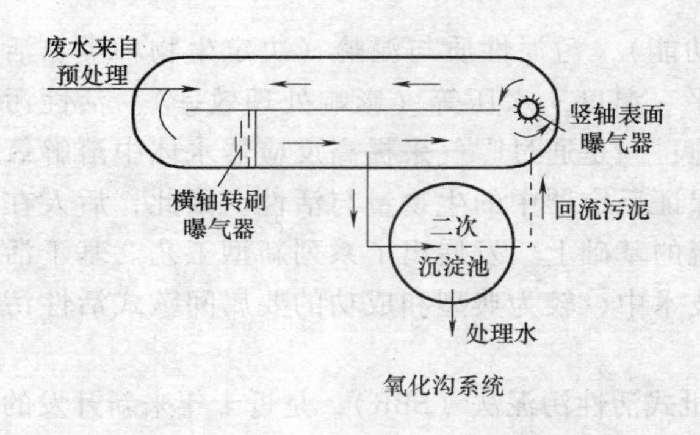

氧化沟系统

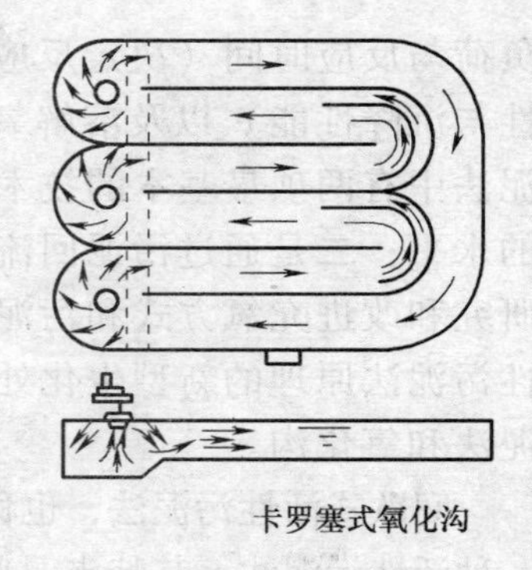
卡罗塞式氧化沟

图4－11　氧化沟工艺

图4－12　氧化沟实景

①润壁型生物膜法：废水和空气沿固定或转动的接触介质表面的生物膜流过，如生物滤池（图4－13）和生物转盘（图4－14）。

②浸没型生物膜法：接触滤料完全浸没在废水中，采用鼓风供氧，如接触氧化法（图4－15）。

③流动床型生物膜法：附有生物膜的介质在曝气充氧过程中悬浮流动，如生物移动床和生物流化床等（图4－16）。

流动床型生物膜法是20世纪后期发展较快的新型生物降解技术。不同类型的生物流化床在结构、充氧方式、填料性质与形状方面有一定差异，但反应器的共同特点是：床内载体在充氧过程中始终悬浮于液体中快速运动，具有类似液体的自由流动性，促进了物质的扩散与接触，相应提高了反应速率。生物流化床工艺的改进主要集中于充氧、进水分布系统及新型填料开发等方面。1975年，美国Ecolotrol公司推出了HY_2FIO生物流化床工艺，继后，日本三菱公司开发了一种流动循环曝气反应器，将曝气、脱膜、循环合成一体。近年来，我国在研究和应用生物流化床技术处理石化、印染、制药废水和城市生活废水方面也取得了一些突破性的进展。

图 4－13 生物滤池

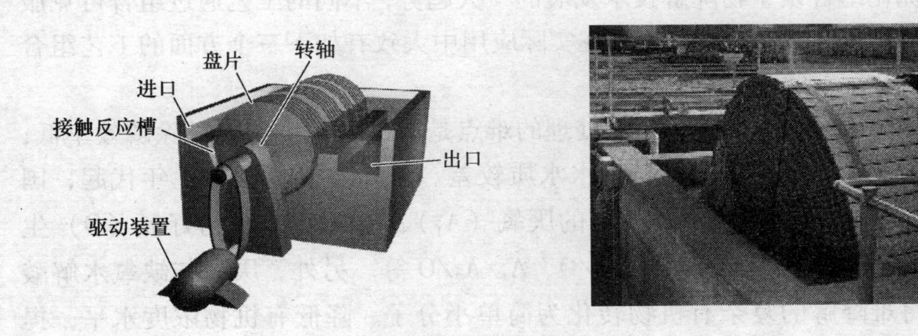

图 4－14 生物转盘

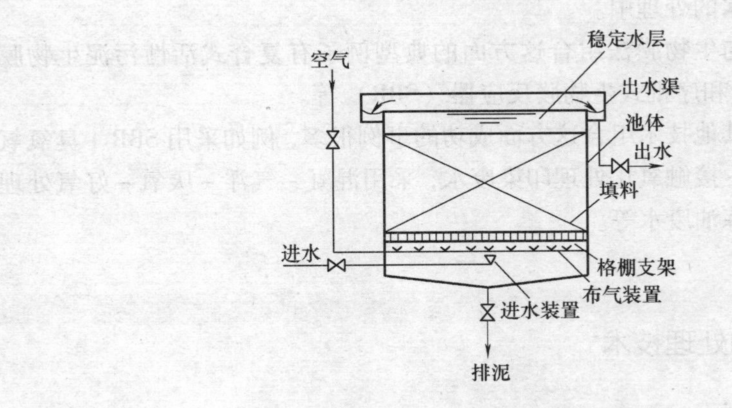

图 4－15 生物接触氧化法

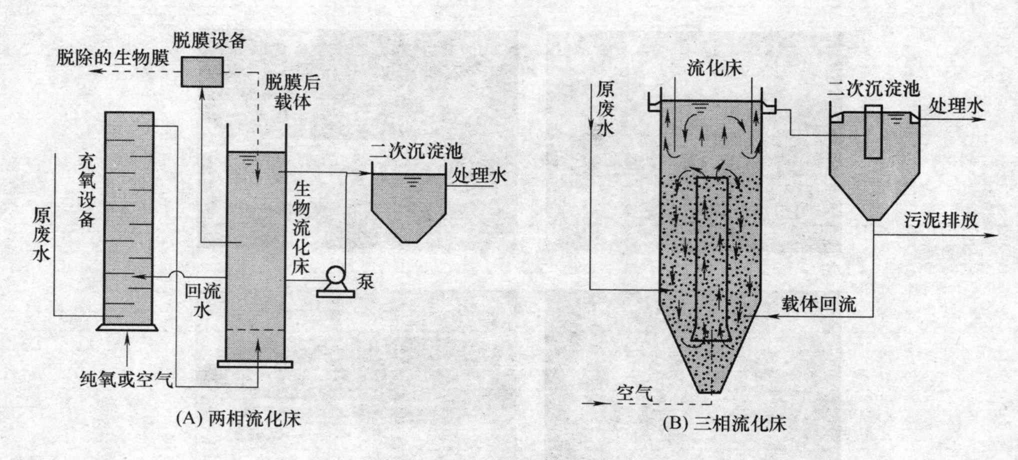

图 4-16　生物流化床

3. 工艺优化组合

工艺优化组合是生物降解技术发展的一大趋势，不同的工艺通过组合可克服个体技术的不足，实现优势互补。在实际应用中大致有如下三个方面的工艺组合类型。

①好氧与厌氧技术的组合好氧处理的难点是有机负荷小与脱氮除磷效率低，而厌氧技术存在的问题是耗时与出水水质较差。国外自 20 世纪 60 年代起，国内自 80 年代起，研究开发出系列新的厌氧（A_1）、缺氧（A_2）与好氧（O）生物脱氮除磷组合工艺，如 A_1/O、A_2/O、$A_1/A_2/O$ 等。另外，厌氧与缺氧水解酸化工艺可将难降解的复杂有机物转化为简单小分子、降低有机物浓度水平，提高废水的可生化性，因此 A/O 工艺被广泛应用于焦化、油田、炼油废水以及苎麻、印染、造纸废水的处理中。

②活性污泥法与生物膜法组合这方面的典型例子有复合式活性污泥生物膜反应器（HA SBR）和序批式生物膜反应器（SBR）等。

③生物降解与其他技术组合这方面成功的事例很多，例如采用 SBR + 臭氧氧化工艺和物化气浮 - 接触氧化处理印染废水，采用混凝 - 气浮 - 厌氧 - 好氧处理苎麻废水、油田和炼油废水等。

第三节
废水厌氧生物处理技术

废水厌氧生物处理是环境工程与能源工程中的一项重要技术，是有机废水强有力的处理方法之一。过去，它常用于城市污水处理厂的污泥、有机废料以及部分高浓度有机废水的处理，在构筑物形式上主要采用普通消化池。由于存在水力停留时间长、有机物负荷低等缺点，较长时期限制了它在废水处理中的应用。20 世纪 70 年代以来，特别是当今形势下，能源短缺日益突出，能产生能源的废水厌氧技术受到重视，研究与实践不断深入，开发了各种新型工艺和设备，大幅度地提高了厌氧反应器内污泥的持留量，使处理时间大大缩短，效率提高。目前，厌氧生化法不仅可用于处理有机污泥和高浓度有机废水，也用于处理低、中浓度的有机废水，包括城市污水。

厌氧生物处理与好氧生物处理相比，具有以下优点。

①应用范围广。好氧法因供氧限制一般只适用于中低浓度有机废水的处理，而厌氧法既适用于高浓度有机废水，又适用于中低浓度有机废水。有些有机物对好氧生物处理法来说是难降解的，但对厌氧生物处理法是可降解的，如固体有机物、着色剂蒽醌和某些偶氮染料等。

②能耗低。好氧生物处理法需要消耗大量能量供氧，曝气费用随着有机物弄得的增加而增大，而厌氧法不需要供氧，而且当有机物达到一定浓度时，产生的沼气可作为能源回收利用。一般厌氧法的动力消耗约为活性污泥法的 1/10。

③负荷高。通常好氧法的有机容积负荷（以 COD 计）为 2 ~ 4kg/(m^3 · d)，而厌氧法为2 ~ 10kg/(m^3 · d)，高的可达 50kg/(m^3 · d)。

④剩余污泥量少，且其脱水性、浓缩性好。好氧法每去除 1kg COD 将产生 0.4 ~ 0.6kg 生物量，而厌氧法去除 1kg COD 仅产生 0.02 ~ 0.1kg 生物量，其剩余污泥量仅为好氧法的 5% ~ 20%。同时，消化污泥在卫生学和化学上都是稳定的。因此，剩余污泥处理和处置简单、运行费用低、甚至可作为肥料、饲料和饵料利用。

⑤氮、磷营养需要量较少。好氧法一般要求 BOD: N: P = 100: 5: 1，而厌氧法的 BOD: N: P = 100: 2.5: 0.5，对氮磷缺乏的工业废水所需投加的营养盐量较少。

⑥厌氧处理过程有一定的杀菌作用，可以杀死废水和污泥中的寄生虫卵和病毒等。

⑦厌氧活性污泥可以长期储存，厌氧反应器可以季节性和间歇性运转。与好氧反应器相比，在停止运行一段时间后，能较为迅速启动。

但是，厌氧生物处理法也存在着如下缺点。

①厌氧微生物增殖缓慢，因而厌氧设备启动和处理时间较好氧法长。

②厌氧反应出水往往达不到排放标准，需要进一步处理，故一般在厌氧处理后串联好氧处理。

③厌氧处理系统必须密闭，其操作控制因素较好氧复杂。

④沼气易燃易爆，处理难度大。

一、基本原理

厌氧生物处理时一个复杂的微生物化学过程，依靠三大主要类群的细菌，即水解酸化菌、产氢产乙酸菌和产甲烷菌的联合作用完成。因此粗略地将厌氧消化过程划分为三个连续的阶段，即水解酸化阶段、产氢产乙酸阶段和产甲烷阶段，如图 4－17 所示。

第一阶段为水解酸化阶段。复杂的大分子、不溶性有机物现在细胞外酶的作用下水解为小分子、溶解性有机物，然后渗入细胞体内，分解产生挥发性有机酸、醇类、醛类等。这个阶段主要产生较高级脂肪酸。第二阶段为产氢产乙酸阶段。在产氢产乙酸细菌的作用下，第一阶段产生的各种有机酸被分解转化成乙酸和 H_2，在降解有机酸时还形成 CO_2。第三阶段为产甲烷阶段。产甲烷细菌将乙酸、乙酸盐、H_2 和 CO_2 等转化为甲烷。

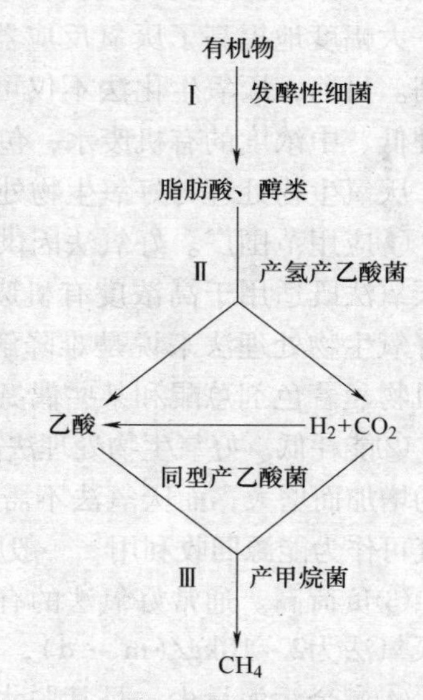

图 4－17　厌氧消化理论

二、厌氧消化过程中的主要微生物

1. 水解酸化菌（产酸细菌）

水解酸化菌的主要功能有两种：①水解，在胞外酶的作用下，将不溶性有机物水解成可溶性有机物；②酸化，将可溶性大分子有机物转化为脂肪酸、醇类等。主要的水解酸化菌：梭菌属、拟杆菌属、丁酸弧菌属、双歧杆菌属等。水解过程较缓慢，并受多种因素影响（pH、SRT、有机物种类等），有时会成为厌氧反应的限速步骤。产酸反应的速率较快。大多数是厌氧菌，也有大量是兼性厌氧菌。可以按功能来分：纤维素分解菌、半纤维素分解菌、淀粉分解菌、蛋白质分解菌、脂肪分解菌等。

2. 产氢产乙酸菌

产氢产乙酸细菌的主要功能是将各种高级脂肪酸和醇类氧化分解为乙酸和 H_2；为产甲烷细菌提供合适的基质，在厌氧系统中常常与产甲烷细菌处于共生互赢关系。

3. 产甲烷菌

20 世纪 60 年代 Hungate 开创了严格厌氧微生物培养技术之后，对产甲烷细菌的研究才得以广泛进行。产甲烷细菌的主要功能是将产氢产乙酸菌的产物乙酸和 H_2/CO_2 转化为 CH_4 和 CO_2，使厌氧消化过程得以顺利进行。主要可分为乙酸营养型和 H_2 营养型产甲烷菌两大类（图 4－18），或称为嗜乙酸产甲烷细菌和嗜氢产甲烷细菌。一般来说，在自然界中乙酸营养型产甲烷菌的种类较少，只有 *Methanosarcina*（产甲烷八叠球菌）和 *Methanothrix*（产甲烷丝状菌），但这两种产甲烷细菌在厌氧反应器中居多，特别是后者，因为在厌氧反应器中乙酸是主要的产甲烷基质，一般来说有70%左右的甲烷是来自乙酸的氧化分解。

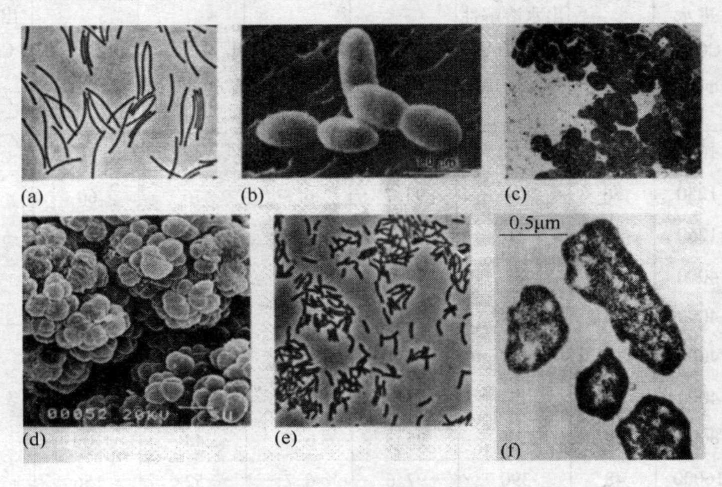

图4－18　产甲烷菌

三、厌氧生物处理工艺简介

1. 厌氧生物滤池

厌氧生物滤池是密封的水池，池内放置填料，如图4－19所示，污水从池底进入，从池顶排出。微生物附着生长在滤料上，平均停留时间可长达100d左右。滤料可采用拳状石质滤料，如碎石、卵石等，粒径在40nm左右，也可使用塑料填料。厌氧生物滤池的主要优点是：处理能力较高；滤池内可以保持很高的微生物浓度；不需另设泥水分离设备，出水SS较低；设备简单、操作方便等。它的主要缺点是：滤料费用较贵；滤料容易堵塞，尤其是下部，生物膜很厚，堵塞后，没有简单有效的清洗方法。因此，悬浮物高的废水不适用。

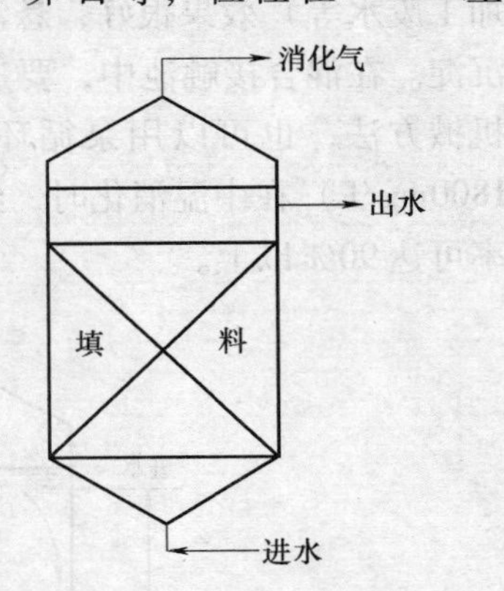

图4－19　厌氧生物滤池

根据对一些有机废水的试验结果，当温度在25～35℃时，在使用拳状滤料时，体积负荷率（以COD计）可达到3～6kg/(m^3·d)；在使用塑料填料时，体积负荷率可达到3～10kg/(m^3·d)。表4－1是某制药废水小型试验的结果。废水在进入滤池前先用NaOH调节pH至6.8，并补充养料N和P。在连续运行的6个月内，没有排放污泥。

表 4-1　厌氧生物滤池小型试验（35℃）

负荷率（以COD计）/kg/(m^3·d)	进水COD/(mg/L)	停留时间/h	出水溶解性COD/(mg/L)	COD去除率/%	出水pH	出水SS/(mg/L)	出水挥发酸/(mg/L)	出水碱度（以$CaCO_3$计）/(mg/L)
0.23	1000	48	45	95.9	6.5	45	36	270
0.39	1250	36	74	93.7	6.8	16	60	538
0.59	1250	24	56	95.3	7.2	28	32	672
1.24	4000	36	88	97.8	7.4	13	72	896
1.87	4000	24	99	97.5	6.4	32	68	463
2.49	4000	18	197	95.1	6.7	44	48	372
3.74	4000	12	254	93.7	6.7	32	132	332
3.74	8000	24	381	95.3	6.7	48	102	416
3.74	16000	48	390	97.6	6.7	52	156	448

2. 厌氧接触法

对于悬浮物较高的有机废水，可以采用厌氧接触法，其流程如图 4-20 所示。废水先进入混合接触池（消化池）与回流的厌氧污泥相混合，然后经真空脱气器而流入沉淀池。接触池中的污泥浓度要求很高（12000~15000mg/L），因此污泥回流量很大，一般是废水流量的 2~3 倍。厌氧接触法实质上是厌氧活性污泥法，不需要曝气而需要脱气。厌氧接触法对悬浮物高的有机废水（如肉类加工废水等）效果很好，悬浮颗粒成为微生物的载体，并且很容易在沉淀池中沉淀。在混合接触池中，要进行适当搅拌以使污泥保持悬浮状态。搅拌可以用机械方法，也可以用泵循环池水。据报道，肉类加工废水（BOD_5 为 1000~1800mg/L）在中温消化时，经过 6~12h（以废水入流量计）消化，BOD_5 去除率可达 90% 以上。

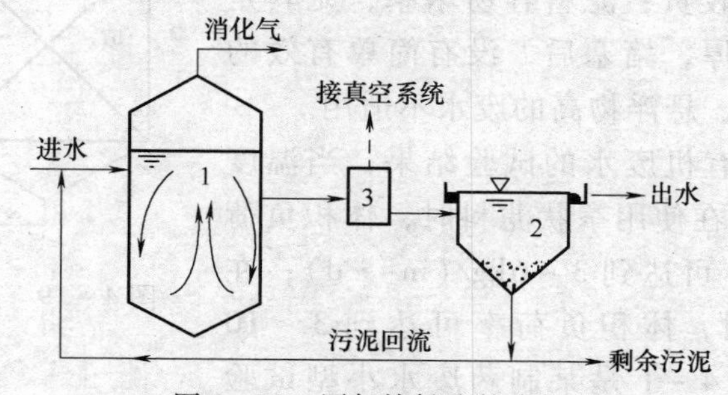

图 4-20　厌氧接触法的流程
1—混合接触池　2—沉淀池　3—真空脱气器

3. 上流式厌氧污泥床反应器

上流式厌氧污泥床反应器（UASB）是由荷兰的 Lettinga 教授等在 1972 年研制，于 1977 年开发的（图 4－21）。废水自下而上地通过厌氧污泥床反应器。在反应器的底部有一个高浓度（可达 60～80g/L）、高活性的污泥层，大部分的有机物在这里被转化为 CH_4 和 CO_2。由于气态产物（消化气）的搅动和气泡黏附污泥，在污泥层之上形成一个污泥悬浮层。反应器的上部设有三相分离器，完成气、液、固三相上流式厌氧污泥床反应器的分离。被分离的消化气从上部导出，被分离的污泥则自动滑落到悬浮污泥层。出水则从澄清区流出。由于在反应器内保留了大量厌氧污泥，使反应器的负荷能力很大。对一般的高浓度有机废水，当水温在 30℃左右时，负荷率（以 COD 计）可达 10～20kg/(m^3·d)。是一种有发展前途的厌氧处理设备。表 4－2 是奥巴雅斯基（A. W. Obayaski）提供的几种厌氧处理方法比较。

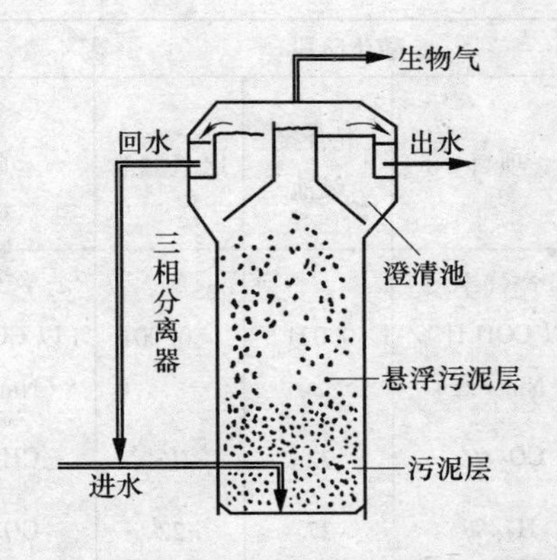

图 4－21　上流式厌氧污泥床反应器

表 4－2　几种厌氧处理方法比较

酸化阶段			甲烷化阶段				
项目	混合接触池	厌氧滤池	项目	厌氧滤池	厌氧滤池（上部填充）	混合接触池	上流式厌氧污泥床反应器
入流有机酸/(mg/L)	570	570	进水 COD/(mg/L)	45000	45000	45000	45000
出流有机酸/(mg/L)	2500	2500	出水 COD/(mg/L)	3000～4500	4000～6500	>10000	>10000
入流乳酸/(mg/L)	4500	4500	出除率/%	88～95	85～90	<70	<70
出流乳酸/(mg/L)	10000	10000					
水力停留时间/d	0.8～1.5	0.8～1.5	水力停留时间/d	5～7.5	7～10	>12	>12
负荷率（以 COD 计）/[kg/(m^3·d)]	25～50	25～50	负荷率（以 COD 计）/[kg/(m^3·d)]	5～7	4～6	<3.0	<3.0

续表

酸化阶段			甲烷化阶段				
项目	混合接触池	厌氧滤池	项目	厌氧滤池	厌氧滤池（上部填充）	混合接触池	上流式厌氧污泥床反应器
产气率（以COD计）/（Nm^3/kg）	0.021	<0.001	产气率（以COD计）/（Nm^3/kg）	0.4~0.5	0.35~0.55	大量产气污泥流失	启动期间破坏
CO_2/%	72	76	CH_4/%	55~65	55~65		
H_2/%	27	22	CO_2/%	35~45	34~45		
H_2S/%	0.03	0.02	H_2S/%	0.15~0.5	0.15~0.5		

4. 分段厌氧处理法

根据消化可分阶段进行的事实，研究开发了二段式厌氧处理法，将水解酸化过程和甲烷化过程分开在两个反应器内进行，以使两类微生物都能在各自的最适条件下生长繁殖。第一段的功能是：水解和液化固态有机物为有机酸；缓冲和稀释负荷冲击与有害物质，并将截留难降解的固态物质。第二段的功能是：保持严格的厌氧条件和pH，以利于甲烷菌的生长；降解、稳定有机物，产生含甲烷较多的消化气，并截留悬浮固体，以改善出水水质。

二段式厌氧处理法的流程尚无定式，可以采用不同构筑物予以组合。例如对悬浮物高的工业废水，采用厌氧接触法与上流式厌氧污泥床反应器串联的组合已经有成功的经验，其流程如图4－22。二段式厌氧处理法具有运行稳定可靠，能承受pH、毒物等的冲击，有机负荷率高，消化气中甲烷含量高等特点；但这种方法也有设备较多、流程和操作复杂等缺陷。

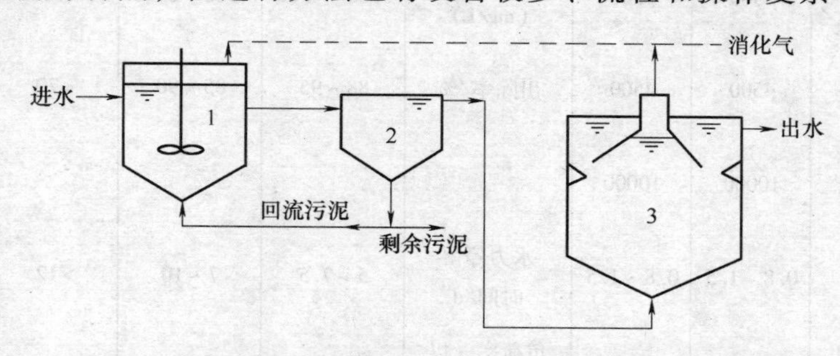

图4－22 厌氧接触法和上流式厌氧污泥床串联的二段厌氧处理法
1—混合接触池 2—沉淀池 3—上流式厌氧污泥床反应器

第四节
废水生物脱氮除磷技术

废水中所含的 N 和 P 是植物和微生物的主要营养物质。当废水胚乳受纳水体，使水中 N 和 P 的浓度分别超过 0.2mg/L 和 0.02mg/L 时，就会引起受纳水体的富营养化，促进各种水生生物（主要是藻类）的活性，刺激它们的异常增殖，这样会造成一系列的危害。主要表现在下面三点。

①藻类在水体中占据的空间越来越大，使鱼类活动的空间越来越小；衰死藻类将沉积塘底。

②藻类种类逐渐减少，并由以硅藻和绿藻为主转为以蓝藻为主，而蓝藻有不少种有胶质膜，不适于作鱼饵料，而且其中有一些种属是有毒的。

③藻类过度生长繁殖，将造成水中溶解氧的急剧变化，藻类的呼吸作用和死亡的藻类的分解作用消耗大量的氧，有可能在一定时间内使水体处于严重缺氧状态，严重影响鱼类的生存。

对于城市废水来说，利用传统的活性污泥法进行处理，对 N 的去除率一般只有 40% 左右，对磷的去除率一般只有 20% ~30%。

一、废水生物脱氮技术

污水中的氮分为有机氮和无机氮两类，前者是含氮化合物，如蛋白质、多肽、氨基酸和尿素等，后者则指氨氮、亚硝酸态氮，它们中大部分直接来自污水，但也有一部分是有机氮经微生物分解转化作用而形成的。

1. 生物脱氮机理

生物脱氮是在微生物的作用下，将有机氮和氨态氮转化为 N_2 和 N_2O 气体的过程。其中包括硝化和反硝化两个反应过程。

（1）硝化反应　是在好氧条件下，将 NH_4^+ 转化为 NO_2^- 和 NO_3^- 的过程。此作用是由亚硝酸菌和硝酸菌两种菌共同完成的。这两种菌属于化能自养型微生物。其反应如下：

$$NH_4^+ + 2O_2 \longrightarrow NO_3^- + 2H^+ + H_2O \qquad (4-12)$$

硝化细菌是化能自养菌，生长率低，对环境条件变化较为敏感。温度、溶解氧、污泥龄、pH、有机负荷等都会对它产生影响。硝化反应的适宜温度为 20 ~30℃。当低于 15℃时，反应速度迅速下降，在 5℃时反应几乎完全停止。由于硝化菌是自养菌，若水中 BOD_5 值过高，将有助于异氧菌的迅速增殖，微生物中的硝化菌的比例下降。硝化菌的生长世代周期较长，为了保证硝化作用的进行，泥龄应取大于硝化菌最小世代时间两倍以上。

硝化反应对溶解氧有较高的要求，处理系统中的溶解氧量最好保持在2mg/L以上。另外，在硝化反应过程中，有H^+释放出来，使pH下降。硝化菌受pH的影响很敏感，为了保持适宜的pH7～8，应在废水中保持足够的碱度，以调节pH的变化。1g氨态氮（以N计）完全硝化，需碱度（以$CaCO_3$计）7.1g。

（2）反硝化反应　是指在无氧条件下，反硝化菌将硝酸盐氮（NO_3^-）和亚硝酸盐氮（NO_2^-）还原为氮气的过程。反应如下：

$$6NO_3^- + 5CH_3OH \longrightarrow 5CO_2 + 3N_2 + 7H_2O + 6OH^- \tag{4-13}$$

反硝化菌属异养型兼性厌氧菌，在有氧存在时，它会以O_2为电子受体进行好氧呼吸；在无氧而有O_3^-或NO_2^-存在时，则以NO_3^-或NO_2^-为电子受体，以有机碳为电子供体和营养源进行反硝化反应。在反硝化菌代谢活动的同时，伴随着反硝化菌的生长繁殖，即菌体合成过程。反硝化反应的适宜pH为6.5～7.5。pH高于8或低于6时，反硝化速率将迅速下降。而温度范围较宽，在5～40℃范围内都可以进行。但温度低于15℃时，反硝化速率明显下降。

在反硝化反应中，最大的问题就是污水中可用于反硝化的有机碳的多少及其可生化程度。当污水中BOD_5/TKN为3～5时，可认为碳源充足。不同的有机碳将导致反硝化速率的不同。碳源按其来源可分为三类：①外加碳源，多采用甲醇，因为甲醇被分解后的产物为CO_2、H_2O，不产生其他难降解的中间产物，但其费用较高；②原水中含有的有机碳；③内源呼吸碳源——细菌体内的原生物质及其储存的有机物。

2. 生物脱氮工艺

生物脱氮技术的开发是在20世纪30年代发现生物滤床中的硝化、反硝化反应开始的。但其应用还是在1969年美国的Barth提出三段生物脱氮工艺后。现对几种典型的生物脱氮工艺进行讨论。

（1）活性污泥法脱氮传统工艺　三级活性污泥法流程（图4-23）：第一级曝气池的功能：①碳化，去除BOD_5、COD；②氨化，使有机氮转化为氨氮；第二级是硝化曝气池，投碱以维持pH；第三级为反硝化反应器，可投加甲醇作为外加碳源或引入原废水。

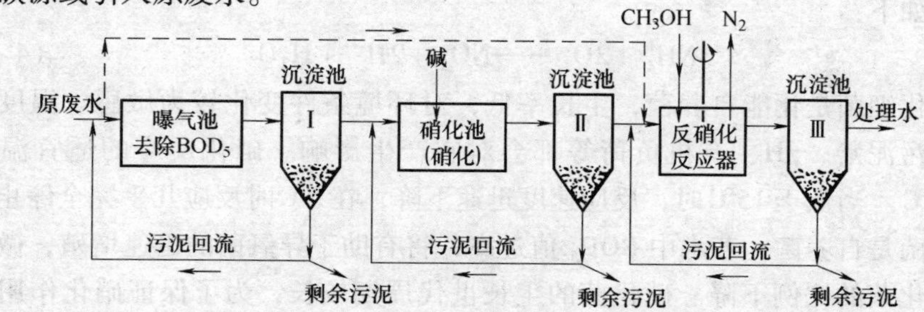

图4-23　活性污泥法传统脱氮工艺（三级活性污泥法流程）

该工艺是将有机物氧化、硝化及反硝化段独立开来，每一部分都有其自己的沉淀池和各自独立的污泥回流系统，使除碳、硝化和反硝化在各自的反应器中进行，并分别控制在适宜的条件下运行，处理效率高。该工艺流程的优点是氨化、硝化、反硝化分别在各自的反应器中进行，反应速率较快且较彻底；但其缺点是处理设备多、造价高、运行管理较为复杂。

由于反硝化段设置在有机物氧化和硝化段之后，主要靠内源呼吸碳源进行反硝化，效率很低，所以必须在反硝化段投加外加碳源来保证高效稳定的反硝化反应。随着对硝化反应机理认识的加深，将有机物氧化和硝化合并成一个系统以简化工艺，从而形成二段生物脱氮工艺成为现实。各段同样有其自己的沉淀及污泥回流系统。除碳和硝化作用在一个反应器中进行时，设计的污泥负荷率要低，水力停留时间和泥龄要长，否则，硝化作用要降低。

（2）两级活性污泥法脱氮工艺（图 4－24）　与前一工艺相比，该工艺是将其中的前两级曝气池合并成一个曝气池，使废水在其中同时实现碳化、氨化和硝化反应，因此只是在形式上减少了一个曝气池，并无本质上的改变。

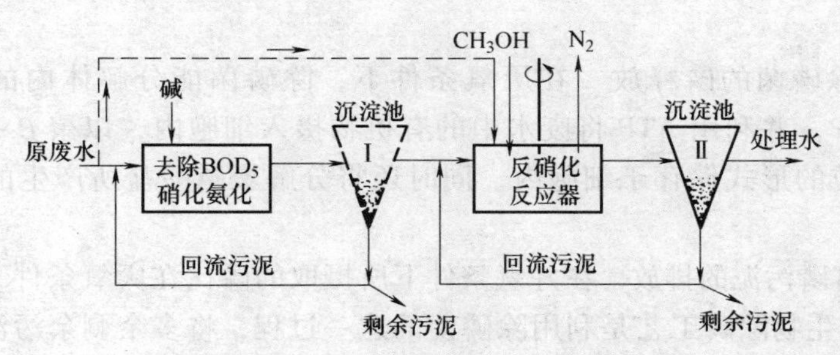

图 4－24　两级活性污泥法脱氮工艺

3. 缺氧－好氧活性污泥法脱氮系统（A－O 工艺）

该流程与两级活性污泥工艺相比，是将缺氧的反硝化反应器设置在好氧反应器的前面，因此常被称为“前置式反硝化生物脱氮系统”。其主要特征有：反硝化反应器设置在流程的前端，而去除 BOD、进行硝化反应的综合好氧反应器则设置在流程的后端；因此，可以实现在进行反硝化反应时，可以利用原废水中的有机物直接作为有机碳源，将从好氧反应器回流回来的含有硝酸盐的混合液中的硝酸盐反硝化成为氮气；而且，在反硝化反应器中由于反硝化反应而产生的碱度可以随出水进入好氧硝化反应器，补偿硝化反应过程中所需消耗碱度的一半左右；好氧的硝化反应器设置在流程的后端，也可以使反硝化过程中常常残留的有机物得以进一步去除，无需增建后曝气池。目前，A－O 工艺是实际工程中较常见的一种生物脱氮工艺（图 4－25）。

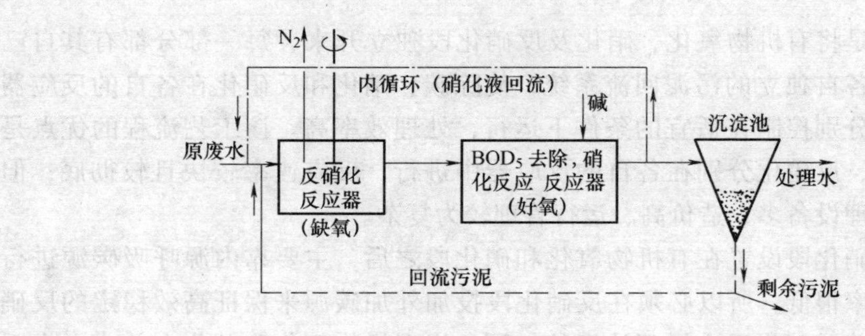

图 4-25　A-O 工艺

二、废水生物除磷与同步脱氮除磷技术

1. 废水生物除磷机理

（1）除磷菌的过量摄取磷　好氧条件下，除磷菌利用废水中的 BOD_5 或体内储存的聚 β-羟基丁酸的氧化分解所释放的能量来摄取废水中的磷，一部分磷被用来合成 ATP，另外绝大部分的磷则被合成为聚磷酸盐而储存在细胞体内。

（2）除磷菌的磷释放　在厌氧条件下，除磷菌能分解体内的聚磷酸盐而产生 ATP，并利用 ATP 将废水中的有机物摄入细胞内，以聚 β-羟基丁酸等有机颗粒的形式储存于细胞内，同时还将分解聚磷酸盐所产生的磷酸排出体外。

（3）富磷污泥的排放　在好氧条件下所摄取的磷比在厌氧条件下所释放的磷多，废水生物除磷工艺是利用除磷菌的这一过程，将多余剩余污泥排出系统而达到除磷的目的。

2. 废水脱氮除磷技术简介

为了达到在一个处理系统中同时去除氮、磷的目的，近年来，各种脱氮除磷工艺应运而生。主要是 A_2-O 工艺，改进的 Bardenpho 工艺和 UCT 工艺。

（1）Bardenpho 同步脱氮除磷工艺

Bardenpho 工艺由四池串联，即缺氧—好氧—缺氧池—好氧池（图 4-26）。类似二级 A-O 工艺串联。第二级 A-O 的缺氧池基本上利用内源碳源进行脱氮，最后的曝气池可以吹脱氨氮，提高污泥的沉降性能。

为了提高除磷的稳定性，在 Bardenpho 工艺流程之前增设一个厌氧池，以提高污泥的磷释放效率。只要脱氮效果好，那么通过污泥进入厌氧池的硝酸盐是很少的，不会影响污泥的放磷效果，从而使整个系统达到较好的脱氮除磷效果。其工艺特点：各项反应都反复进行两次以上，各反应单元都有其首要功能，同时又兼有二、三项辅助功能；脱氮除磷的效果良好。

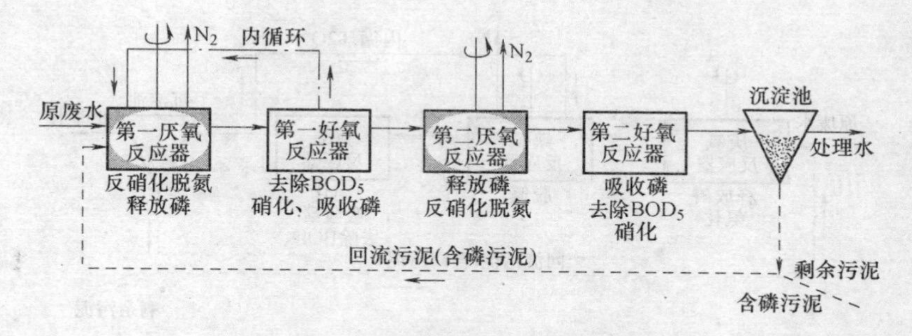

图 4－26　Bardenpho 同步脱氮除磷工艺

（2）A_1-A_2-O 同步脱氮除磷工艺

A_1-A_2-O 工艺是目前较为常见的同步脱氮除磷工艺（图 4－27），厌氧池的污泥回流量是影响生物除磷效果的关键因素之一。由于传统 A_1-A_2-O 工艺从沉淀池回流至厌氧池的污泥多少会一定量的 NO_x^-，污泥回流量大，带入的 NO_x^- 过多，会抑制厌氧池中的聚磷菌进行磷的释放而影响整个系统的除磷效果；而污泥回流量过小，进入厌氧池的聚磷菌相应减少，同样影响系统的除磷能力。因此，需严格控制污泥回流量，国内通常将污泥回流量控制为进入流量的 0.5～1.0 倍。

其工艺特点主要是：工艺流程比较简单；厌氧、缺氧、好氧交替运行，不利于丝状菌繁殖，无污泥膨胀之虞；无需投药，运行费用低。该工艺的主要设计参数可以参见表 4－3。

表 4－3　A_1-A_2-O 工艺参数

项目		参数
水力停留时间/h	厌氧反应器	0.5～1.0
	缺氧反应器	0.5～1.0
	好氧反应器	3.5～6.0
污泥回流比/%		50～100
混合液内循环回流比/%		100～300
混合液悬浮固体浓度/(mg/L)		3000～5000
F/M/(kg/kg · d)		0.15～0.7
好氧反应器内 DO 浓度/(mg/L)		≥2
BOD_5/P		5～15（以 >10 为宜）

（3）UCT 同步脱氮除磷工艺　在前述的两种同步脱氮除磷工艺中，都是将回流污泥直接回流到工艺前端的厌氧池，其中不可避免地会含有一定浓度的硝酸盐，因此会在第一级厌氧池中引起反硝化作用，反硝化细菌将与除磷菌争夺废水中的有机物而影响除磷效果，因此提出 UCT（开普敦大学，University of

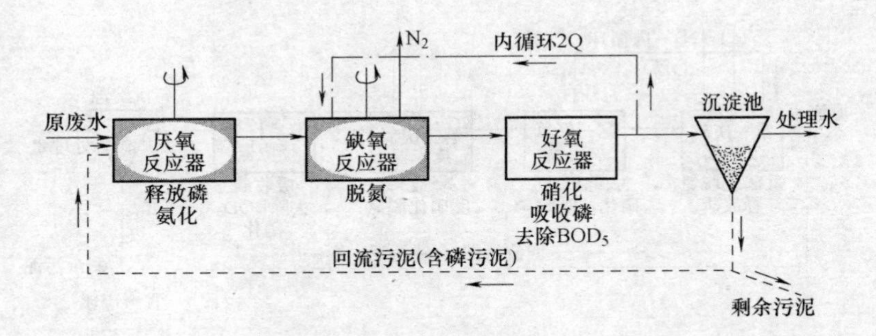

图 4－27　A_1-A_2-O 同步脱氮除磷工艺

Cape Town）工艺。UCT 工艺将二沉池的回流污泥回流到缺氧池，使污泥中的硝酸盐在缺氧池中进行反硝化脱氮，同时，为弥补厌氧池中污泥的流失以及除磷效果的降低，增设从缺氧池到厌氧池的污泥回流，这样厌氧池就可以免受回流污泥中硝酸盐的干扰（图 4－28）。

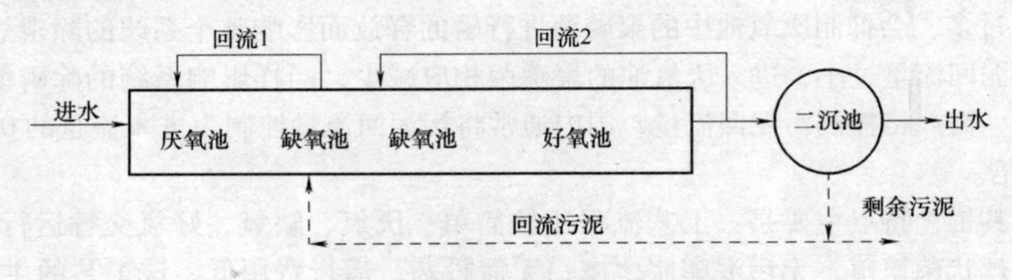

图 4－28　UCT 同步脱氮除磷工艺

知识链接

某生活污水处理工程实例

1. 污水来源

生活污水是来自家庭、机关、商业和城市公用设施及城市径流的污水。

2. 工程设计要求

设计水量、水质要求见表 4－4。

表 4－4　生活污水处理工程实例的设计要求

水量/(m^3/d)	进水水质/(mg/L)					出水水质/(mg/L)				
	CODcr	BOD_5	SS	氨氮	TP	CODcr	BOD_5	SS	氨氮	TP
3000	500	250	200	30	9	≤60	≤20	≤20	≤8	≤1

3. 处理工艺流程及说明

根据工艺设计及要求，本工艺拟采用 A_2-O 脱氮除磷工艺。A_2-O 工艺特点是通过厌氧—缺氧—好氧交替进行，使污泥在厌氧条件下释放磷，在缺氧池（段）生物反硝化脱氮，在好氧池（段）进行生物硝化和生物吸磷，并通过排泥实现生物除磷。

具体工艺流程见图 4-29。

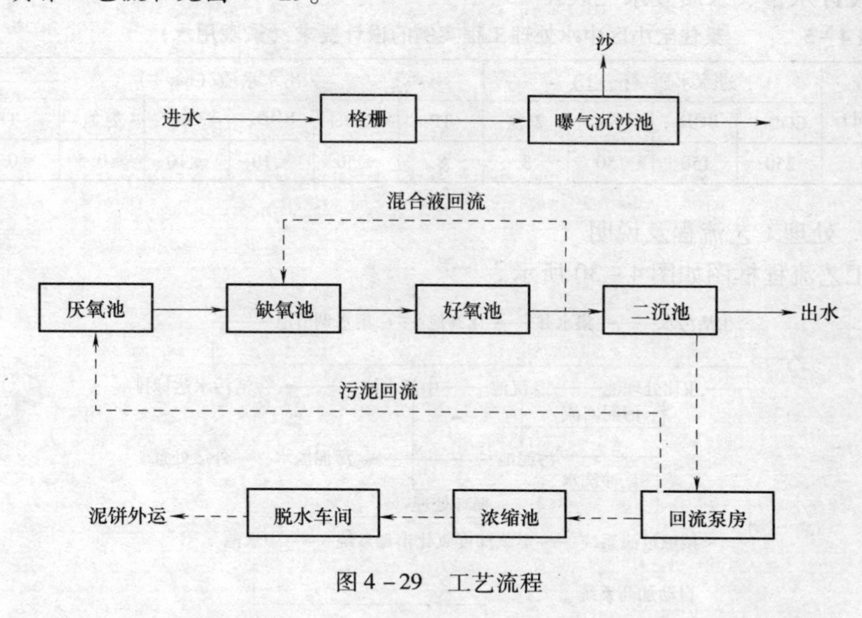

图 4-29　工艺流程

生活污水经排水管道进入污水处理厂，首先经过格栅捞除废水中的塑料袋等大的漂浮物及细小悬浮物，经过捞取后的废水进入曝气沉沙池，沉淀泥沙等易沉降物质，沉淀物质定期捞取，沉沙后的废水通过设置的潜污泵提升进入生化反应池。

首先进入厌氧池，在没有溶解氧和硝态氮存在的厌氧条件下，兼性细菌通过发酵作用将溶解性 BOD 转化为 CFAs（低分子发酵产物——挥发性有机酸）。聚磷菌吸收这些或来自原污水的 VFA，并将其运送到细胞内，同化成胞内碳源储存物（PHB/PHV），所需的能量来源于聚磷的水解以及细胞内糖的酵解，并导致磷酸盐的释放。随后进入缺氧区，完成氮的释放。最后进入好氧区，聚磷菌的活力得到恢复，并以聚磷的形式存储超出生长需要的磷量，通过 PHB/PHV 的氧化代谢产生能量，用于磷的吸收和聚磷的合成，能量以聚磷酸高能键的形式捕集存储，磷酸盐从液相去除。并且污水在好氧水池中通过曝气机的曝气作用，为水中的活性污泥提供氧气，降解废水中的绝大部分含碳有机物。

经过上述 A_2-O 工艺处理后，废水中的含碳有机物、含氮、磷等营养物质均得到降解，通过沉淀池沉淀，实现泥水分离，达标出水。

某住宅小区中水回用处理工程实例

1. 污水来源

本节中水处理系统所需处理回用的是小区全截流生活污水。

2. 工程设计要求

设计水量、水质要求见表4-5。

表4-5　　某住宅小区中水处理工程实例的设计要求（景观用水）

水量/(m^3/d)	进水水质/(mg/L)					出水水质/(mg/L)				
	CODcr	BOD_5	SS	氨氮	TP	CODcr	BOD_5	SS	氨氮	TP
500	250	150	150	3	8	≤50	≤10	≤10	≤0.5	≤0.05

3. 处理工艺流程及说明

工艺流程框图如图4-30所示。

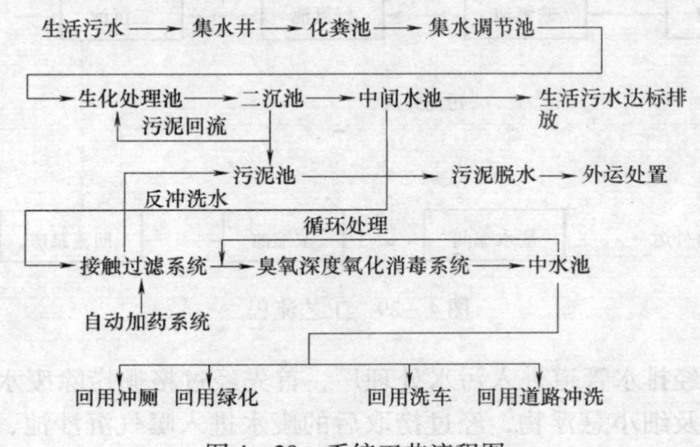

图4-30　系统工艺流程图

工艺流程说明如下。

（1）生活污水的收集　生活污水的收集采用全截流方式，即将厨房污水、卫生间冲厕、洗涤、淋浴污水及一般的地面水一并收集后排入小区污水管网。如每栋住宅各自设有独立的化粪池，则经化粪池处理后排入中水处理站。若不设单独的化粪池，则直接排入中水处理站，由中水处理站的化粪池集中处理。

（2）生活污水的预处理　生活污水的预处理包括化粪池处理和水量水质的调节。设化粪池集中处理的目的是将生活污水中的固形物进行厌氧硝化，使其水解成小分子、可溶性物质，以便于后续的生化处理。同时减少固体废物的排放。在化粪池后设调节池，用于水量和水质的调节。考虑到小区污水排放的不均匀性，设计集不调节时间为12h。

（3）生活污水的生化处理　集水调节池内的污水用泵输送到生化处理系统，生化处理采用具有脱氮除磷功能的A-O工艺。该工艺是生活污水处理的主体工艺，大部分的污染物在该工艺中被去除，出水水质达标。

（4）深度处理　深度处理工艺包括接触过滤、臭氧深度氧化及消毒。生化处理出水首先进行加药过滤处理，去除生化出水中带出的少量SS及不可生化COD，对于溶解性的有机物去除效率不高，因此要进一步采用臭氧深度氧化。

深度氧化的作用有以下几方面：进一步氧化水中少量的有机物，因为这些有机物质在长期循环使用过程中会积累，是引起发臭的主要物质；进一步降低水的色度，臭氧在脱色反面有着特殊的作用，只要消耗少量的臭氧即可脱除水中的色度，中水要用于户内冲厕，色度是一项重要感官指标；三是中水中富含臭氧，使中水富有活性，消除异味，无二次污染产生。以空气源臭氧发生器来制备臭氧，只消耗电，不需要其他的化学药品，无二次污染。操作管理也十分方便。经该深度处理工艺处理，出水水质达标。

（5）中水的回用　处理好的中水排入中水池，采用变频恒压供水泵共给用户使用。中水回用系统由中水池、供水泵、回用管路、中水计量等系统组成。该工艺特点如下。

①主体处理单元采用生化工艺，共有成熟可靠，处理效率高，效果稳定，运行管理方便，且选用的工艺污泥产生量小。

②采用高效曝气系统，氧利用率高，节省能源。

③生化出水采用接触过滤处理技术，过滤器选用高效、具有自动反冲洗得过滤系统，操作管理方便，出水水质好。

④采用臭氧氧化消毒，进一步去除生化、过滤所不能去除的污染物，可使中水中残余的污染物降低到一个很低的水平。污染物的氧化与杀菌同时进行。

污水中的微生物

1. 变形虫

顾名思义，变形虫（阿米巴，*amoeba*）是能变形的。不过这种变形也是有限度的。一些种类的变形虫能向四外伸出假足，以探查水中的化学成分，决定移动方向。大多数变形虫对人体无害，但有几种变形虫能产生人类疾病：阿米巴痢疾，主要发生在贫穷国家。变形虫食性广，单细胞藻类、细菌、小原生动物、真菌、有机碎片等皆是它们的食物。变形虫生命力强，条件不好时，可以形成包囊（休眠体）渡过难关（图 4－31）。

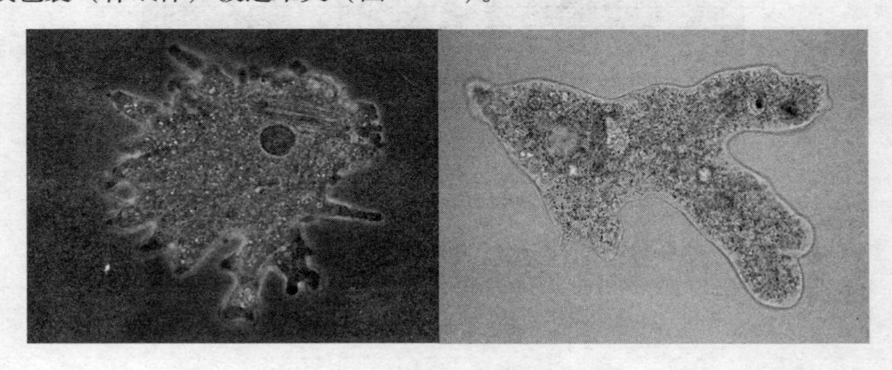

图 4－31　变形虫

2. 太阳虫

属于太阳虫目（*Heliozoan*）中间的圆形的东西是核，而细胞的外层部分有很多大的液泡。太阳虫吞食原生动物、藻类和其他小生物（图 4－32）。

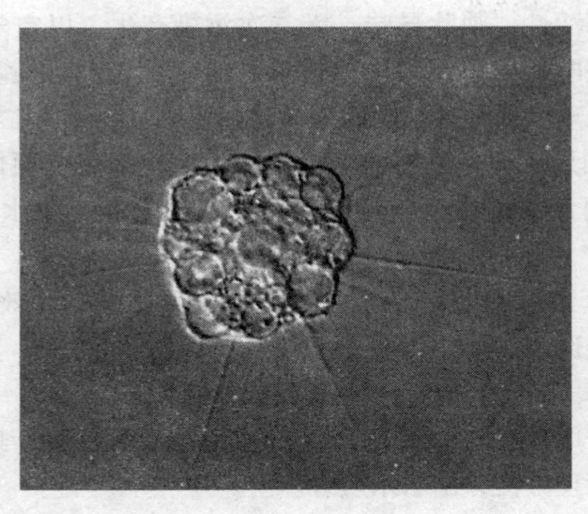

图 4－32　太阳虫

3. 轮虫

废水生物处理中轮虫大多为自由生活的。身体为长形，分头部、躯干及尾部。头部有一个由 1～2 圈纤毛组成的、能转动的轮盘，形如车轮故叫轮虫。大多数轮虫以细菌、霉菌、酵母菌、藻类、原生动物及有机颗粒为食，轮虫要求较高的溶解氧量。轮虫是水体寡污带和污水处理效果较好的指示生物（图 4－33）。

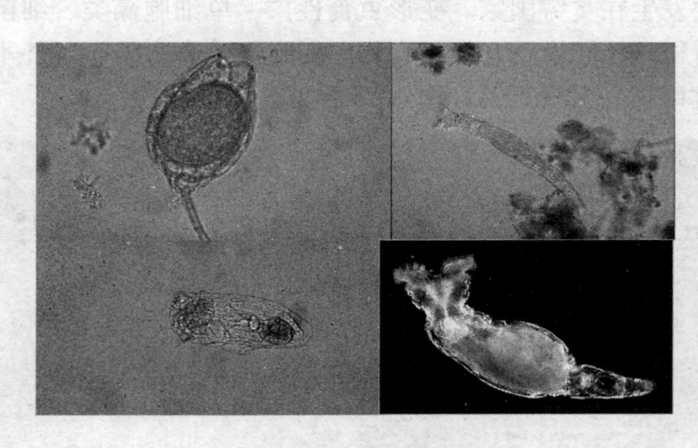

图 4－33　轮虫

4. 线虫

寄生于动植物，或自由生活于土壤、淡水和海水环境中，甚至在醋和啤酒这样稀罕的地方也可见到。通常呈乳白色、淡黄色或棕红色。大小差别很大，小的不足1mm，大的长达8m。线虫有好氧和兼性厌氧的，兼性厌氧者在缺氧时大量繁殖。线虫是污水净化程度差的指示生物（图4－34）。

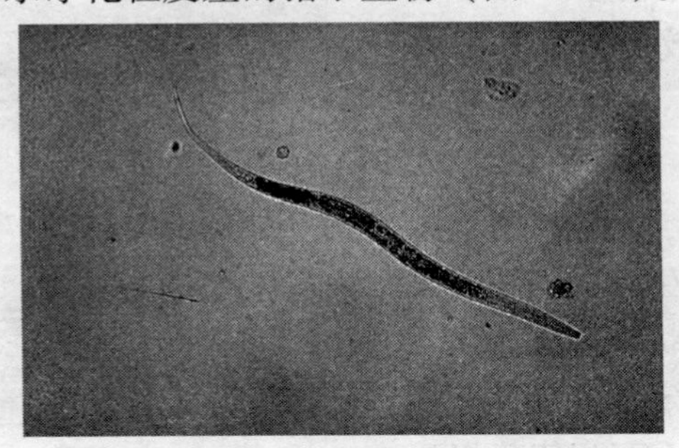

图4－34　线虫

5. 钟形虫

钟形虫（*Vorticellidae*）原生动物门寡膜纲缘毛目钟虫科的通称。因体形如倒置的钟而得名。群体生活的种类，柄分叉呈树枝状、每根枝的末端挂了钟形的虫体。无论是单个的或是群体的种类，在废水生物处理厂的曝气池和滤池中生长十分丰富，能促进活性污泥的凝絮作用，并能大量捕食游离细菌而使出水澄清。因此，它们是监测废水处理效果和预报出水质量的指示生物（图4－35）。

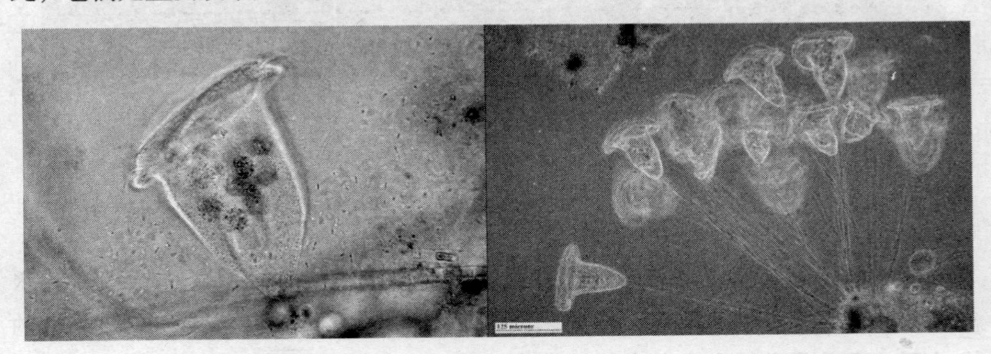

图4－35　钟形虫

6. 菌胶团

有些细菌由于其遗传特性决定，细菌之间按一定的排列方式互相黏集在一起，被一个公共荚膜包围形成一定形状的细菌集团，叫做菌胶团。它是活性污泥絮体和滴滤池黏膜的主要组成部分。菌胶团是活性污泥和生物膜的重要组成部分，有较强的吸附和氧化有机物的能力，在水生物处理中具有重要作用。活性污泥性能的好坏，主要可根据所含菌胶团多少、大小及结构的紧密程度来确定。新生胶团（即新形成的菌胶团）颜色较浅，甚至无色透明，但有旺盛的生命力，氧化分解有机物的能力强。老化了的菌胶团，由于吸附了许多杂质，颜色较深，看不到细菌单体，而像一团烂泥似的，生命力较差。为了使水处理达到较好的效果，要求菌胶团结构紧密，吸附、沉降性能良好（图4－36）。

图4－36　菌胶团

7. 丝状菌

丝状菌分布在水生环境、潮湿土壤和活性污泥中。丝状体是丝状菌分类的特征。在正常稳定条件下，丝状菌和菌胶团菌组成一个互相依赖相互促进的共生关系。丝状菌位于菌胶团的内部，当丝状菌生长伸出菌胶团，大量新生的菌胶团菌又吸附和依附在丝状菌的表面。正常情况下丝状菌和菌胶团菌的生长达到相对的平衡，丝状菌始终被菌胶团菌包裹在里面。当丝状菌生长过剩，将会导致污泥膨胀（图4－37）。

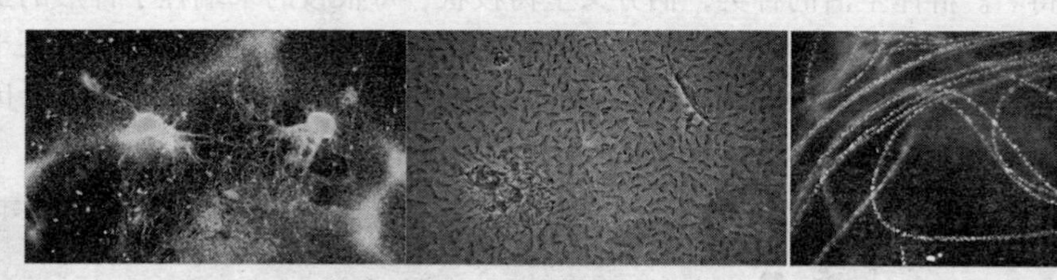

图4－37　丝状菌

稳 定 塘

稳定塘是以太阳能为初始能量，通过在塘中种植水生植物，进行水产和水禽养殖，形成人工生态系统，在太阳能（日光辐射提供能量）作为初始能量的推动下，通过稳定塘中多条食物链的物质迁移、转化和能量的逐级传递、转化，将进入塘中污水的有机污染物进行降解和转化，最后不仅去除了污染物，而且以水生植物和水产、水禽的形式作为资源回收，净化的污水也可作为再生资源予以回收再用，使污水处理与利用结合起来，实现污水处理资源化。

第一个有记录的稳定塘系统是美国于1901年在得克萨斯州修建的。目前，全世界已经有50多个国家在使用稳定塘系统，其中法国有稳定塘1500余座，德国2000余座，美国20000余座。在发展中国家，稳定塘的应用也比较广泛。例如，马来西亚工业废水总量的40%都是利用稳定塘进行处理的。

由于稳定塘具有经济节能并能实现污水资源化等特点，所以受到我国政府的高度重视。我国利用稳定塘处理污水的研究始于20世纪50年代。我国政府对稳定塘一直采取鼓励扶植的措施。国家环保总局曾拨款300万元，资助齐齐哈尔对稳定塘进行了改建和扩建。到1990年为止，我国已经建成稳定塘118座，日处理污水量190万吨。

目前，稳定塘除了用于处理中小城镇的生活污水之外，还被广泛用来处理各种工业废水，此外，由于稳定塘可以构成复合生态系统，而且塘底的污泥可以用作高效肥料，所以稳定塘在农业、畜牧业、养殖业等行业的污水处理中也得到了越来越多的应用。特别是在我国西部地区，人少地多，氧化塘技术的应用前景非常广泛。

生物浮岛

一座人造的浮岛，不仅能够点缀公园景观，还能够净化污水。日前，中国首座“生物净化污水人工浮岛技术”在泉城公园正式投入运行使用。

据悉，“生物净化污水浮岛技术”其实是来自美国的一项先进污水处理技术。植物浮岛湿地，又称生态浮岛，是一种针对富营养化水质，利用生态工学原理，降解水中的化学需氧量、氮、磷含量的人工浮岛。它能使水体透明度大幅度提高，水质指标也得到有效改善，特别是对藻类有很好的抑制效果。同时，植物浮岛因具有净化水质、创造生物的生息空间、改善景观、消波等综合性功能，在水位波动大的水库，或因波浪的原因难以恢复岸边水生植物带的湖沼，或是在有景观要求的池塘等闭锁性水域得到广泛的应用。生物浮岛通过网状飘板搭建而成，上面种植了鸢尾、花菖蒲、冬青球、草坪等8种植物，通过植物根系和浮岛提进行植物吸收、过滤，并经过一系列复杂的生物分解水中的微生物过程，使污水净化后达到景观用水标准，即三级用水标准。研究证明，这一方法不仅可以处理农村生活污水、净化空气，还可以为鱼和鸟类创造生息空间，并改善景观。

根据人造浮岛可以灵活组建，建成后维护、运营费用很低，还可以形成一处水上景观，对我市的景观用水净化有很好借鉴作用。据悉，这项技术目前已在美洲、欧洲等地的12个国家使用。

磷危机与水体富营养化

磷是植物生长不可缺少的无机营养元素，它和氧、碳、氢、氮一起组成生物体的原生质。因此，磷是万物生长不可缺少的营养元素。据生物学家介绍，绿色植物在利用二氧化碳和水进行光合作用的同时，氮、磷等无机营养元素缺一不可。如果只有阳光和水，缺乏氮、磷肥料，作物就会变得弱不禁风、颗粒无收。这就是在播种前后，农民要对庄稼施加肥料的原因。

目前，在全世界范围内存在着磷资源匮乏（磷为不可自然再生资源）和水体中磷含量过高（可能导致水体富营养化）的矛盾。

一方面，根据国土资源部相关统计表明，我国现有27亿吨折标磷矿储量仅够维持使用70年左右的时间，而全世界已探明的磷储量也仅够人类使用不足100年。面临这种紧迫的情况，国内外的专家开始对从污水中回收磷表现出极大的热情。另一方面，为了解决含氮、磷等营养成分过高造成的水体富营养化，近年来各国普遍开始实行洗衣粉禁磷措施。我国通过对太湖和滇池地区的跟踪研究也显示，禁磷措施本身对湖体水域磷浓度和富营养化程度改善作用并不明显。为此，国内外学者都表示对转移到污水中的磷通过处理予以回收，使之成为一种可持续的化合物质，是一项解决水体富营养化问题的可行性措施。至此，这一对矛盾找到了调和点，这就是在污水处理过程中回收被排放掉的磷，进行循环再利用，这样就实现了废水生物的可持续性处理，也可以部分地解决水体富营养化的问题。

目前，荷兰、日本等国的磷回收生产工艺研究比较成熟，我国对这一工艺的研究还处于刚刚起步阶段。2003年，北京建筑工程学院城建系与北京城市排水集团合作进行从污水处理过程中回收磷可行性研究。该项目负责人郝晓地教授长期从事废水生物脱氮除磷技术与可持续废水生物处理技术研究。“从污水中提取磷的工艺不仅可以有效地克服磷危机，还能够解决水体富营养化的问题，同时还能为污水处理厂带来巨大的经济效益。”郝晓地教授如是说。

以北京高碑店污水处理厂为例，该污水厂是目前我国最大、亚洲第二的污水处理厂，每天处理污水高达100万立方米。而污水中磷的含量很高，每立方米污水大约有5g磷，如果按回收污水中一半磷计算，每天可以回收2500kg磷（P），折合五氧化二磷（P_2O_5）高达11.5t/d。2008年前，北京城8区的处理污水能力达240万t/d，全市每天可回收磷（P）6~7t，折合五氧化二磷（P_2O_5）为27.5~32t。因此，在污水中回收磷的前景非常广阔。相信在可以预见的将来，从污水处理过程中回收磷，将有效克服磷危机，并适当解决水体富营养化，为实施循环经济，走可持续发展的道路提供助力。

第五章
固体废物处理处置与资源化生物技术

【知识目标】

1. 了解固体废物的概念及危害性。
2. 了解固体废物的处理原则，掌握固体废物的主要处理与处置方法。
3. 掌握固体废物的资源化的概念。
4. 掌握固体废物资源化的途径，了解固体废物资源化的应用。

【能力目标】

1. 能根据固体废物的具体情况选择正确的处理与处置方法。
2. 能掌握并简单阐述固体废物资源化的途径。

固体废物即垃圾，是指在生产建设、日常生活和其他活动中产生的污染环境的固态、半固态废弃物质。据统计，我国目前城市生活垃圾产生量人均每天为0.6~1.1kg，即100万人口的城市每天产生800t左右的生活垃圾。而且，随着城市人口的增加、市场的开放和人们消费活动的强化，我国城市的生活垃圾还在不断增加。越来越多的城市垃圾严重破坏了环境，因此，如何有效地回收利用垃圾，是待解决的一个重大的问题。世界各国都在同垃圾进行斗争，垃圾处理技术已由过去的收运、堆存和消纳转为向垃圾减量化、无害化、资源化和综合利用的方向发展。在一些发达国家，垃圾的综合利用已成为新兴的盈利产业。

固体废物问题较其他形式的环境问题有其独特之处，简单概括为“四最”：最难得到处置、最具综合性的环境问题、最晚得到重视、最贴近的环境问题。

最难得到处置：固体废物为“三废”中最难处置的一种，因为它含有的成分相当复杂，其物理性状（体积、流动性、均匀性、粉碎程度、水分、热值等）也千变万化。

最具综合性的环境问题：固体废物的污染，从来就不是单一的，它同时也伴随着水污染及大气污染问题。我们无法回避其给我们生存空间、给人类可持续发展带来的影响。

最晚得到重视：在固、液、气三种形态的污染（固体污染、水污染、大气污染）中，固体废物的污染问题较之大气、水污染是最后引起人们的注意，也是最少得到人们重视的污染问题。

最贴近的环境问题：固体废物问题，尤其是城市生活垃圾，最贴近人们的日常生活，因而是与人类生活最息息相关的环境问题。关注固体废物问题，也就是关注我们最贴近的环境问题，通过对我们日常生活中垃圾问题的关注，也将最有效地提高全民的环境意识、资源意识，关注我们的生活、关注我们的环境。

第一节 固体废物及其分类

一、固体废物的概念

固体废物指人类在生产、生活过程中产生的对所有者不再具有使用价值而被废弃的固态和半固态物质。它是人类物质文明的产物。大量的固体废物排入环境，不仅占用大量土地，而且严重污染周围环境，破坏生态平衡。在生产过程中产生的固体废物俗称废渣；在生活活动过程中产生的固体废物则称为垃圾。

固体废物的产生有其必然性。一方面由于人们在索取和利用自然资源从事生产和生活活动时，限于实际需要和技术条件，总会将其中一部分作为废物丢弃；另一方面，由于各种产品本身有其使用寿命，超过了一定期限，就会变成废物。固体废物的产生又有其相对性。固体废物只是相对于某一过程或某方面没有使用价值，而非在一切过程或一切方面都没有使用价值。产品需求及生产工艺的多样性，使其所需原材料也具有多样性，这就为固体废物的重新利用提供了更多机会。随着时间的推移和技术的进步，废弃物将越来越多地被转化为新的原材料。由此可见，固体废物的概念具有时间性和空间性。所以有人说固体废物是被放错了位置的原料。

二、固体废物的分类

固体废物的种类很多，通常将固体废物按其组成、形态、来源划分其种类。如按其化学组成可分为有机物和无机物；按其形态可分为固体的（块状、粒状、粉状）和泥状的；按其来源可分为矿业的、工业的、城市生活的、农业的和放射性的（表5-1、表5-2）。此外，固体废物还可分为有毒和无毒的两大类。有毒有害固体废物是指具有毒性、易燃性、腐蚀性、反应性、放射性和传染性的固体、半固体废物，约占一般固体废物量的1.5%~2.0%。

表 5-1　城市生活垃圾的产生和分类

来源	产生过程	城市垃圾种类
居民	产生于城镇居民生活过程	食品废物、生活垃圾炉灰及某些特殊废物
商业	仓库、餐馆、商场、办公楼、旅馆、饭店及各类商业与维修业活动	食品废物垃圾、炉灰，某些特殊废物、偶尔产生危险的废物
公共地区	街道、小巷、公路、公园、游乐场、海滩及娱乐场所居民楼、公用事业、工厂企业、建筑、旧建筑物拆迁修缮等	垃圾及特殊废物
城市建设	居民楼、公用事业、工厂企业、建筑、旧建筑物拆迁修缮等	建筑渣土、废木料、碎砖瓦及其他建筑材料
水处理厂	给水与污水、废水处理厂	水处理厂污泥

表 5-2　主要工业固体废物的来源和分类

来源	产生过程	主要组成物
矿业	矿石开采和加工	废石、尾矿
冶金	金属冶炼和加工	高炉渣、钢渣、铁合金渣、赤泥、铜渣、铅锌渣、镍钴渣、汞渣等
能源	煤炭开采和使用	煤矸石、粉煤灰、炉渣等
石化	石油开采与加工	油泥、焦油页岩渣、废催化剂、硫酸渣、酸渣碱渣、盐泥、釜底泥等
轻工	食品造纸等加工	废果壳、废烟草、动物残骸、污泥、废纸、废织物等
其他		金属碎屑、电镀污泥、建筑废料等

三、固体废物的危害

在自然条件影响下，固体废物中的部分有害成分可以进入大气、水体和土壤环境，参与生态系统的物质循环进而污染环境，故固体废物具有潜在的、长期的危害性。固体废物的性质多种多样，成分也十分复杂，尤其是在废气治理过程中排出的固体废物，更是浓集了许多有害成分，对环境的危害面广。

1. 侵占土地，损伤地表

污染土壤固体废物露天堆存，不但占用大量土地，而且其含有的有毒有害成分也会渗入到土壤之中，使土壤碱化、酸化、毒化，破坏土壤中微生物的生存条件，影响动植物生长发育。许多有毒有害成分还会经过动植物进入人的食物链，危害人体健康。据估计，每堆积 1×10^4t 固体废物约占地 670m^2，而受污染的土壤面积往往比堆存面积大 1~2 倍。2001 年我国工业固体废物为 8.87×10^8t，年产垃圾 1.5×10^8t，大量固体废物的堆积侵占了大量土地甚至农田，造成了极大的经济损失，并严重破坏了地貌植被和自然景观，许多城市都被垃圾所困扰。土地是宝贵的自然资源，随着生产的发展和消费的增长，固体废物的收纳场地日显不足，固体废物侵占土地与争地的矛盾将日益尖锐。

2. 污染土壤

长期露天堆存的固体废物和未经适当防渗填埋的垃圾中的有害成分经过风化、雨淋、地表径流的侵蚀很容易涌入土壤中，使土地毒化、酸化和碱化，从而改变了土壤的性质和结构，影响土壤微生物的活动，妨碍植物根系的生长。有些污染物在植物机体内积蓄和富集，通过食物链影响人体健康，甚至杀灭土壤微生物，使土壤丧失腐解能力，导致草木不生。20 世纪 80 年代，我国内蒙古包头市的一个堆积如山的尾矿就曾造成坝下游大片土地被污染，使一个村的村民被迫搬迁。

3. 污染水体

固体废物对水体的污染表现在以下几个方面。

①大量固体废物排放到江河湖海会造成淤积，从而阻塞河道、侵蚀农田、危害水利工程。

②与水（雨水、地表水）接触，废物中的有毒有害成分必然被浸滤出来。从而使水体发生酸性、碱性、富营养化、矿化、悬浮物增加，甚至毒化等变化，危害生物和人体健康。在我国，固体废物污染水的事件已屡见不鲜。如 20 世纪 50 年代我国锦州市发生过一起固体废物污染水体事件，该市某铁合金厂露天堆存的铬渣，经雨水淋溶，铬渗入地下。数年后，使近 $20km^2$ 范围内的水质遭受六价铬污染，地下水中铬超过饮用水允许容量的 1000 倍，致使 7 个自然村屯的 1800 眼水井的水不能饮用。湖南某矿务局的含砷废渣由于长期露天堆存，其浸出液污染了民用水井，造成 308 人急性中毒、6 人死亡的严重事故。

4. 污染大气

固体废物还可以通过多种途径污染大气。固体废物对大气的污染表现为三个方面：①废物的细粒被风吹起，增加了大气中的粉尘含量，加重了大气的尘污染；②生产过程中由于除尘效率低，使大量粉尘直接从排气筒排放到大气环境中污染大气；③堆放的固体废物中的有害成分由于挥发及化学反应等，产生有毒气体，导致大气的污染。有机固体废物在适宜的温度和湿度下会滋生微生物并通过微生物释放出有毒气体；煤矸石自燃会散发出大量的二氧化硫、二氧化碳、氨气等气体而严重地污染大气。焚烧法处理固体废物也会污染大气。

5. 影响环境卫生

垃圾粪便固体废物如不加以利用，则需占地堆放。固体废物，特别是城市垃圾和致病废弃物如果长期弃往郊外，不作无害化处理，会使蚊蝇滋生、致病细菌蔓延、鼠类肆虐的场所，成为流行病的重要发生地。简单地被植物吸收进入食物链，还能传播大量的病源体，引起疾病。另外，固体废物物的堆放还影响破坏了周围的自然景观。

第二节 固体废物的处理原则

中国的垃圾治理政策是："减量化"、"无害化"和"资源化"。《城市生活垃圾处理及污染防治技术政策》中明确指出："应按照减量化、资源化、无害化的原则，加强对垃圾产生的全过程管理，从源头减少垃圾的产生量；对已经产生的垃圾，要积极进行无害化处理和回收利用，防止污染环境。"这充分体现了循环经济的理念。对已经产生的垃圾，则"无害化"是垃圾处理的基础，在实现"无害化"的同时，实现垃圾的"减量化"和"资源化"是追求的目标。

一、"无害化"原则

固体废物的"无害化"处理指对已产生又无法或暂时不能资源化利用的固体废物，经过物理、化学或生物方法，进行对环境无害或低危害的安全处理、处置，达到废物的消毒、解毒或稳定化，以防止并减少固体废物的污染危害。垃圾的焚烧、卫生填埋、堆肥的厌氧发酵、有害废物的热处理和解毒处理等都属"无害化"原则。

对不同的固体废弃物，可根据不同的条件，采用各种不同的无害化处理方法，如土地处置和海洋处置、焚烧等。土地处置包括卫生土地填筑、安全土地填筑以及土地深埋技术等现代化土地处置技术；海洋处置包括远洋焚烧和深海投弃。

二、"减量化"原则

通过适宜的手段减少固体废物数量、体积，并尽可能地减少固体废物的种类、降低危险废物的有害成分浓度、减轻或清除其危险特性等，从"源头"上直接减少或减轻固体废物对环境和人体健康的危害，最大限度地合理开发和利用资源和能源。对固体废物的综合利用是实施减量化的一个重要途径。

三、"资源化"原则

固体废物资源化指采取管理和工艺措施从固体废弃物中回收有用的物质和能源。故固体废物又被称为再生资源或二次资源。固体废物的资源化是固体废物的主要归宿，包括物质回收、物质转换和能量转换等途径。

目前，工业发达国家出于资源危机和治理环境的考虑，已把固体废物资源归纳进资源和能源开发利用之中，逐步形成了一个新兴的工业体系：资源再生工程。如欧洲各国把固体废物资源化作为解决固体废物污染和能源紧张的方式之一，将其列入国民经济政策的一部分，投入巨资进行开发；日本由于资源贫乏，将固体废物资源化列为国家的重要政策，当作紧迫课题进行研究；美国把固体废物列入资源范畴，将固体废物资源化作为固体废物处理的替代方案。我国固体废物资源化虽然起步较晚，但20世纪90年代已把八大固体废物资源化列为国家的重大技术经济政策之中。

第三节 固体废物的处理处置技术

一、固体废物的处理

1. 固体废物的物理处理

不改变固体废物成分，仅改变固体废物结构的方法，如利用破碎、压实、分选等技术用以缩小其体积、加速其自然净化的过程。

(1) 固体废物的压实　当对固体废物实施压实操作时，随压力强度的增加，空隙率减少，表观体积随之而减小，容重增加。因此，固体废物压实的实质，可以看做是消耗一定的压力能，提高废物容重的过程。通过压实，可以降低运输成本、延长填埋厂寿命的预处理技术。

(2) 固体废物的破碎　固体废物破碎过程是减少其颗粒尺寸、使之质地均匀，从而可降低空隙率、增大容重的过程。据有关研究表明，经破碎后的城市垃圾比未经破碎时其容重增加25%～50%，且易于压实。这一处理技术对大规模城市垃圾的运输、物料回收、最终处置以及对提高城市垃圾管理水平，无疑具有特殊意义。常见的破碎技术如下。

①低温破碎技术。低温破碎技术是利用一些固体废物中所具有的各种材质在低温下的脆性温差，控制适宜温度，使不同材质变脆，然后进行破碎，最后进行分选。例如：聚氯乙烯（PVC）脆化点为－20～－5℃，聚乙烯（PE）的脆化点为－135～－95℃，聚丙烯（PP）的脆化点为－20～0℃，对于这三种材料的混合物进行分选和回收，只需控制适宜温度，就可以将其破碎，并进行分选。

常温破碎装置噪声大、振动强、产生粉尘多，过量消耗能量。低温破碎所需动力为常温破碎的1/4，噪声约降低7dB，振动减轻1/5～1/4。但是液氮消耗量大，以塑料加橡胶复合制品为例，每吨需300kg液氮。当前低温破碎技术发展的关键是液氮的制备问题。这一技术需要耗用大量能源使空气液化，然后从液态空气中分离液氮。从经济上考虑，低温破碎处理只有在常温下难于破碎的合成材料（橡胶、塑料）为处理对象，才可取。

②湿式破碎。湿式破碎是利用特制的破碎机将投入机内的含纸垃圾和大量水流一起剧烈搅拌和破碎成为浆液的过程，从而可以回收垃圾中的纸纤维。湿式破碎噪声低、无发热、粉尘等危害，可回收有色金属、铁、纸纤维等，剩余泥土可以做堆肥。

（3）固体废物的分选技术。用人工或机械的方法把固体废物分门别类地分开来，回收利用有用物质、分离出不利于后续处理工艺的物料的处理方法。根据物质的粒度、密度、磁性、电性、光电性、摩擦性、弹性以及表面润湿性的不同进行分选，可分为：风力分选、筛选、重力分选、磁力分选、电力分选、光电分选、摩擦及弹性分选、浮选。

①重力分选技术。是根据固体废弃物中不同物质颗粒间的密度差异，在运动介质中受到重力、介质动力和机械力的作用，使颗粒层产生松散分层和迁移分离，从而得到不同密度颗粒分选的过程。按介质不同，固体废物的重选可分为重介质分选、跳汰分选、风力分选和摇床分选等。风力分选是重力分选常用的一种方法，风力分选是利用空气流动作用携带介质实现上述目的。

②风力分选。简称风选，又称气流分选，是以空气为分选介质，将轻物料从较重物料中分离出来一种方法。风选实质上包含两个分离过程：分离出具有低密度、空气阻力大的轻质部分（提取物）和具有高密度、空气阻力小的重质部分（排出物）；进一步将轻颗粒从气流中分离出来。后一分离步骤常由旋流器完成、与除尘原理相似。

③磁选技术。磁选是利用固体废物中组分磁性的差异，在不均匀磁场中实现分离的一种分选技术。

④筛分技术。筛分是根据固体废物颗粒尺寸大小进行分选的一种方法。利用筛子将物料中小于筛孔径的细粒物料透过筛面，而大于筛孔径的粗粒物留在筛面上，完成粗、细物料分离的过程。

⑤浮选。浮选是根据不同物质被水润湿程度的差异而对其进行分离的过程。

根据在浮选过程中的作用，浮选药剂分为捕收剂、起泡剂和调整剂三大类。能够选择性地吸附在欲选的物质颗粒表面，使其的颗粒表面疏水，增加可浮性，使其易于向气泡附着的药剂称为捕收剂。能够促进泡沫形成，增加分选界面的药剂为起泡剂。用于调整捕收剂的作用及介质条件的药剂就是调整剂。

2. 固体废物的化学处理

固体废物的化学处理是针对固体废物中易于对环境造成严重后果的有毒有害化学成分，采用化学转化的方法，使之达到无害化。由于这类化学转化反应的条件较为复杂，因此，化学处理仅单一成分或几种化学性质相近的混合成分进行处理。对于不同成分的混合物，采用化学处理方法，往往达不到预期的效果。化学处理方法主要包括中和法与氧化还原法。

（1）中和法　中和法是处理酸性或碱性废水常用的方法。对固体废物主要用于化工、冶金、电镀与金属表面处理等工业中产生的酸、碱性泥渣。这类泥渣对土壤与水体均会造成危害。中和反应设备可以采用罐式机械搅拌或池式人工搅拌，前者多用于大规模中和处理，而后者多用于间断的小规模处理。

（2）氧化还原法　通过氧化或还原化学处理，将固体废物中可以发生价态变化的某些有毒成分转化为无毒或低毒，且具有化学稳定性的成分，以便无害化处置或进行资源回收。

①铬渣干式还原处理　利用一氧化碳与硫酸亚铁为还原剂的干式还原处理是将铬渣与适量煤炭或锯末、稻壳混合，在700～800℃密封条件下焙烧，以过程中产生的CO与H_2为还原剂，使渣中含有的Cr（Ⅵ）还原为Cr（Ⅲ），并在密封条件下水淬，然后投加适量硫酸亚铁与硫酸混合，以巩固还原效果。

②铬渣湿式还原处理　铬渣湿式还原处理是利用碳酸钠溶液处理经过湿磨过筛（100目）后的铬渣，使其中酸溶性铬酸钙与铬铝酸钙转化为水溶性铬酸钠而被浸出，由浸出液中可以回收铬酸钠产品。余渣再用硫化钠溶液处理，使剩余的Cr（Ⅵ）还原为Cr（Ⅲ），加硫酸中和，并用硫酸亚铁固定过量S^{2-}。经处理后的铬渣已为无毒渣。

3. 固体废弃物的生物处理

利用微生物将固体废物中的有机物转变成无害的处理方法，其基本原理是利用微生物的生物化学作用，将复杂有机物分解为简单物质，将有毒物质转化成为无毒物质。许多危险废物通过生物降解可解除毒性，解除毒性后的废物可被土壤和水体所接纳。生物法主要有活性污泥法、好氧堆肥法和厌氧发酵制沼气。

（1）好氧堆肥法　堆肥就是利用微生物对有机废物进行分解腐烂而形成肥料。木质废弃物、植物秸秆、落叶、厩肥、禽类粪、人粪尿，城市及工业废弃物中的有机质、动物尸体、食物下脚料、污水处理厂的污泥等均属于有机固体废弃物。如不处理它们，则会在自然条件下变质腐烂，放出有害气体，污染环境。但是这些废弃物中含有相当量可利用的肥效元素，如N、P、K、Na、Mg、Mn及Fe等，可以通过微生物将这些元素变成优质复合肥料。

为了加快堆肥熟化，提高肥料的复合性，还要加入：①作为水解酶的主要原料，如人畜粪尿及污水等；②作为控制碳氮比的无机肥料，碳氮比一般应为50上下，但是秸秆、树枝、玉米蕊、纸、落叶、生活垃圾及食品工业废弃物的碳氮比为100左右。一般要加入的无机肥料有［$(NH_4)_2SO_4$、$(NH_4)_2CO_3$、$(NH_4)_2HPO_4$］等；③作为刺激微生物生长和增加其活性的微量元素，以及其他物质，如Fe、Mn、Mg、Zn、维生素H、辅酶M等。

好氧－厌氧兼性堆肥法是一种适合于处理有机性固体废弃物的方法，堆肥场宜建在城市垃圾堆放场周围，这里有足够的有机添加剂，产品就近施用，既可减少环境污染负荷，又可实现高效生态农业。肥质优良，营养元素丰富，特别是对砂土地和变质板结土地有明显的改良作用。

（2）厌氧发酵制沼气　利用厌氧微生物将废物中可降解的有机物分解为稳定的无害物质，同时获得以甲烷为主的沼气。生物质厌氧发酵制沼气主要应用在以下几个方面。

①餐厨垃圾厌氧发酵处理　餐厨垃圾的传统处理方法是用来提炼生物材油，残渣作为猪的饲料，而一些黑心作坊提炼“地沟油”返回餐桌，直接威胁人民群众身心健康。为彻底解决“垃圾猪”、“地沟油”问题，保障人民群众的食品安全，餐厨垃圾必须卫生处理。餐厨垃圾最适宜的处置方法就是采用生物技术即厌氧消化技术处理。餐厨垃圾的含固率一般在15%～20%。每吨餐厨垃圾厌氧发酵可制沼气100～120m^3，采用燃气发电机可发电量200～250kW·h。我国城镇人口5亿左右，每天产生餐厨垃圾约5万吨，若其中10%以厌氧法处理，每天处理5000t，可制沼气50万～60万立方米；如果民用，可向30万户居民提供燃气，如果采用燃气机发电，可发电100万～120万千瓦时电。餐厨垃圾最适，因此，从环保、资源及能源利用角度看，餐厨垃圾厌氧制沼气是将来发展的主要方向。

②农作物秸秆厌氧发酵处理　秸秆类原料主要包括农作物和自燃类植物两个方面。其中农作物类秸秆品种主要包括稻草、麦草、玉米秆、棉花秆、高粱秆，以及谷物类、油料作物类（花生、大豆、油菜）等。我国农作物秸秆资源拥有量居世界首位，年产秸秆6亿吨，其中42%直接或间接过腹还田，30%作为农用燃料，8%作工业或其他用途，20%约1.2亿吨剩余未被利用。我国秸秆处理方法较多，目前主要的处理方法如下。

a. 过腹还田，用量有限。

b. 直接还田，农民不太愿意采用，且自然条件下难以分解，影响农作物生长。

c. 气化法产燃气，焦油含量高，易堵塞设备管道，原料利用率不高。

d. 制燃料乙醇，产率及收率不高，其自身耗能较大，实际能源利用率不高。

e. 厌氧制沼气法，原料利用率高，综合效益好。

因此，从环保、资源及能源利用角度看，秸秆厌氧制沼气工艺是将来秸秆综合利用的主要途径（图5－1）。

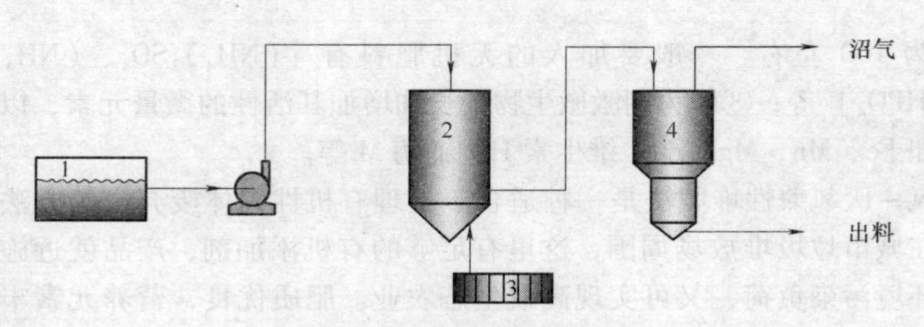

图 5－1　秸秆厌氧制沼气工艺流程

1—调质池　2—预处理池　3—空气压缩机　4—厌氧发酵罐

③养殖场粪便厌氧发酵处理　据统计，我国现有规模化养殖场 5 万多个。目前，各养殖场大多采用水冲洗畜禽粪便方式，经初步测算全国每年鲜猪粪排放量为 9.22 亿吨，如加上牛、鸡等的污水排放量更是高达 60 多亿吨。只有少部分畜禽养殖场采用厌氧发酵制沼气和微生菌耗氧发酵技术制有机肥。大多数未经任何处理就直接排放，对周边水源、空气、环境造成严重污染。如果将这其中 1 千万吨牲畜的粪便污水进行厌氧发酵处理，可产沼气 4 亿立方米、有机肥 5 百万吨；沼气发电装机容量可达 1 千万千瓦时，发电量上百亿千瓦时。经济价值，环保价值不可估量。

④工业高浓度有机废水综合处理　近年来，在环境保护压力下，沼气发酵处理技术被广泛应用于处理高浓度有机废水，如酒精工业废水、造纸工业废水、淀粉加工、屠宰场废水、肉类加工废水、制糖工业废水、罐头工业废水、味精、豆制品、柠檬酸、啤酒、白酒、乳酸等发酵、食品和农副产品加工、一部分化工废水等。工业有机废水沼气化处理后，其沼气目前最大用途是作为锅炉燃料，而沼气发电和沼气提纯使用比例不高。

4. 固体废物的固化处理

固化处理是利用物理或化学方法将有害固体废物固定或包容在惰性固体基质内，使之呈现化学稳定性或密封性的一种无害化处理方法。固化后的产物应具有良好的机械性能、抗渗透、抗浸出、抗干、抗湿与冻、抗融等特性。

（1）水泥固化　水泥固化是以水泥为固化基质，利用水泥与水反应后可形成坚固块体的特征，将有害废物包容其中，从而达到减小表面积，降低渗透性，使之能在较为安全的条件下运输与处置。水泥品种较多，可根据废物性质、当地水泥生产情况、处理费用等因素进行选择。水泥固化是对有害废物处理较为成熟的方法，具有工艺设备简单、操作方便、材料来源广泛、费用相对较低、产品机械强度较高等优点。这一方法在原子能工业固体与液体废物处理中，已得到广泛应用。常用于：①电镀业污泥的固化处理；②含汞泥渣的固化处理；③含砷泥渣水泥固化处理。

水泥固化的主要缺点是产品体积比原废物增大 0.5～1.0 倍，致使最终处置费用增大。

（2）石灰固化　石灰固化是以石灰为固化基质，活性硅酸盐类为添加剂的一种固定废物的方法，工艺与设备大体与水泥固化相似。各项工艺参数应通过实验确定。添加剂主要采用粉煤灰与水泥窑灰，为提高强度，也可添加其他类型添加剂。石灰固化法适用于各种含重金属泥渣，并已应用于烟道气脱硫的废物（如钙基 SO_x^-）的固化中。这种固化方法除有水泥固化的缺点外，共抗浸出性较差，易受酸性水溶液的侵蚀。

（3）沥青固化　沥青固化是以沥青类材料作为固化剂，与危险物在一起的稳定、配料比、碱度和搅拌作用下发生皂化反应，使有害物质包容在沥青中并形成稳定固化体的过程。沥青固化属于热塑性材料固化，用热塑性材料为固化基质的种类较多，除沥青之外，还有聚乙烯、石蜡、聚氯乙烯等。在常温下这些材料为较坚固的固体，在较高温度下，有可塑性与流动性。利用这种特性对固体废物进行固化处理。

（4）玻璃固化　这种固化方法的基质为玻璃原料。将待固化的废物首先在高温下煅烧，使之形成氧化物，然后再与熔融的玻璃料混合，在1000℃温度下烧结，冷却后形成十分坚固而稳定的玻璃体。

5. 热处理

通过高温破坏和改变固体废物组成和结构，同时达到减容、无害化或综合利用的目的称为热处理。热处理方法包括焚烧、热解、湿式氧化以及焙烧、烧结等。

（1）焚烧法　一般是指将垃圾作为固体燃料送入焚烧炉中，在高温条件下（一般为900℃左右，炉心最高温度可达1100℃），垃圾中的可燃成分与空气中的氧进行剧烈化学反应，放出热量，转化成高温烟气和性质稳定的固体残渣。从焚烧角度分析，城市生活垃圾可分为可燃和不可燃两部分。

可燃垃圾：橡塑、纸张、破布、竹木、皮革、果皮及动植物、厨房垃圾等。其组分、物性和燃烧特性等非常复杂，不易直接填埋。

不可燃垃圾：金属、建筑垃圾、玻璃、灰渣等，除可回收利用部分外，大多可直接安全填埋。

焚烧法的优点：

①垃圾焚烧后，体积可减少85%～95%，质量减少20%～80%。

②高温焚烧消除了垃圾中的病原体和有害物质，即无害化。

③焚烧排出的气体和残渣中的一些有害副产物的处理远比有害废弃物直接处置容易得多。

④焚烧法具有处理周期短、占地面积小、选址灵活等特点。

⑤热能可以利用。

焚烧法的缺点：

①焚烧法对垃圾的热值有一定要求。

②焚烧产生的废气若处理不当，很容易对环境造成二次污染。

③不同季节、年份垃圾热值的变化不同。

④建设成本和运行成本相对高。

（2）热解　固体废物热解是利用有机物的热不稳定性，在无氧或缺氧条件下受热分解的过程称为热解。

热解过程是将垃圾放置在一个完全密封的炉膛内，并将炉内温度加热至450~750℃。在高温及缺氧情况下，这些垃圾中的有机物将分解成固体垃圾和热气两部分。固体垃圾主要是灰粉、矿物质及碳化物。经过冷却清洗，固体垃圾中的各种金属将被分离出来，由此产生的焦炭也可被重复利用。至于热气，其中可凝结部分将被转化为油脂，而剩余热气则将被用于对炉壁进行加热。

二、固体废物的处置

种种技术可以使有机固体废物转化为能源、食品、饲料和肥料，还可以用来从废品和废渣中提取金属，是固体废物资源化有效的技术方法。对于因技术原因或其他原因还无法利用或处理的固态废弃物，是终态固体废弃物。终态固体废弃物的处置，是控制固体废弃物污染的末端环节，是解决固体废弃物的归宿问题。处置的目的和技术要求是，使固体废弃物在环境中最大限度地与生物圈隔离，避免或减少其中的污染组成对环境的污染与危害。终态固体废弃物可分为海洋处置和陆地处置两大类。

1. 海洋处置

海洋处置主要分为海洋倾倒与远洋焚烧两种方法。

（1）海洋倾倒　海洋倾倒是将固体废弃物直接投入海洋的一种处置方法。它的根据是海洋是一个庞大的废弃物接受体，对污染物质能有极大地稀释能力。在进行海洋倾倒时，首先要根据有关法律规定，选择处置场地，然后再根据处置区的海洋学特性、海洋保护水质标准、处置废弃物的种类及倾倒方式进行技术可行性研究和经济分析，最后按照设计的倾倒方案进行投弃。

（2）远洋焚烧　远洋焚烧是利用焚烧船将固体废弃物进行船上焚烧的处置方法。废物焚烧后产生的废气通过净化装置与冷凝器，冷凝液排入海中，气体排入大气，残渣倾入海洋。这种技术适于处置易燃性废物，如含氯的有机废弃物。

2. 陆地处置

陆地处置的方法有多种，包括土地填埋、土地耕作、深井灌注等。土地填埋是从传统的堆放和填地处置发展起来的一项处置技术，它是目前处置固体废弃物的主要方法。可分为卫生填埋和安全填埋。

（1）卫生土地填埋　这是处置一般固体废弃物使之不会对公众健康及安全造成危害的一种处置方法，主要用来处置城市垃圾。通常把运到土地填埋场的废弃物在限定的区域内铺撒成一定厚度的薄层，然后压实以减少废弃物的体积，每层操作之后用土壤覆盖，并压实。压实的废弃物和土壤覆盖层共同构成一个单元。具有同样高度的一系列相互衔接的单元构成一个升层。完整的卫生土地填埋场是由一个或多个升层组成的。在进行卫生填埋场地选择、设计、建造、操作和封场过程中，应该考虑防止浸出液的渗漏、降解气体的释出控制、臭味和病原菌的消除、场地的开发利用等问题。

（2）安全土地填埋　安全土地填埋法是卫生土地填埋方法的进一步改进，对场地的建造技术要求更为严格。对土地填埋场必须设置人造或天然防渗层；最下层的土地填埋物要位于地下水位之上；要采取适当的措施控制和引出地表水；要配备浸出液收集、处理及监测系统，采用覆盖材料或衬里控制可能产生的气体，以防止气体释出；要记录所处置的废弃物的来源、性质和数量，把不相容的废弃物分开处置。

第四节　固体废物的资源化

固体废物具有两重性，它虽占用大量土地，污染环境，但本身又含有多种有用物质，是一种资源。20 世纪 70 年代以前，世界各国对固体废物的认识还只是停留在处理和防止污染上，70 年代以后，受经济发展和人口增长的影响，世界一次能源消费量不断增加，同时世界能源消费呈现不同的增长模式，人类对能源的需求量不断增加，加之有限储量的化石燃料的减少以及化石燃料燃烧造成的环境污染和温室效应，人们对环境问题认识的逐步加深，已由消极的处理固体废物转向再资源化。

一、固体废物资源化的概念

固体废物资源化就是采用适当的技术措施从固体废物中回收物质和能源，加速物质和能源的循环，再创经济价值的方法。目前，工业发达国家出于资源危机和治理环境的考虑，已把固体废物资源化纳入资源和能源开发利用之中，逐步形成了一个新兴的工业体系——资源再生工程。

如欧洲各国把固体废物资源化作为解决固体废物污染和能源紧张的方式之一，将其列入国民经济政策的一部分，投入巨资进行开发；日本由于资源贫乏，将固体废物资源化列为国家的重要政策，当做紧迫课题进行研究；美国把固体废物列入资源范畴，将固体废物资源化作为固体废物处理的替代方案。我国固体废物资源化虽然起步较晚，但20世纪90年代已把八大固体废物资源化列为国家的重大技术经济政策之中。

二、固体废物资源化的方法

固体废物资源化方法有许多，从利用方式可以分为循环再利用和通过工程手段利用两类，而通过工程手段回收利用又可分为加工再利用和转换利用。

①循环再利用：是指对垃圾中的有用物质的利用，如啤酒瓶的回收再利用。

②加工再利用：是指对垃圾中的某些物质经过加压、加温等物理方法处理，其化学性质未发生改变的利用，如废塑料的熔融再生，用废塑料、废纸生产复合板材等。

③转换利用：是指利用垃圾中某些物质的化学和生物性质，经过一系列的化学或生物反应，其物理、化学和生物性质发生了改变的利用，如垃圾的焚烧、堆肥等。

三、固体废物资源化的途径

固体废物资源化的途径归纳起来有以下五个方面。

1. 生产建筑材料

这是利用固体废物量最大的资源化途径。利用工业固体废物生产建筑材料，为固体废物资源化提供了广阔的途径。如果某种固体废物的组成和性质接近某种建筑材料生产原料的组成和性质，就可考虑用这种固体废物代替这种建筑材料的生产原料使用。如利用高炉渣、钢渣、铁合金渣等生产碎石，用于建筑道路等；利用粉煤灰等生产水泥，利用粉煤灰掺入一定量炉渣、矿渣等制成墙体材料；利用冶金炉渣等生产铸石、微晶玻璃及矿渣棉和轻质骨料。

2. 提取有价成分

固体废物中含有很多有价值的成分，如果不回收利用，对资源是一种浪费，如从有色金属的废渣中提取稀有金属，其价值甚高；从粉煤灰和煤矸石中提取铁、钼、钪、锗、钒、铝等金属，也可获得较高效益。另外，生活垃圾中含有纸、塑料、橡胶、织品、厨余、果皮等，这些都是十分有价值的成分。

3. 回收能源

很多工业固体废物热值高，可充分利用，如煤矸石中所含的碳是极有价值的能源成分，应该加以回收和利用；农业固体废物及生活垃圾中所含的有机物可经沼气发酵形成沼气；用催化剂将废旧塑料裂解生产汽油或柴油等；垃圾焚烧发电或填埋气体发电等。

4. 生产化工产品

有些固体废物的成分类似于生产化工产品的原料或具有某些化工产品所具

有的成分，就可用这种固体废物生产这种化工产品。如煤矸石生产分子筛，橙皮生产工业溶剂等。

5. 生产农用产品

许多固体废物具有农作物生长所需的元素，可作为农用肥料使用。如钢渣中含 P，粉煤灰中含 Si 等，尾矿中含 K、P、Mn、Mo、Zn 等组分，可作为农作物的营养成分“微肥”使用；生活垃圾经微生物分解可产生有机物生产肥料。

四、固体废物资源化利用的优势

固体废物的资源化利用与原生资源利用相比，可以省去采矿、选矿等一系列复杂的程序，可以节省大量投资，降低成本，减少环境污染，保护自然环境。同时可保护和延长原生资源寿命，弥补资源不足，保证资源永续利用，优势如下。

（1）环境效益高　固体废物资源化可从环境中除去某些潜在的固体废物危害，减少废物堆置场地和废物储放量。

（2）生产成本低　用废铝炼铝比用铝矾土炼铝减少能耗 90% ~97%、空气污染 95%、水污染 97%；废钢炼钢减少资源消耗 47% ~70%、空气污染 85%、矿山垃圾 97%。

（3）生产效率高　用铁矿石炼 1t 钢需 8 个工时，而用废铁炼 1t 电炉钢只需 2~3 个工时。

（4）能耗低　用铁矿石炼钢能耗 2200×10^4kJ/t，用废钢炼钢 6000kJ/t。

五、固体废物资源化的应用

生物工程处理固体废物，目前常用的有酵解，例如用酶水解使纤维素转化为葡萄糖；通过蔗渣菌致发酵将纤维素转化为蛋白质；甲烷菌使污泥、秸秆制沼气。绿色化学是近两年提出的新观念，它给固废资源化提供了全新的思路，例如传统苯胺制造工艺改进，用流化床气相加氢还原硝基苯代替过去的铁粉还原法，固体废渣大大减少。

1. 废物生产单细胞蛋白

（1）单细胞蛋白的概念及分类　单胞蛋白也叫微生物蛋白，它是用许多工农业废料及石油废料人工培养的微生物菌体。因而，单细胞蛋白不是一种纯蛋白质，而是由蛋白质、脂肪、碳水化合物、核酸及不是蛋白质的含氮化合物、维生素和无机化合物等混合物组成的细胞质团生产原料不同，可以分为石油蛋白、甲醇蛋白、甲烷蛋白等；按产生菌的种类不同，又可以分为细菌蛋白、真菌蛋白等。1967 年在第一次全世界单细胞蛋白会议上，将微生物菌体蛋白统称为单细胞蛋白。

（2）开发单细胞蛋白的意义　首先，单细胞蛋白所含的营养物质极为丰富。其中，蛋白质含量高达40%～80%，比大豆高10%～20%，比肉、鱼、奶酪高20%以上；氨基酸的组成较为齐全，含有人体必需的8种氨基酸，尤其是谷物中含量较少的赖氨酸。一般成年人每天食用10～15g干酵母，就能满足对氨基酸的需要量。单细胞蛋白中还含有多种维生素、碳水化合物、脂类、矿物质，以及丰富的酶类和生物活性物质，如辅酶A、辅酶Q、谷胱甘肽、麦角固醇等。

其次，单细胞蛋白应用广泛，可作为人类食品，牲畜饲料及工业原料。

（3）生产单细胞蛋白的原料　生产单细胞蛋白的原料来源非常广泛，许多工农业固体废弃物都可以作为其生产原料，作为生产单细胞蛋白的原料的固体废弃物一般有以下几类：①农业废物、废水，如秸秆、蔗渣、甜菜渣、木屑等含纤维素的废料及农林产品的加工废水；②工业废物、废水，如食品、发酵工业中排出的含糖有机废水、亚硫酸纸浆废液等；③石油、天然气及相关产品，如原油、柴油、甲烷、乙醇等；④H_2、CO_2等废气。

（4）用于生产单细胞蛋白的微生物　用于生产单细胞蛋白的微生物种类很多，包括细菌、放线菌、酵母菌、霉菌以及某些原生生物。这些微生物通常要具备下列条件：所生产的蛋白质等营养物质含量高，对人体无致病作用，味道好并且易消化吸收，对培养条件要求简单，生长繁殖迅速等。单细胞蛋白的生产过程也比较简单：在培养液配制及灭菌完成以后，将它们和菌种投放到发酵罐中，控制好发酵条件，菌种就会迅速繁殖；发酵完毕，用离心、沉淀等方法收集菌体，最后经过干燥处理，就制成了单细胞蛋白成品。

（5）现已可大量生产且应用范围广泛　20世纪80年代中期，全世界的单细胞蛋白年产量已达2.0×10^6t，广泛用于食品加工和饲料中。单细胞蛋白不仅能制成“人造肉”供人们直接食用，还常作为食品添加剂，用以补充蛋白质或维生素、矿物质等。由于某些单细胞蛋白具有抗氧化能力，使食物不容易变质，因而常用于婴儿粉及汤料、作料中。干酵母的含热量低，常作为减肥食品的添加剂。此外，单细胞蛋白还能提高食品的某些物理性能，如意大利烘饼中加入活性酵母，可以提高饼的延薄性能。酵母的浓缩蛋白具有显著的鲜味，已广泛用作食品的增鲜剂。单细胞蛋白作为饲料蛋白，也在世界范围内得到了广泛应用。

任何一种新型食品原料的问世，都会产生可接受性、安全性等问题。单细胞蛋白也不例外。例如，单细胞蛋白的核酸含量在4%～18%，食用过多的核酸可能会引起痛风等疾病。此外，单细胞蛋白作为一种食物，人们在习惯上一时也难以接受。但经过微生物学家的努力，这些问题会得到圆满解决。

2. 纤维质原料生产酒精

纤维素是地球上储量最丰富的有机物质。据资料表明，植物每年通过光合作用能产生高达1550亿t纤维素类物质，其中纤维素、半纤维素的总量为850亿吨。而每年用于工业过程或燃烧的纤维素仅占2%左右，还有很大一部分未被利用。因此研究开发纤维素的转化技术，将秸秆、蔗渣、废纸、垃圾纤维等纤维素类物质高效地转化为糖，进一步发酵成产燃料酒精，对开发新能源，保护环境具有非常重要的现实意义。

(1) 用于酒精生产的纤维质原料 ①农作物纤维废物；②森林和木材加工工业废物；③工厂纤维和半纤维素废物；④城市废物纤维垃圾。

(2) 纤维的预处理 天然纤维素水解程度非常低，通常只有10% ~20%，纤维素原料的预处理纤维素的预处理有物理、化学和其他处理方法。预处理必须满足以下几个必要条件：提高酶水解的结合率；避免碳水化合物的降解和损失；避免产生对水解及发酵过程起抑制作用的副产品；性价比高。常用的处理方法如下。

①研磨法 对纤维素原料通过切碎、粉碎、磨碎等物理方法降低其结晶性(度)时，随着对原料粉碎程度的加大，其表面积增大，裸露在表面的结合点数增大，结晶性（度）降低，平均聚合度变小，物料水溶性组成分增加。当使物料粉碎至很小时，能使酶作用效率提高。

②微波处理法 用微波对纤维物料处理也能明显改善纤维素的酶水解。据报道用300MHz~300GHz的电磁波处理纤维物料，时间短、操作简单。将红松、蔗渣、稻草、花生壳等放在密闭容器里进行微波处理，维持160~180℃，糖化效果明显。但是，这种试验目前停留在实验室阶段。

③氢氧化钠处理法 氢氧化钠处理可以使木质素的结构裂解，半纤维素部分溶解，纤维素则因水化作用而膨胀。纤维素的结晶度也有所降低。只要经过处理的纤维素能保持润湿，则上述的变化就能保持。但是一经干燥，这些变化就会不可逆转地消失。该法的主要缺点（与物理法比）在于被处理物料的体积密度很低，对搅拌和传送不利。

④溶剂处理法 已知纤维素的结晶结构在溶解于溶剂中后会部分解体。当这些纤维素再次沉淀出来时，其结构是比较容易被纤维素酶溶解的。美国普度大学G. T. Tsao（曹祖宁）教授采用一种叫Cadoxen的溶剂来处理纤维素，取得了较好的效果。Cadoxen溶剂是一种由乙烯二胺和镉氧化物组成的碱性溶液，用5h可水解80%左右，而未水解的只能水解20%左右。如果用稀酸将纤维素中的半纤维素事先去掉，再用溶剂处理，则纤维素的酶水解程度会更深。

⑤稀酸处理法 由于半纤维素可以在100℃以下就能较好地溶解在稀酸中。为此可以用2%的浓度的硫酸在100℃或以下对纤维物料进行处理。半纤维素水解液经中和后用来制备酒精或其他产品，剩下的纤维素可以进一步酶水解或酸水解。也有人建议用稀酸高温（160~220℃）短时间（1min）处理纤维物料。

稀酸处理既对纤维物料进行预处理，又可以得到半纤维素水解的糖液，这是该方法的一大特点，因此它是一种比较好的预处理方法。

⑥其他预处理方法　如分解木质素的微生物处理法，自然界存在许多能分解木质素的微生物，利用它们不仅除去纤维素的木质素的外壳，而且可以得到有价值的副产品——单细胞蛋白。采用生物处理法所要求的条件要比化学方法缓和得多，因此，副反应较少。本方法的困难在于要选育具有高木质素分解活力，且纤维酶活力低的菌种。

目前利用纤维素生产酒精的技术已基本成熟，但是由于纤维素酶的成本太高，在生产过程中，酶用量偏大，导致纤维素酒精的价格无法与粮食酒精相竞争，因此进一步研究纤维素原料的预处理、酶水解及水解发酵生产酒精等技术，以有效地降低生产成本。

3. 微生物产氢

随着能源短缺以及能源使用过程造成的环境污染和温室效应，产生的环境污染问题日益严重，使得21世纪的能源面临巨大挑战。因此发展可再生利用、发展新型的清洁能源是各国解决能源问题的关键。在开发可再生能源中，氢是一种十分理想的载能体。它在燃烧时只生成水，不产生任何污染物，然而传统的热化学和电化学制氢技术的方法能耗高、效率低，而且制得的氢气纯度低，近年来，人们越来越倡导微生物制氢，微生物制氢具有低能耗、少污染等优势，毋庸置疑微生物制氢将是未来能源发展的重要方向。

（1）微生物制氢技术的基本原理　在生理代谢过程中产生分子氢的微生物有两个主要类群：

①包括藻类和光合菌在内的光合微生物；

②厌氧的发酵产氢细菌。目前以葡萄糖、污水、纤维素为底物并不断改进操作条件和工艺流程的研究较多。

微生物产氢主要是和其细胞内的两种酶有关。一是固氮酶，是由两种蛋白质分子构成的金属复合蛋白酶，能催化还原氮气成氨，氢气作为副产物产生。第二种是氢酶，是微生物体内调节氢代谢的活性蛋白。氢酶又可以分为吸氢酶、可逆性氢酶。氢酶在微生物中主要功能是吸收固氮酶产生的氢气。目前已发现两种无色硫细菌可以在代谢过程中产生氢气，其反应式为：

$$CO(g) + H_2O(l) \longrightarrow CO_2(g) + H_2(g)$$

其优点是：生长速度快，产氢速率快、转化率高，对生长条件要求不严格，但是其传质速率限制，由于CO抑制作用，无法和工业上水汽生产竞争。

（2）微生物制氢技术的方法　迄今为止一般采用的方法有：光合生物产氢，发酵细菌产氢；光合生物与发酵细菌的混合培养产氢。各种生物制氢方法有不同的特点。如图5－2所示为微生物产氢的装置。下面简要介绍三种生物制氢的

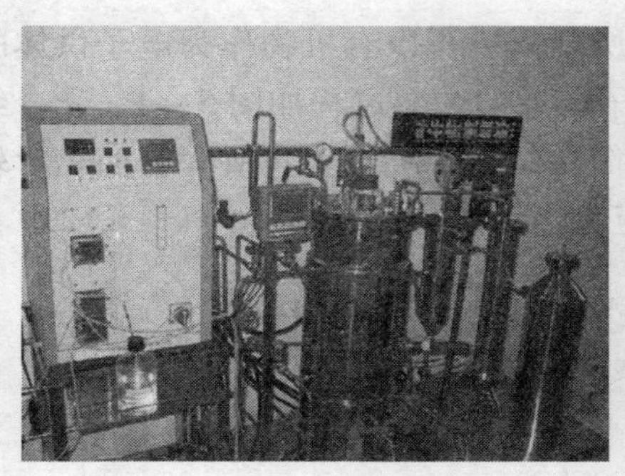

图 5－2　微生物产氢的装置

方法。

①光合生物产氢　利用光合细菌或微藻将太阳能转化为氢能。目前研究较多的产氢光合生物主要有蓝绿藻、深红红螺菌、红假单胞菌、类球红细菌、夹膜红假单胞菌等。

蓝藻与绿藻在厌氧条件下，通过光合作用分解水产生氧气和氢气，它们的作用机理与绿色植物的光合作用机理相似。作用机理见图 5－3，这一光合系统中，具有两个独立但协调起作用的光合作用中心；接收太阳能分解水产生 H^+、e^- 和 O_2 的光合系统Ⅱ（PSⅡ）以及产生还原剂用来固定 CO_2 的光合系统Ⅰ（PSⅠ）。PSⅡ产生的电子由铁氧化还原蛋白携带经由 PSⅡ和 PSⅠ到达产氢酶，H^+ 在产氢酶的催化作用下在一定的条件下形成 H_2。产氢酶是所有生物产氢的关键因素，绿色植物由于没有产氢酶，所以不能产生氢气，这是藻类和绿色植物光合作用过程的重要区别所在，因此除氢气的形成外，绿色植物的光合作用规律和研究结论可以用于藻类新陈代谢过程分析。

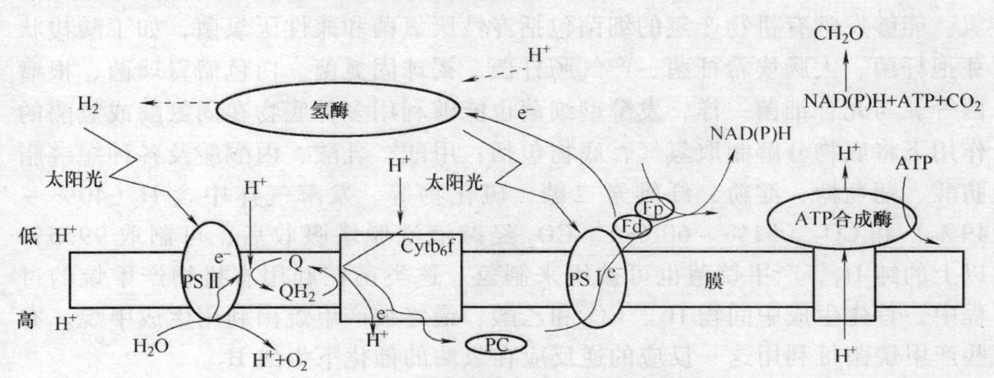

图 5－3　藻类光合产氢过程电子传递示意

Q—PSⅡ阶段的主要电子接受体　Cytb₆f—细胞色素 b_6　PC—质体蓝素

Fd—铁氧还蛋白　NAD(P)Ⅱ—氧化还原酶

光合细菌产氢和蓝细菌、绿藻一样都是太阳能驱动下光合作用的结果，但是光合细菌只有一个光合作用中心（相当于蓝细菌、绿藻的光合系统Ⅰ），由于缺少藻类中起光解水作用的光合系统Ⅱ，所以只进行以有机物作为电子供体的不产氧光合作用，光合细菌光合作用及电子传递的主要过程如图 5－4。光合细菌所固有的只有一个光合作用中心的特殊简单结构，决定了它所固有的相对较高的光转化效率，具有提高光转化效率的巨大潜力。

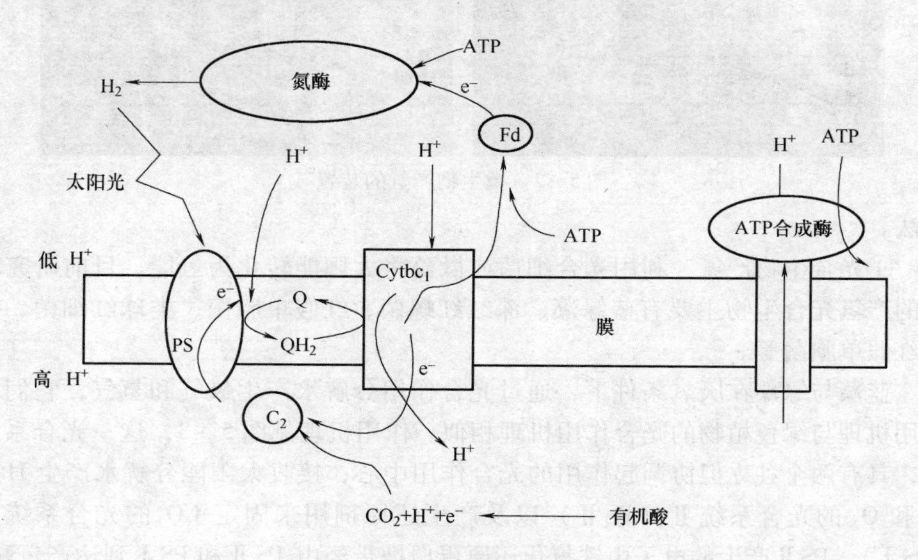

图 5－4　光合细菌光合产氢过程电子传递示意

PS —光合反应中心　$Cytbc_1$—细胞色素 bc_1　C_2—电子接受体

②发酵细菌产氢　利用异养型的厌氧菌或固氮菌分解小分子的有机物制氢。能够发酵有机物产氢的细菌包括专性厌氧菌和兼性厌氧菌，如丁酸梭状芽孢杆菌、大肠埃希杆菌、产气肠杆菌、褐球固氮菌、白色瘤胃球菌、根瘤菌等。与光合细菌一样，发酵型细菌也能够利用多种底物在固氮酶或氢酶的作用下将底物分解制取氢气，底物包括：甲酸、乳酸、丙酮酸及各种短链脂肪酸、葡萄糖、淀粉、纤维素二糖，硫化物等。发酵气体中含 H_2（40% ~ 49%）和 CO_2（51% ~60 %）。CO_2 经碱液洗脱塔吸收后，可制取 99.5% 以上的纯 H_2。产甲烷菌也可被用来制氢。这类菌在利用有机物产甲烷的过程中，首先生成中间物 H_2、CO_2和乙酸，最终被产甲烷菌利用生成甲烷。有些产甲烷菌可利用这一反应的逆反应在氢酶的催化下生成 H_2。

在这类异养微生物群体中，由于缺乏典型的细胞色素系统和氧化磷酸化途径，厌氧生长环境中的细胞面临着产能氧化反应造成电子积累的特殊问题，当细胞生理活动所需要的还原力仅依赖于一种有机物的相对大量分解时，电子积累的问题尤为严重。因此，需要特殊的调控机制来调节新陈代谢中的电子流动，通过产生氢气消耗多余的电子就是调节机制中的一种。

③光合生物与发酵细菌的混合培养产氢　由于不同菌体利用底物的高度特异性，它们能分解的底物是不同的。要实现底物的彻底分解并制取大量 H_2，应考虑不同菌种的共同培养。用丁酸梭菌、产气肠杆菌和类红球菌共同培养，从甜土豆淀粉残留物中制取 H_2，可连续稳定产氢 30d 以上，平均产氢量为 4.6mol/mol（H_2/葡萄糖），是单独利用丁酸梭菌产氢量的两倍。原因在于丁酸梭菌产生的淀粉酶能降解淀粉成葡萄糖来产氢，肠杆菌中不含淀粉酶，只能直接利用葡萄糖产氢。而在两者代谢的过程中，葡萄糖降解除了产生 H_2，还产生两者不能利用的小分子有机酸，使培养基的 pH 下降，偏离了微生物的最适生长条件，从而使氢气产量下降。但当三者共同培养时，葡萄糖降解产生的有机酸能被类红球菌降解，从而使培养基 pH 保持恒定，葡萄糖能够被充分利用，产氢量大大提高。

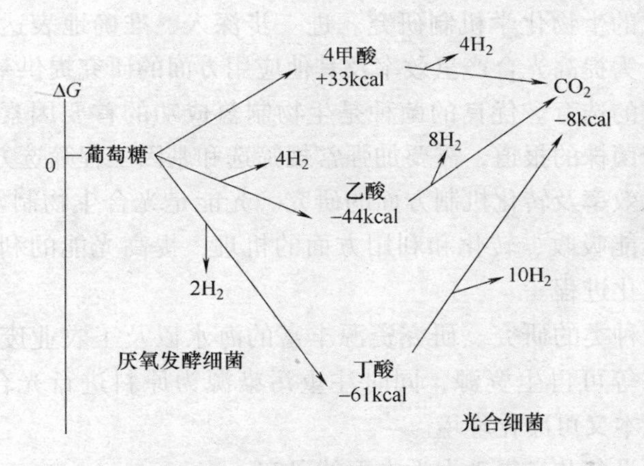

图 5－5　厌氧发酵细菌和光合细菌联合产氢生化途径

厌氧发酵产氢和光合细菌产氢联合起来组成的产氢系统称为联合产氢工艺。图 5－5 给出了联合产氧系统中厌氧发酵细菌和光合细菌利用葡萄糖产氢的生物化学途径和自由能变化。从图 5－5 中所示自由能可以看出，由于反应只能向自由能降低的方向进行，在分解所得有机酸中，除甲酸可进一步分解出 H_2 和 CO_2 外，其他有机酸不能继续分解，这是发酵细菌产氢效率很低的原因所在，产氢效率低是发酵细菌产氢实际应用面临的主要障碍。然而光合细菌可能利用太阳能来克服有机酸进一步分解所面临的正自由能堡垒，使有机酸得以彻底分解，释放出有机酸中所含的全部氢。

光合生物制氢的优势在于对蓝细菌的研究较早，已经积累了丰富的经验，且光合细菌的底物范围也较广；光合细菌对光的转化效率高。但光合生物制氢存在以下问题：a. 蓝细菌和绿藻在产氢的同时伴随氧的释放，易使氢酶失活。

消除氧气的机械法和化学法或者消耗大量惰性气体和能量，或者导致不可逆反应使细胞失活，都不可取。b. 光合产氢微生物只对特定波长的光线有吸收作用，而提供充分的波长合适的光能又会消耗大量的能源，光源的维护与管理变得复杂，使产业化制氢难度变大。

发酵法生物制氢较光合法生物制氢具有以下几个优点。a. 发酵产氢菌株的产氢能力要高于光合产氢菌株的产氢能力。b. 在实际培养中，发酵细菌生长要快于光合细菌。c. 无需光照，不但可以昼夜持续产氢，且产氢反应装置的设计简单，操作管理方便。d. 可以使单台制氢设备的容积足够大，提高单台制氢设备的产氢能力，易于实现工业化生产规模。e. 可以广泛利用工业废料为底物，实现废物处理的资源化。f. 当混合培养时，产氢细菌驯化和启动更容易。

（3）生物制氢需要解决的问题

①氢气形成的生物化学机制研究。进一步深入、准确地表达氢气的代谢途径及调节机制，为提高光合产氢效率及其他应用方面的研究提供基础。

②高产菌株的选育。优良的菌种是生物制氢成功的首要因素，目前还没有特别优良的高产菌株的报道，需要加强常规筛选和基因工程筛选方面的研究。

③光的转化效率及转化机制方面的研究。光能是光合生物制氢的唯一能源，需要深入研究光能吸收、转化和利用方面的机理，提高光能的利用率，以加快生物产氢的工业化进程。

④原料利用种类的研究。研究资源丰富的海水以及工农业废弃物、城市污水、养殖场废水等可再生资源，同时注重污染源为原料进行光合产氢的研究，既可降低生产成本又可净化环境。

⑤连续产氢设备及产氢动力学方面的研究。

⑥氢气与其他混合气分离工艺的研究。

⑦副产物利用方面的研究。光合产氢时原料对氢气的转化率很低，在提高氢气转化率的同时研究其他有用副产品的回收和利用，是降低成本、实现工业化生产的有效途径。

长期的实验研究我们知道，光解水制氢虽然原料简单易得，但其他条件要求高，产氢速率较低；厌氧黑暗发酵产氢的速率目前最高，条件要求最低，有直接的应用前景；而光合细菌因其在光照条件下，可分解有机质产生氢气，终产物中氢气组成可达60%以上，且产氢过程中也不产生对产氢酶有抑制作用的氧气，产氢速率比光解水产氢快，能量利用率比厌氧发酵产氢高且能将产氢与光能利用、有机物去除相结合，而且光合细菌的蛋白含量占到细胞重量的65%，菌体中含有多种维生素和光合色素，在发酵产氢结束后所收集的细胞还能够作为饲料添加剂和微生物肥料等，因此是最具发展潜力的生物制氢方式。

知识链接

垃圾产业

近年来，垃圾产业的概念在环保界已越来越深入人心，它是指围绕固体废物的产生、运输、循环利用、最终处置而进行的各种产业行为。围绕人类的生存与发展而进行的整个社会产业活动中，人们不得不正视自然界本身的往复回归，不但要完成整个社会产业活动前阶段的消费品生产，还必须肩负起后阶段的消费废弃物的处理。垃圾的收集、运输、循环利用、最终处置在国外已经成为一个重要产业。

1998 年 8 月号《Money World》杂志更提出“垃圾变黄金”的专题讨论，文中提到当今世界最值钱的东西将不再是黄金和黑金（石油）。日后股票市场的宠儿，也将由目前普遍所看好的网络、电脑软件开发、半导体晶片等高科技股，转为处理垃圾的公司或开发生产垃圾处理系统的科技公司所替代。因为以现在垃圾处理费用 120 美元/t 来计算，这个市场的潜在价值高达 6000 亿美元以上，环保产业大有可为，垃圾产业大有可为。

第六章 污染事故和污染场地的生物修复

【知识目标】

1. 掌握生物修复的定义、分类及其特点。
2. 掌握生物修复的前提条件。
3. 了解生物修复的可行性评估程序。
4. 掌握地下水污染生物修复的技术要点。
5. 了解原位修复和异位修复技术的工程方法。

【能力目标】

1. 能根据地下水污染情况选择正确的生物修复技术。
2. 能简单阐述地下水污染生物修复的技术要点。

生物修复作为一种新型的污染环境修复技术，与传统的环境污染控制技术相比较，具有降解速度快、处理成本低、无二次污染、环境安全性好等诸多优点。因此，利用生物修复来治理被有机物和重金属等污染物所污染的土壤和水体工程技术得到越来越广泛的应用。

第一节 生物修复概述

一、生物修复的概念

不同的研究者对“生物修复”的定义有不同的表述。例如，“生物修复指微生物催化降解有机物、转化其他污染物从而消除污染的受控或自发进行的过程”，“生物修复指利用天然存在的或特别培养的微生物在可调控环境条件下将污染物降解和转化的处理技术”，“生物修复是指生物（特别是微生物）降解有机污染物，从而消除污染和净化环境的一个受控或自发进行的过程”。从中可知，生物修复的机理是“利用特定的生物（植物、微生物或原生动物）降解、吸收、转化或转移环境中的污染物”，生物修复的目标是“减少或最终消除环境污染，实现环境净化、生态效应恢复”。

广义的生物修复，指一切以利用生物为主体的环境污染的治理技术。它包括利用植物、动物和微生物吸收、降解、转化土壤和水体中的污染物，使污染物的浓度降低到可接受的水平，或将有毒有害的污染物转化为无害的物质，也包括将污染物稳定化，以减少其向周边环境的扩散。一般分为植物修复、动物修复和微生物修复三种类型。根据生物修复的污染物种类，它可分为有机污染生物修复和重金属污染的生物修复和放射性物质的生物修复等。

狭义的生物修复，是指通过微生物的作用清除土壤和水体中的污染物，或是使污染物无害化的过程。它包括自然的和人为控制条件下的污染物降解或无害化过程。

二、生物修复的分类

按生物类群可把生物修复分为微生物修复、植物修复、动物修复和生态修复，而微生物修复是通常所称的狭义上的生物修复。

根据污染物所处的治理位置不同，生物修复可分为原位生物修复和异位生物修复两类。

原位生物修复指在污染的原地点采用一定的工程措施进行。原位生物修复的主要技术手段是：①添加营养物质；②添加溶解氧；③添加微生物或酶；④添加表面活性剂；⑤补充碳源及能源。

异位生物修复指移动污染物到反应器内或邻近地点采用工程措施进行。异位生物修复中的反应器类型大都采用传统意义上“生物处理”的反应器形式。

三、生物修复的特点

1. 生物修复的优点

与化学、物理处理方法相比，生物修复技术具有下列优点。

①经济花费少，仅为传统化学、物理修复经费的30%～50%。

②对环境影响小，不产生二次污染，遗留问题少。

③尽可能地降低污染物的浓度。

④对原位生物修复而言，污染物在原地被降解清除。

⑤修复时间较短。

⑥操作简便，对周围环境干扰少。

⑦人类直接暴露在这些污染物下的机会减少。

2. 生物修复的局限性

①微生物不能降解所有进入环境的污染物，污染物的难降解性、不溶性以及与土壤腐殖质或泥土结合在一起常常使生物修复不能进行。特别是对重金属及其化合物，微生物也常常无能为力。

②在应用时要对污染地点和存在的污染物进行详细的具体考察，如在一些低渗透的土壤中可能不宜使用生物修复，因为这类土壤或在这类土壤中的注水井会由于细菌生长过多而阻塞。

③特定的微生物只降解特定类型的化学物质，状态稍有变化的化合物就可能不会被同一微生物酶所破坏。

④这一技术受各种环境因素的影响较大，因为微生物活性受温度、氧气、水分、pH 等环境条件的变化影响。

⑤有些情况下，生物修复不能将污染物全部去除，当污染物浓度太低，不足以维持降解细菌的群落时，残余的污染物就会留在环境中。

四、生物修复的前提条件

在生物修复的实际应用中，必须具备以下各项条件。

①必须存在具有代谢活性的微生物。

②这些微生物在降解化合物时必须达到相当大的速率，并且能够将化合物浓度降至环境要求范围内。

③降解过程不产生有毒副产物。

④污染环境中的污染物对微生物无害或其浓度不影响微生物的生长，否则需要先行稀释或将该抑制剂无害化。

⑤目标化合物必须能被生物利用。

⑥处理场地或生物处理反应器的环境必须利于微生物的生长或微生物活性保持。例如，提供适当的无机营养、充足的溶解氧或其他电子受体，适当的温度、湿度，如果污染物能够被共代谢的话，还要提供生长所需的合适碳源与能源。

⑦处理费用较低，至少要低于其他处理技术。

以上各项前提条件都十分重要，达不到其中任何一项都会使生物降解无法进行从而达不到生物修复的目的。

五、生物修复的可行性评估程序

1. 数据调查

①污染物的种类、化学性质及其分布、浓度，污染的时间长短。

②污染前后微生物的种类、数量、活性及在土壤中的分布情况。

③土壤特性，如温度、孔隙度和渗透率等。

④污染区域的地质、地理和气候条件。

2. 技术咨询

在掌握当地情况之后，应向相关信息中心查询是否在相似的情况下进行过就地生物处理，以便采用和借鉴他人经验。

3. 技术路线选择

对包括就地生物处理在内的各种土壤治理技术以及它们可能的组合进行全面客观的评价，列出可行的方案，并确定最佳技术路线。

4. 可行性试验

加入就地生物处理技术可行，就要进行小试和中试试验。在试验中收集有关污染毒性、温度、营养和溶解氧等限制性因素和有关参数资料，为工程的具体实施提供基础性技术参数。

5. 实际工程化处理

如果小试和中试都表明就地生物处理在技术和经济上可行，就可以开始就地生物处理计划的具体设计，包括处理设备、井位和井深、营养物和氧源等。

六、生物修复的应用及进展

20 世纪 70 年代以来，环境生物技术和环境生物学的发展突飞猛进，这种势头一直延续到今天。虽然“生物修复”的出现只有十几年的历史，但是“生物修复”已经成为环境工程领域技术发展的重要方向，生物修复技术将成为生态环境保护最有价值和最有生命力的生物治理方法。

1989 年美国在埃克森·瓦尔迪兹油轮石油泄漏的生物修复项目中，短时间内清除了污染，治理了环境，是生物修复成功应用的开端，同时也开创了生物修复在治理海洋污染中的应用，是公认的里程碑事件，从此“生物修复”得到了政府环保部门的认可，并被多个国家用于土壤、地下水、地表水、海滩、海洋环境污染的治理。最初的“生物修复”主要是利用细菌治理石油、有机溶剂、多环芳烃、农药之类的有机污染。现在，“生物修复”已不仅仅局限在微生物的强化作用上，还拓展出植物修复、真菌修复等新的修复理论和技术。

自 1991 年 3 月，在美国的圣地亚哥举行了第一届原位生物修复国际研讨会，学者们交流和总结了生物修复工作的实践和经验，使生物修复技术的推广和应用走上了迅猛发展的道路。美国推出所谓的超基金项目从 1991 年开始实施庞大的土壤、地下水、海滩等环境危险污染物的治理。欧洲各发达国家从 20 世纪 80 年代中期就对生物修复进行了初步研究，并完成了一些实际的处理工程。中国的生物修复研究在过去的十年中水平也有很大的提高。

第二节 地下水污染的生物修复技术

一、概述

地下水是最重要的水资源之一，陆地的淡水，除冰川外，地下水所占的份额最大，为1/4。我国地下水资源总量约8000亿立方米/年，但近年来，地表环境遭到严重破坏和污染，致使地下水的水质日益恶化。地下水的生物修复时一项较为复杂的工作，根据污染种类的不同具体手段也有所区别：对有机物污染的地下水多采用原位修复技术；对无机物污染的地下水一般需要采用异位修复技术，即将被污染的地下水抽至地面再进行处理。

通常地下水的生物修复主要依赖其土著微生物群落来降解污染物分子，在此过程中需要在地下蓄水层中通入O_2和加入营养盐。

二、地下水污染生物修复的技术要点

地下水污染的生物修复是一项较为复杂的工作，根据污染种类的不同具体实施的手段也有所区别，下面先对地下水污染的生物修复技术要点加以说明。

1. 收集污染区域的水文地质等资料

地下水生物修复的成功很大程度上取决于该区域的水文地质状况，如果该地区的水文地质状况比较复杂，则难度也会相应较大，而且生物修复的数据结果的可靠性也较小。许多区域的水文地质在生物修复时可能与以前调查时已经有所改变，所以以前的资料并不可靠，这样也增加了生物修复难度。此外，地下的土壤环境必须具有良好的渗透性，以使得加入的N、P等营养盐和电子受体能顺利地传达到各个被污染区域的微生物群落，这种水的传导性往往是生物修复的关键。

2. 添加适量营养盐

在地下水生物修复的工作展开之前，首先要通过实验室确定加入到地下水中的最适合营养盐量，以避免添加营养盐时过多或过少。营养盐假如过少会使得生物转化迟缓，而过多则会由于生成生物量太多而堵塞蓄水层，从而使得生物修复中止。营养盐一般通过溶解在地下水循环通过污染区域，普遍采用的方法是将营养盐溶液通过深井注入到地下水饱和区域和区域表层土壤中（图6-1）。地下水由生产井抽出，并在该水中补加营养盐继续循环或是进入处理系统进行地面处理。水中的营养盐和污染物的浓度应该经常需取样测定，取样点设定在注入井和生产井之间。

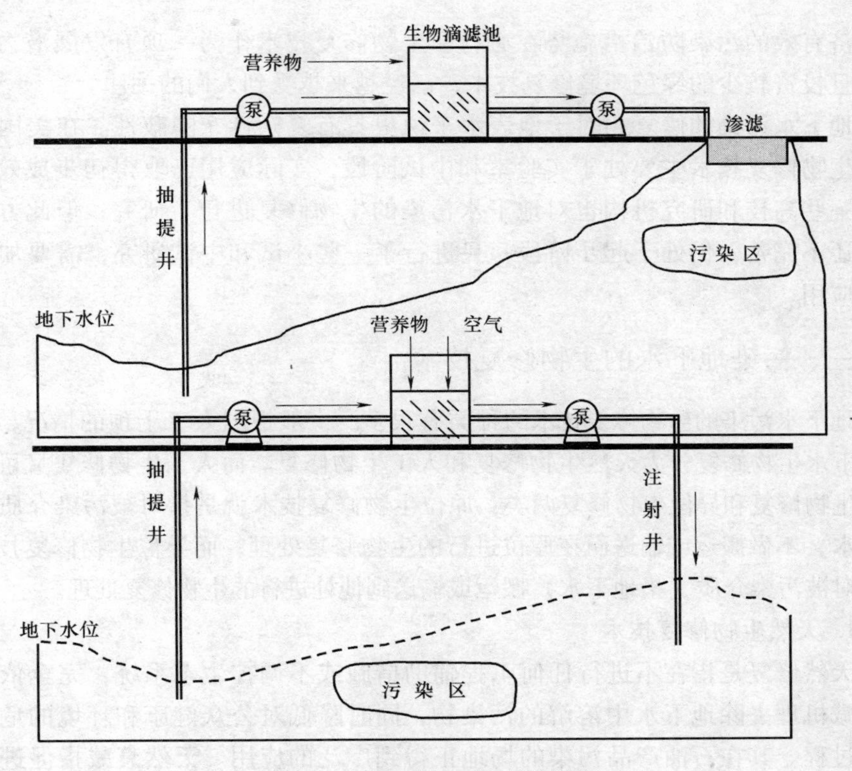

图6－1　地下水的现场生物修复

3. 维持好氧微生物的活性

典型的快速生物降解是由好氧微生物进行，因此必须维持这类微生物的活性。在地下水生物修复中的主要问题是即使在最佳条件下，地下水中的 O_2 含量也极少且自然复氧速度极慢，虽然在生物修复中可以通过外加 O_2，但是 O_2 在水中的溶解度不是很高，难以保证水中好氧微生物的良好生长。这就必须通过一定的手段来保证地下水中的氧含量，通常采用的方法是通过空气压缩机将空气压缩注入到地下水中，也有方法是在营养盐溶液中加入 H_2O_2 作为 O_2 的来源，但要注意的是 H_2O_2 在浓度达到 100～200mg/L 时对某些微生物有毒性，减少或避免 H_2O_2 毒性的办法是在开始加入时采用较低的浓度，约 50mg/L，然后逐步增高浓度，最后达到 1000mg/L。

4. 其他方法的辅助作用

以往常用物理化学方法去除游离的油类和烃类，如果我们在采用生物方法来修复地下水污染时，排除了物理化学方法的使用，那么使用生物方法的实际应用意义也将大大减少。因为污染源如果不首先切除，新的污染物仍会源源不断的输入地下水，导致生物修复负荷的增加甚至使生物修复中止。

目前，地下水污染已经相当严重，直接和间接地危及人类的健康，探索一条经济有效的污染防治措施势在必行。生物修复技术作为一项有发展潜力、效率高且投资较少的绿色环境修复技术，已经越来越受到人们的关注。

地下水污染的修复相对于地表水来说更具有复杂性、隐蔽性。在美国和欧洲，生物修复技术主要处于实验室和中试阶段，实际应用已取得初步成效。我国的一些高校和研究机构也对地下水污染的生物修复进行了研究，但此方面的研究还不完善，仍处于起步阶段，只进行了一些小试和中试研究，需要加强研究及应用。

三、污染地下水的生物修复技术

地下水污染的生物修复技术的种类有很多。一般根据人工干预的情况，将污染地下水生物修复分为天然生物修复和人工生物修复。而人工生物修复又可分为原位生物修复和异位生物修复两类：原位生物修复技术就是指对被污染介质（指地下水）不做搬运或输送而在原位进行的生物修复处理；而异位生物修复技术则是指对被污染介质（指地下水）搬运或输送到他处进行的生物修复处理。

1. 天然生物修复技术

天然修复是指在不进行任何工程辅助措施或不调控生态系统，完全依靠天然衰减机理去除地下水中溶解的污染物，同时降低对公众健康和环境的危害的修复过程。其在石油产品污染的场地正得到广泛的应用。天然衰减指促进天然修复的物理、化学和生物作用，包括对流、弥散、稀释、吸附、挥发、化学转化和生物降解等作用。在这些作用中，生物降解是唯一将污染物转化为无害产物的作用；化学转化不能彻底分解有机化合物，其产物的毒性有可能更大；其他各种作用虽然可以改变污染物在地下水中的浓度，但对污染物在环境中的总量没有影响。在不添加营养物的条件下，土著微生物使地下的污染物总量减少的作用，称为天然生物修复。

美国加利福尼亚州的一项调查表明，在已注册的170000个地下储存罐中有11000个发生了泄漏。大多数泄漏的罐是储存汽油的，而1000L汽油中就含有26.4kg的苯。从汽油泄漏范围及泄漏量来看，如果苯与其他在环境中易迁移的污染物一样随地下水运动，苯在供水井中也应广泛出现；但地下水水质调查结果却出乎预料。在大型供水系统的2947眼取样井中，仅9眼井中含有苯，最高含量为1.1μg/L；苯在33种污染物中的检出频率居第18位。它在小型供水系统的4220眼取样井中，只有1眼井中含有苯，含量为4.1～4.3μg/L；苯在36种污染物中检出频率居第26位，另外10种化合物也仅检出1次。氯代溶剂及与农业活动有关的化合物是检出频率最高的有机污染物。那么，苯哪里去了？这可能是许多因素同时作用的结果，但最可能的原因是苯被天然生物降解作用去除了。

2. 原位生物修复技术

地下水的原位生物修复方法是向含水层内通入氧气及营养物质，依靠土著微生物的作用分解污染物质。目前对有机污染的地下水多采用原位生物修复的方法，主要包括生物注射法、有机黏土法、抽提地下水系统和回注系统相结合法等。

3. 异位生物修复技术

目前，地下水的异位生物修复主要应用生物反应器法。生物反应器的处理方法是将地下水抽提到地上部分用生物反应器加以处理的过程，其自然形成一个闭路循环。同常规废水处理一样，反应器的类型有多种形式。如细菌悬浮生长的活性反应器、串联间歇反应器，生物固定生长的生物滴滤池、生物转盘和接触氧化反应器，厌氧菌处理的厌氧消化和厌氧接触反应器，以及高级处理的流化床反应器、活性炭生物反应器等。

第三节 土壤污染的生物修复

土壤中的污染物不仅能改变土壤的结构和功能，而且还通过食物链进入人体，对人体健康造成不可估量的影响。对土壤污染物的去除以修复被污染的土地，成为土壤环境研究领域里一个非常重要的课题。与物理修复、化学修复相比在污染土壤修复中，生物修复所具有的安全性、非破坏性和经济性的优点，使其成为最具有前途的修复技术之一。

一、土壤污染的生物修复工程设计

一个完整的土壤污染生物修复工程应按图6-2程序进行。

1. 场地信息的收集

首先要收集场地具有的物理、化学和微生物特点，如土壤结构、pH、可利用的营养、竞争性碳源、土壤孔隙度、渗透性、容重、有机物、溶解氧、氧化还原电位、重金属、地下水位、微生物种群总量、降解菌数量、耐性和超积累性植物资源等。

其次要收集土壤污染物的理化性质如所有组分的深度、溶解度、化学形态、剖面分布特征，及其生物或非生物的降解速率、迁移速率等。

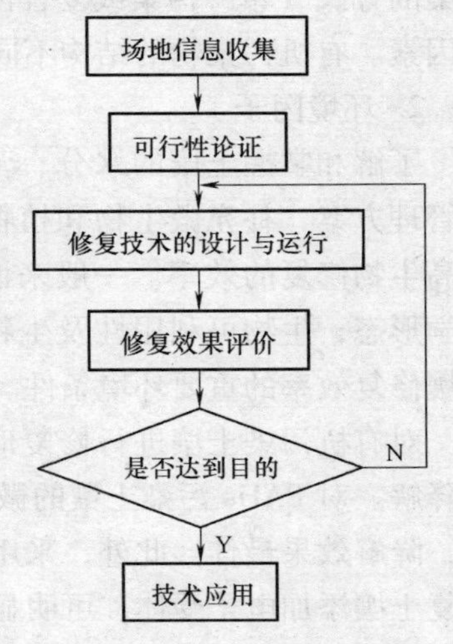

图6-2　生物修复工程设计流程

2. 可行性论证

可行性论证包括生物可行性和技术可行性

分析。生物可行性分析是获得包括污染物降解菌在内的全部微生物群体数据、了解污染地发生的微生物降解植物吸收作用及其促进条件等方面的数据的必要手段，这些数据与场地信息一起构成生物修复工程的决策依据。

技术可行性研究旨在通过实验室所进行的试验研究提供生物修复设计的重要参数，并用取得的数据预测污染物去除率，达到清除标准所需的生物修复时间及经费。

3. 修复技术的设计与运行

根据可行性论证报告，选择具体的生物修复技术方法，设计具体的修复方案（包括工艺流程与工艺参数），然后在人为控制条件下运行。

4. 修复效果的评价

在修复方案运行终止时，要测定土壤中的残存污染物，计算原生污染物的去除率、次生污染物的增加率以及污染物毒性下降等以便综合评定生物修复的效果。

原生污染物的去除率 =（原有浓度 - 现存浓度）/原有浓度 ×100%

次生污染物的增加率 =（现存浓度 - 原有浓度）/原有浓度 ×100%

污染物毒性下降率 =（原有毒性水平 - 现有毒性水平）/原有毒性水平 ×100%

二、影响污染土壤生物修复的主要因子

1. 污染物的性质

重金属污染物在土壤中常以多种形态储存，不同的化学形态对植物的有效性不同。某种生物可能对某种单一重金属具有较强的修复作用。此外，重金属污染的方式（单一污染或复合污染）、污染物浓度的高低也是影响修复效果的重要因素。有机污染物的结构不同，其在土壤中的降解差异也较大。

2. 环境因子

了解和掌握土壤的水分、营养等供给状况，拟订合适的施肥、灌水、通气等管理方案，补充微生物和植物在对污染物修复过程中的养分和水分消耗，可提高生物修复的效率。一般来说，土壤盐度、酸碱度和氧化还原条件与重金属化学形态，生物可利用性及生物活性有密切关系，也是影响生物对重金属污染土壤修复效率的重要环境条件。

对有机污染土壤进行修复时，添加外源营养物可加速微生物对有机污染物的降解。对 PAHs 污染土壤的微生物修复研究表明，当调控 C: N: P 为 120: 10: 1 时，降解效果最佳。此外，采用生物通风、土壤真空抽取及加入 H_2O_2 等方法对修复土壤添加电子受体，可明显改善微生物对污染物的降解速度与程度。此外，即使是同一种生物通风系统，也应根据被修复场地的具体情况而进行设计。

微生物对有机污染物的降解主要通过微生物酶的作用来进行，然而许多微

生物酶并不是胞外酶，污染物只有与微生物相接触，才能被降解。表面活性剂能增强憎水性有机污染物的亲水性和生物可利用性。最近研究表明，一些非离子的乙醇乙氧酸酯表面活性剂，在低浓度时能刺激土壤中吸附烃类的生物降解。

3. 生物体本身

微生物的种类和活性直接影响修复的效果。由于微生物的生物体很小，吸收的金属量较少，难以后续处理，限制了利用微生物进行大面积现场修复的应用。植物体由于生物量大且易于后续处理，利用植物对金属污染位点进行修复成为解决环境中重金属污染问题的一个很有前景的选择。但由于超积累重金属植物一般生长缓慢，且对重金属存在选择作用，不适于多种重金属复合污染土壤的修复。因此，在选择修复技术时，应根据污染物的性质、土壤条件、污染的程度、预期的修复目标、时间限制、成本、修复技术的适用范围等因素加以综合考虑。微生物虽具有可适应特殊污染场地环境的特点，但土著微生物一般存在生长速度慢、代谢活性不高等缺点。在污染区域中接种特异性微生物并形成生长优势，可促进微生物对污染物的降解。

三、土壤生物修复的类型

1. 微生物对土壤污染的修复

一些发达国家于20世纪80年代就开展了这方面的研究，并于1991年3月在美国的圣迭戈召开了第一届“原位与就地生物修复”国际会议。我国在20世纪90年代也已开始这方面的研究工作。

对于某些重金属污染的土壤，可以利用微生物来降低重金属的毒性。微生物对重金属有很强的亲和吸附性能，有毒金属离子可以沉积在细胞的不同部位或结合到胞外基质上，或被轻度螯合在可溶性或不溶性生物多聚物上，一些微生物如动胶菌、蓝细菌、硫酸还原菌以及某些藻类，能够产生胞外聚合物如多糖、糖蛋白等具有大量阴离子基团，与重金属离子形成络合物。研究表明，细菌产生的特殊酶能还原重金属，且对Cd、Co、Ni、Mn、Zn、Pb和Cu等有亲和力。如Citrobacter sp产生的酶能使Cd形成难溶性磷酸盐。L . Barton等选用从10mmol/L Cr^{6+}、Zn、Pb的土壤中分离出来的菌种能够将硒酸盐和亚硒酸盐还原为胶态的Se，能将Pb^{2+}转化为Pb，胶态Se与胶态Pb不具毒性，且结构稳定。

2. 植物对土壤污染的修复

植物修复的对象是重金属、有机物或放射性污染的土壤或水体。植物修复所取得的最大进步是去除环境中的重金属，目前，已涉及玉米、向日葵、燕麦、大麦、豌豆、烟草、印度芥菜等植物对重金属的修复作用研究。

植物对土壤重金属污染的修复多为原位生物修复，其机理包括植物的萃取、根际的过滤以及植物的固化作用。植物萃取是利用植物的积累或超积累功能将土壤中的重金属萃取出来，富集并搬运到植物可收获部分。根际过滤作用则是利用超积累植物或耐重金属植物从土壤溶液中吸收沉淀和富集有毒重金属。植物固化是利用植物降低重金属的活性，从而减少其二次污染（随径流污染地表水，随渗流污染地下水）。至于植物的耐重金属原因可能包括回避、吸收排除、细胞壁作用、重金属进入细胞质、重金属与各种有机酸络合、酶适应、渗透调节等机制。影响植物修复的首要因素是土壤重金属的特性。重金属在土壤中一般以多种形态赋存，不同的化学形态对植物的有效性（或可利用性）是不同的。其次是植物本身，包括植物的抗逆能力、植物的耐重金属能力。当然影响植物生长的土壤与环境条件如有机质、酸碱度、CEC、水分、土壤肥力等都将影响植物对重金属污染的修复。

3. 植物－微生物的联合修复

高等植物一方面可以提供土壤微生物生长的碳源和能源，同时又可将大气中的氧气经叶、茎传输到根部，扩散到周围缺氧的底质中，形成了氧化的微环境，刺激了好氧微生物对有机污染物的分解作用。另外，高等植物根际渗出液的存在，也可提高降解微生物的活性。Erickon 等运用植物和细菌共同组成的生态系统有效地去除了土壤中的 PAHs、三氯乙烯等有机污染物。

第四节 海洋石油泄漏的生物修复

目前，海洋石油污染的危害受到越来越广泛的关注和重视。据统计，每年通过各种渠道泄入海洋的石油和石油产品，约占全世界石油总产量的 0.5%，倾注到海洋的石油量达 200 万～1000 万吨，由于航运而排入海洋的石油污染物达 160 万～200 万吨，其中 1/3 左右是油轮在海上发生事故导致石油泄漏造成的。我国也存在着海上各种溢油事故，沿海地区海水含油量已超过国家规定的海水水质标准，存在海洋石油污染。

为减轻海洋石油污染和保护海洋环境，除了要加强对海洋石油开采和海上运输的管理外，还要不断加强对海洋石油污染的治理，人工治理石油污染有物理、化学和生物的方法。物理方法如围油栏、吸油船和吸着材料等，化学方法如消油剂、凝油剂等。用物理方法消油，很难去除海表面油膜和水中溶解油，而用消油剂实际上是向海洋中加入人工合成化学污染物。用细菌可以清除海表面油膜和分解海水中溶解的石油烃，同时具有化学方法所不可比拟的优点。微生物的石油降解能力是对石油污染进行生物修复的生物学基础，直接决定生物修复的效率，被认为是解决石油污染的根本方法。

一、生物修复中的主要影响因素

1. 石油的理化性质

石油烃生物降解的程度取决于油的化学组成、微生物的种类和数量以及环境参数。石油在海水中存在的物理形式对石油的生物降解有很大影响。液态芳烃在水－烃界面能被细菌代谢，但固态时很难被利用。石油化学组分不同也明显地影响其被降解的速率。在各组分中，饱和烃最容易降解，其次是低分子芳香族烃类化合物，高分子芳香族烃类化合物、树脂和沥青质则极难降解。不同烃类化合物的降解率是：正烷烃 > 支链烷烃 > 低分子质量芳香烃 > 多环芳烃。石油烃类化合物成分的差异直接影响其生物降解速率，低硫、高饱和烃的粗油最易降解，高硫、高芳香烃类化合物的纯油很难降解。

2. 微生物种类

石油降解微生物的种类和数量对海洋石油烃的降解有明显影响。不同微生物种类对石油烃的降解能力差别较大，同一菌株对不同烃类的利用能力差别也较大，混合培养的微生物对石油烃的降解比纯培养快。石油污染能够诱导降解石油的微生物种群生长，未受石油污染地区的石油降解菌不到1%，但受污染地区石油降解菌比例和数量明显上升，说明石油污染能富集石油降解菌。

3. 环境参数

（1）温度　温度影响烃类的降解速率。一是温度直接影响细菌的生长、繁殖和代谢；二是温度能影响石油在海洋中的理化性质。提高温度，促进了石油中一些细菌对有害烃类的挥发，也增加了石油的乳化程度，有利于对油类的降解。

（2）营养盐　在降解过程中，由于石油含有微生物能利用的大量碳源，海水和海滩中有足够的微量元素，所以氮和磷成为主要的限制因子。

（3）氧　一些实验证明在厌氧条件下微生物能降解烃类，但在大多数情况下，厌氧时烃类的生物降解作用比好氧条件下慢得多。石油中各组分完全生物氧化需消耗大量的氧。据测算1g石油被微生物矿化需3～4g氧。所以在石油严重污染的海域，氧可成为石油降解的限制因子。

（4）陆源污染物　美国布列塔尼海岸石油泄漏研究发现，该地区石油烃的生物降解速度比其他地区快，原因是大量农用氮肥和磷肥进入该海域，为降解微生物提供了丰富的营养物质。农药则对河口环境中微生物降解石油有抑制作用。

二、提高生物修复效率的措施

石油烃类的自然生物降解过程速度缓慢，因此可采取多种措施强化这一过程，常用的技术包括投加分散剂促进微生物对石油烃的利用；提供微生物生长繁殖所必需的条件如施加营养、添加能高效降解石油污染物的微生物等。

1. 投加表面活性剂，增加石油与海水中微生物的接触面积

表面活性剂是集亲水基和疏水基结构于同一分子内部的两亲化合物，能将油乳化并分散至水体中。由于微生物只能在水溶性的环境中生长，因此溶解的石油烃更容易被降解。然而很多石油烃是不可溶的，以油珠或油滴的形式存在。通过添加表面活性剂，可以使油形成很微小的油颗粒，增加与 O_2 和微生物接触的机会，从而促进油的生物降解。

但不是所有的分散剂都有促进作用，许多分散剂由于其毒性和持久性会造成新的污染。因此人们尝试利用微生物产生无毒害的表面活性剂来加速这种降解。生物表面活性剂是用生物方法合成的，它是微生物在其代谢过程中分泌产生的具有一定表面活性的物质，这种物质可增强非极性底物的乳化作用，促进微生物在非极性底物中的生长。

2. 添加营养盐和电子受体

微生物的生长需要维持一定数量的C、N、P营养物质及某些微量营养元素。因此投加营养盐是一种最简单而有效的方法。目前使用的营养盐有缓释肥料、亲油肥料和水溶性肥料三类。缓释肥料要求肥料具有适合的释放速率，可以将营养物质缓慢的释放出来。亲油肥料要求其营养盐可以溶入到油中。水溶性肥料可以与海水混合。此外由于海洋水体是一个开放的环境，如何解决肥料随水体的流失，也是一个值得关注的问题。

为了有效清除海上溢油，用于海上细菌除油的“肥料”应具备的特性：

①必须浮于水面，在水中不易溶解；

②要有大的比表面积，以便“肥料”能均匀释放；

③不造成二次污染，其外包装也能被细菌降解；

④要有足够的营养盐，减少投入量等。

微生物的活性除了受到营养盐的限制外，环境中污染物氧化分解的最终电子受体的种类和浓度也极大地影响着污染物降解的速率和程度。环境中的石油烃类多以好氧生物降解进行，因此 O_2 对微生物而言是一个极为重要的限制因子。一般情况下，每氧化3.5g石油需要消耗氧气1g。在海洋环境中，微生物每氧化1L的石油就要消耗掉 $320m^3$ 海水中的溶解氧。此时 O_2 的迁移往往不足以补充微生物新陈代谢所消耗的氧气量。因此有必要采用一些工程措施，比如人工通气，以改善环境中微生物的活性和活动状况。

3. 引进石油降解菌

用于生物修复的微生物有土著微生物、外来微生物和基因工程菌。土著微生物的降解潜力巨大，但通常生长缓慢，代谢活性低；受污染物的影响，土著

菌的数量有时会急剧下降。而且，一种微生物可代谢的烃类化合物范围有限，污染地区的土著微生物很可能无法降解复杂的石油烃混合物。因此有必要添加外来菌种来促进降解过程的进行。接入的降解菌必须经过详细的分类鉴定，以确定其中无人类及其他生物的致病菌。基因工程菌是通过现代生物技术，将能降解多种污染物的降解基因转移到一种微生物的细胞中，获得分解能力得到几十倍甚至是上百倍提高的菌种。

知识链接

大连输油管线爆炸漏油事故

2010 年 7 月 16 日晚 18 时 50 分许，大连新港一艘利比里亚籍 30 万吨级的油轮在卸油附加添加剂时引起了陆地输油管线发生爆炸引发大火和原油泄漏。

大连新港输油管线爆炸起火事故，至少已造成附近海域 $50km^2$ 的海面污染，海上清污工作 17 日全面展开。

记者乘船在污染海域看到，输油管线爆炸不仅造成了附近地区空气污染，而且有一定数量的原油流入大海，被海风吹起的海浪都呈现明显的黑褐色，被污染海域一眼望不到边。

截至 17 日 17 时，辽宁海事局近百名海事工作人员已经在溢油水域布设围油栏约 7000m。由海事部门组织的近 20 艘清污船舶，正在对海上的油污开展清除作业，包括辽宁海事局的海巡 028、海巡 021 等四艘巡逻船，一直在事发水域监控油污和布设围油栏。

事故发生后，大连海事局船舶交管中心还在污染海域组织和监控 300 余艘船舶的航行，并在北纬 38°50′开辟安全水域，组织进港船舶临时下锚，保障辖区船舶的安全。在交通部的组织协调下，从河北、山东、天津等地紧急调集的 2000 多米围油栏和大量吸油毡、消油剂等清污物资，也陆续运抵污染现场并投入使用。

针对大连新港输油管线爆炸起火引发部分原油泄漏入海，对海洋环境造成威胁的情况，国家海洋局责成北海分局紧急启动应急机制，全力应对海上溢油灾害。

截至 18 日 13 时，中国海监船对溢油区域的监视结果显示：海上漂油分布范围已达 $183km^2$，其中较重污染面积达 $50km^2$，主要集中在近海区域。

国家海洋局北海分局已经启动“大连石油储备库输油管道爆炸事故应急方案”。正在蓬莱和石岛执行任务的中国海监 11 船、18 船连夜赶赴事故附近海域，大连海洋环境监测中心站连夜进行取样监测。与此同时，海上溢油应急处置、环境监视监测和溢油漂移预测、信息报送发布和生态损害调查评估等工作全面展开。国家海洋局北海分局协调指导中海油总公司已抵达大连海域的 4 艘专业溢油清污船，迅速进入海上溢油严重污染海域，开展溢油现场回收处置工作。

为有效清除海上油污，国家海洋局将在东至东经120°（南三辆车礁），南至北纬38°52′（大三山岛）设置海上溢油外围警戒线，部署一艘专业溢油清污船负责外围警戒线的溢油围堵和回收，确保溢油在警戒线以内得到有效回收（图6－3）。

图6－3 事故发生的海域

"7·16"事故造成大连局部海域海面污染，清污人员全力以赴，加紧清除岸线、岸壁上的油污。图6－4为清污人员正在使用专用清洗剂清除海滩、岸壁、礁石上的油污。

图6－4 清污现场

第五节 生物修复技术的工程方法

一、概述

从工艺上看，生物修复包括原位修复、生物反应器处理和异位生物修复。显而易见，环境微生物的功能及其在生物修复过程中的表达条件研究是环境修复技术成功的关键所在。污染修复工艺的实施过程如图 6－5 所示。

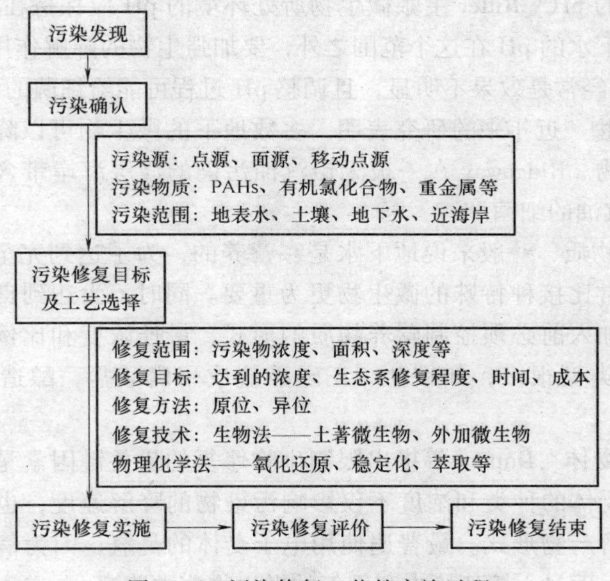

图 6－5　污染修复工艺的实施过程

二、原位处理

原位生物处理的原理是通过加入营养盐、氧（空气、纯氧或过氧化氢）以增强土著微生物的代谢活性，它依赖于处理对象的特性（如渗透率）、污染物性质、氧的水平、pH、营养盐的可利用性、还原条件以及能够降解污染物的微生物存在。该方法多数用于油类的泄漏，而下层土壤的土著细菌则能够利用芳香化合物如萘、甲苯、苯、乙基苯、对甲苯酚、二甲苯酚、苯酚和甲酚等作为唯一的碳源和能源。

原位处理简单、经济，但处理时间较长。在长期的处理过程中，污染物可能会扩散到深层土壤和地下水中，因而该技术适用的对象为被污染时间较长且情况已经基本稳定的土壤或面积广阔的区域。

1. 影响原位生物修复的因素

（1）环境因素

①土壤渗透率　内部渗透率是衡量土壤传送流体能力的一个标准。它直接影响着氧气在地表面以下的传递，所以它是决定生物修复效果的重要土壤特性。大多数土壤类型的渗透率变化范围是从 $10^{-13}\sim10^{-5}cm^2$。

②地下水的温度　细菌生长率是温度的一个函数，已经被证实在低于10℃时，地下微生物的活力极大降低，在低于5℃时，活性几乎停止，超过45℃时，活性也减少。在10～45℃范围内，温度每升高10℃，微生物的活动速率提高1倍。

③地下水的pH　Ritter主张微生物所处环境的pH应保持在6.5～8.5的范围内。如果地下水的pH在这个范围之外，要加强生物的降解作用，应调整pH。但是，pH调整经常是效果不明显，且调整pH过程可能给细菌的活力带来害处。

（2）微生物　近年来的研究表明，多数地下的微生物可以降解天然的或人工合成的有机物。Ridgeway在一被无铅汽油污染的浅层海岸带含水层中发现了309种可降解汽油的细菌。

（3）营养物质　一般来说地下水是寡营养的，为了达到完全的降解，适当添加营养物常常比接种特殊的微生物更为重要。同时，为达到良好的效果和避免二次污染，加入前必须控制营养物质的形式、最佳浓度和比例。目前已经使用的营养物质类型很多，如铵盐、正磷酸盐或聚磷酸盐，酿造酵母废液和尿素等。

（4）电子受体　Dupont等提出限制生物修复的最关键因素是缺乏合适的电子受体。电子受体的种类和浓度不仅影响污染物的降解速度，也决定着一些污染物的最终降解产物形式。最普遍使用电子受体的是氧，因为氧能提供给微生物的能量最高，而且土壤环境中利用氧的微生物非常普遍。

除了上述四方面主要因素，生物修复还受到诸多因素影响，如土壤类型和结构和污染物物理性质等。

2. 原位处理的主要手段

（1）添加营养盐（N、P）和通过耕耘提供氧气　污染土壤可以通过添加营养盐得到改良以及通过耕耘提供氧气。

（2）添加微生物和酶　添加微生物和酶可以刺激土壤中外源微生物的生物降解。采用较多的方法是在大型反应器中接种培养的微生物（如秸秆菌属）来处理被污染的土壤。另外，用木屑固定、聚尿素纤维或藻朊酸盐包埋的微生物固定方法可以提高微生物对五氯苯酚（PCP）的毒性抵抗能力，同时可以增强对PCP的降解能力。但是，接种商品化的微生物的应用并不能增强燃料库污染地区的烃类生物降解。

三、异位处理

当原位生物修复方法难以满足环境要求时，异位生物修复技术成为重要的选择。土壤污染物的异位处理有两种途径：一种是先挖出土壤暂时堆埋在一个地方，在原地进行工程化准备后再将污染土壤运回处理；另一种是从污染地域挖出土壤并运到一个经过工程化准备的地方堆埋并进行生物处理，处理后的土壤运回原地。

1. 生物反应器处理

在某些条件下，尤其当污染较为严重或污染物质较难控制和分解时，需要采用一些工程措施，如利用生物反应器。

（1）泥浆反应器 生物泥浆反应器是一种异位生物修复技术，通过为微生物提供最佳的代谢条件而达到快速清除污染物的目的。与已有的土壤修复技术相比，生物泥浆反应器以水相为处理介质，污染物、微生物、溶解氧和营养物的传质速度很快，而且避免了复杂不利的自然环境变化，各种环境条件便于控制在最佳状态，因此反应器处理污染物的速度明显加快。

典型的工艺流程（图6－6）是：挖出受污染的土壤，过筛筛去大块部分后送入泥浆反应器，加水稀释为设计浓度的泥浆。在反应器内设搅拌器，以改善土壤的均一性，也能使微生物和底物充分接触。运转过程中根据需要添加营养物，接种高效菌体，鼓入空气，调节 pH 和温度，使微生物代谢处于最佳状态，从而快速清除污染物。反应器出水在浓缩池中进行泥水分离，上层液处理后排入下水道，浓缩后的固体则送回原地。

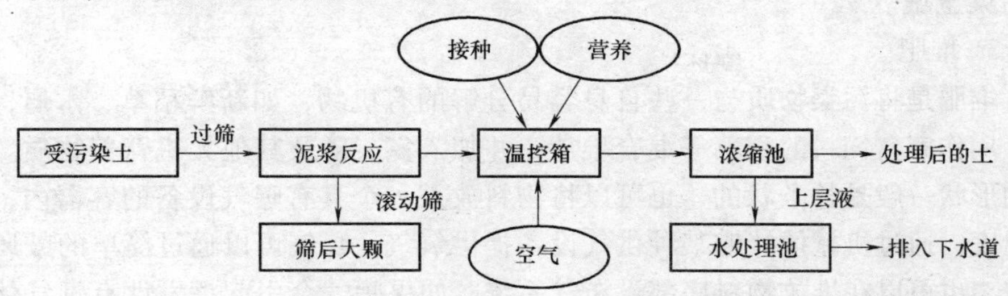

图6－6 生物泥浆反应器的典型工艺流程

生物泥浆反应器之所以具有高效的处理能力，与其常用的强化手段密切相关。接种微生物、添加营养元素、提供电子受体、利用共代谢、添加表面活性剂、调节温度和 pH 等可明显改进微生物的代谢环境，增强修复效果。

（2）特制生物床反应器 一个用于土壤修复的特制生物床反应器包括供水及营养物喷淋系统。土壤底部的防渗衬层、渗滤液收集系统及供气系统等（图6－7）。处理对象主要是多环芳烃、BTEX（苯、甲苯、乙基苯、二甲苯）

或多环芳烃与BTEX的混合物，使用衬层及渗滤液收集系统的目的是防止污染物或代谢中间产物被渗流水带入地下，污染地下水。渗滤液送到附近其他生物反应器内进一步处理，如果处理过程中可能产生有害气体，反应器可以用塑料篷封闭起来。

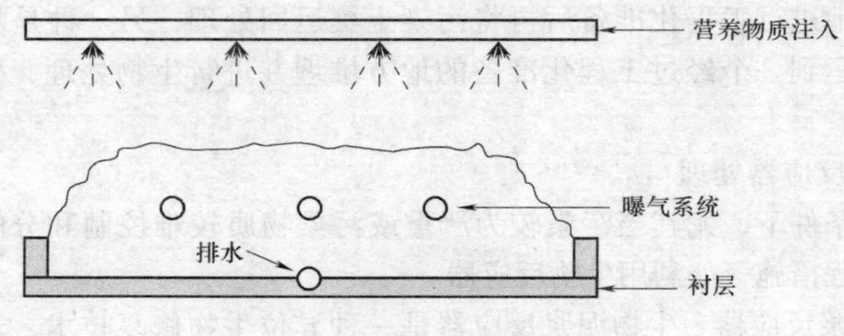

图6－7　特制生物床反应器

2. 土壤堆积

土壤堆积有时也称为生物堆积，是一种略微复杂些的土壤修复技术。将含有污染物的土壤挖掘出来，堆放在不透水的衬层上，衬层可以截留渗滤液。在堆放的土壤中设置通气管道，通入空气或氧气或抽真空以促进污染物的好氧降解。含有营养物质的液体施用于土壤表面，以促进微生物活性，渗滤液被收集并循环于堆积土壤中。如果被处理的化合物或代谢产物是挥发性的且具有毒性，则要采用一定方法，如活性炭吸附法收集释放气体。土壤堆积法已有成功应用的例子，如生物修复含碳氢化合物、五氯苯酚（PCP）等污染物的污染土壤。

3. 堆肥

堆肥是将污染物质与一些自身容易分解的有机物，如新鲜稻草、木屑、树皮、用作家禽饲料的稻草等混合堆放，并加入氮、磷及其他无机营养物质。堆放的形状一般是长条状的，也可以将物料放入一个具有曝气设备的容器内，保持温度，通过机械搅拌或某种供气设备提供氧气。曝气可以通过简单的鼓风机实现，也可以在堆放物料底部设布气系统。如果曝气会引起挥发性有毒气体释放，则必须设置气体吸收装置，防止污染空气。当处理有毒有害化合物时最好使用容器。微生物利用固体有机物生长时会释放热量，使温度上升。保持高温（50～60℃）比低温有益于生物降解的进行。然而，对于一些有害化学物质而言，温度不能超过50℃。

4. 地下水异位修复

对于地下水污染，采用“泵出－处理”的异位处理方式，使用的生物反应器主要包括生物膜法（生物滤床、生物转盘、升流固定床和流化床）、活性污泥和升流厌氧污泥床法，其优缺点的比较如表6－1所示。

表 6－1　　　　用于地下水修复的不同生物反应器的优缺点比较

工艺	好氧/厌氧	实际应用	主要优势	主要缺点
附着增殖法（生物膜法）				
生物滤床	好氧	有	设计、维护和操作简单	处理水质差
生物转盘	好氧	有	设计简单、成本和能耗低	处理水质差
升流固定床	好氧	有	停留时间可控	
升流固定床	厌氧	无	可以使污染物还原脱卤	需要高温、高有机负荷
流化床	好氧	有	操作稳定、处理效率高、处理水质好、容易启动	能耗较高
悬浮增殖法				
活性污泥	好氧	有	无	微生物生长和浓度维持难，能耗高
升流厌氧污泥床	厌氧	无	可以使污染物还原脱卤	需要高温和补充有机碳

第七章
重金属污染生物处理技术及污染预防生物技术

【知识目标】

1. 了解重金属污染的危害。
2. 掌握生物吸附概念、生物吸附与生物积累的区别。
3. 掌握重金属污染植物修复的机制。

【能力目标】

1. 能认识到重金属污染的严重性。
2. 能根据重金属污染种类，选择合适的处理或预防方法。

当今世界，随着工农业的日益发达，人类赖以生存的环境受到越来越严重的干扰和破坏，各种环境污染问题突显。尤其是工农业废水的排放，造成水体环境中重金属污染日趋严重。从 2004 年的统计结果看，全国废水排放总量 482.4 亿吨，其中工业废水排放量 221.1 亿吨，占废水排放总量的 45.8%；城镇生活污水排放量 261.3 亿吨，占废水排放总量的 54.2%。这些废水中重金属（如铅、汞等）排放量占了相当大的比例。此外，大气尘粒的沉降和雨水对地面的冲刷，污泥、固体废弃物、化学肥料和由于饲料添加剂中重金属超标使畜禽粪便中含量增加都可以使重金属进入水体和土壤等环境中造成污染。进入大气、水体和土壤等各种环境的重金属不能被降解，均可通过呼吸道、消化道和皮肤等各种途径被动物吸收。当这些重金属在动物体内积累到一定程度时，就会直接影响动物的生长发育、生理生化机能，直至引起动物的死亡，也危害着人类健康。

对于重金属污染，传统的处理方法可分为化学法、物理化学法和物理法。具体的方法有化学还原法、沉淀剂沉淀法、电化学还原法、离子交换、溶剂萃取法、膜分离和活性炭吸附法等，这些方法不但费用高、效率低而且耗时长，对微量或痕量重金属的处理效果不佳。因此，越来越多的人逐渐把目光投向了生物治理法。用生物技术对重金属污染物的处理包括：活性生物吸附法和植物修复技术。

知识链接

工业废水的违规排放引起的水污染事件

1. 2010年韶关冶炼厂排污事件

2010年10月21日上午9：30股市开盘，中金岭南在没有任何预告的情况下突然停牌，正当人们纷纷猜测其停牌原因时。一则来自当地媒体的消息，揭开了停牌的原因。这一次，给中金岭南惹事的是韶关冶炼厂的违规排污，致使北江中上游河段出现铊超标。造成严重的水污染事件。22日中金岭南发表公告称由于违规排放引起的北江水污染事件，环保部门已责令其实施全面停产。

其实这已不是韶关冶炼厂第一次给中金岭南惹上环保方面的麻烦了，2005年韶关冶炼厂曾因违反操作规程，将未经过处理的污水直接排入北江，造成北江流域发生严重镉污染事件。韶关冶炼厂地处北江上游，其所造成的污染直接威胁下游城市数千万群众的饮水安全。

2. 2009重金属污染湘江威胁4000万人饮水安全

作为“有色金属之乡”的湖南，采选、冶炼、化工等企业多分布于湘江流域，重金属污染由此而来。相当长时期内，湖南的汞、镉、铬、铅排放量位居全国第一位，砷、二氧化硫和化学耗氧量（COD）的排放量居全国前列。作为湖南的母亲河，流域内4000万人口的饮用水安全受到威胁，湘江和湘江流域重金属污染的后果越来越严重：湘江流域局部的正常供水被打断威胁；因重金属超标危害人体健康的事故时有发生；鱼类大幅减少，数以千亩计的农田不能耕种，有相当地域的鱼类、粮食、蔬菜不能食用。

3. 2008云南阳宗海砷污染事件

阳宗海是云南九大高原湖泊之一，2002年以来，阳宗海水质已经连续6年保持优良。2008年，环保部门监测到阳宗海水体砷浓度出现异常波动。经省环保局对阳宗海周边及入湖河道沿岸企业进行紧急检查，排查出8家企业有环境违法行为，并初步确定，阳宗海水体砷污染的主要来源是云南澄江锦业工贸有限公司，该公司违反国家规定，未建生产废水处理设施，大量含砷废水在厂内循环，由于没有做防渗处理，多年积累的砷污染物逐步渗漏释放，污染地下水，导致阳宗海水体严重污染。

4. 2006湖南岳阳砷污染事件

2006年9月8日，湖南省岳阳县城饮用水源地新墙河发生水污染事件，砷超标10倍左右，8万居民的饮用水安全受到威胁和影响。最终经核查发现，污染发生的原因为河流上游3家化工厂的工业污水日常性排放，致使大量高浓度含砷废水流入新墙河。

由于重金属造成的水污染事件，在各大媒体不断被曝光，已引起广大的人民群众与社会的关注，尤其是给饮用水带来的安全隐患更是关注的焦点。2010年1月8日，召开的《全国污染防治工作座谈会》上，已把解决危害群众健康的重金属污染问题列为2010年污染防治工作的头等大事。然而重金属污染还在不断的发生。2010年7月3日福建紫金矿业紫金山铜矿湿法厂发生铜酸水渗漏事故，事故造成汀江部分水域严重的重金属污染，紫金矿业直至12日才发布公告，瞒报事故9天，致使当地居民无人敢用自来水。

饮用水中的重金属污染对健康的危害是严重的，因其初期症状较轻，很容易被人们忽视，但是早期的危害是非常大的，水是生命之源，公众饮用卫生安全的水是基本的权力。近年来频发的水污染事件让人们感到震惊，我们日常生活中习以为常的水，突然变得那样陌生。人们在叹息之余，更陷入了深深的思考。（作者：白新元　文章来源：直饮水网）

第一节 生物吸附技术处理重金属废水

一、生物吸附法

生物吸附法是利用自然界广泛存在而且廉价的死亡生物体或失活生物细胞，包括真菌、细菌、藻类、苔藓、木质纤维素类物质（如谷皮、玉米轴等），来吸附重金属，减轻环境毒害的一种处理方法。它尤其适用于重金属废水的处理。

先将生物吸附剂颗粒或固定在二氧化硅等无机支持物上的生物吸附剂填充在吸附柱中，再使含金属废液流经吸附柱，重金属被吸附剂吸附。当吸附剂的吸附能力被耗尽时，吸附柱停止运行。吸附剂可用酸液再生，将重金属浓缩回收，再用水对柱内残留的再生剂和截留的悬浮固体进行冲洗。

二、生物吸附与生物积累

生物吸附这一概念由Ruchhoft等人于1949年首先提出，他用活性污泥从废水中回收了239Pu，去除率高达96%。人们还发现藻类和一些水生动物在净化水体中起着独特的作用，它们对一些重金属有相当强的富集能力。人们逐渐认识到一些活体生物材料可以作为积累水中重金属离子的吸附剂，如细菌、真菌、酵母菌和藻类等都对重金属都有很强的吸附能力。但是人们也逐渐发现用活的生物体来处理污水受生物体本身的生物量和生长特性的限制。很多人开始尝试用死亡生物体作为吸附剂来处理重金属污水，发现死细胞聚集重金属的能力与活细胞相当甚至更强。那是由于在细胞壁聚合物中有阴离子团，能吸附金属阳离子，而且使用死生物还避免了毒性和营养需求问题。还有学者认为，活体细胞在吸附过程中，由于自身的氧化还原作用提高了溶液的pH，而这正是影响吸附效果的关键因素。

从广义上来讲，生物吸附就是用生物材料吸附水中的金属和非金属物质。但具体来说生物体或生物细胞对重金属的吸附分为两个不同的概念：生物吸附和生物积累。

生物吸附是利用自然界存在的生物死亡体，如失活微生物来吸附重金属的方法。生物吸附主要是生物体细胞壁表面蛋白质的侧链集团（如巯基、羧基、羟基等），它们都具有金属络合、配位能力。这些基团能与金属离子形成离子键或共价键来达到吸附金属离子的目的。同时，金属本身也可能通过沉淀或晶体化作用沉积于细胞壁表面，某些难溶的金属也可能被胞外分泌物或细胞壁的孔洞捕获而沉积。生物吸附与生物的新陈代谢作用无关，需要用的是死亡的或者失活的生物体，具有稳定性强、便于储存、运输等实际意义。

生物积累指活体细胞去除金属离子的作用。它主要是活体生物利用生物新陈代谢作用产生的能量对单价或二价离子的主动运输，从而将重金属离子输送到细胞内部。可能机理有：①胞外富集沉淀；②细胞表面吸附或络合；③胞内富集。由于有细胞内的累积，生物积累的去除效果可能比单纯的生物吸附好。但是，由于废水中要去除的金属离子大多是有毒、有害的重金属或放射性金属，它们会抑制生物的活性，甚至使其中毒死亡；生物活细胞对重金属的积累多具有选择性［如黄孢原毛平革菌和某些细菌对铅离子的吸附作用，J. Mclean 等分离出的 *pseudomonad*（CRB5）菌株不仅能还原 Cr（Ⅵ）成 Cr（Ⅲ），而且在厌氧条件下可以还原 Co（Ⅲ）和 U（Ⅵ）并在外荚膜积累这几种金属离子］；并且生物的新陈代谢作用受温度、pH、能源等诸多因素的影响，因此生物积累在实际应用中受到很大限制。

三、生物吸附剂的种类

生物吸附的方法处理重金属由于材料廉价、易得、对环境友好、不引入二次污染，已经被许多专家和学者肯定。多种工业废物和廉价微生物已被应用成为生物吸附剂，如废弃干酵母和谷类酒精发酵废物能有效地吸附 Cu、Cs、Mo、Ni、Pb 和 Zn，是非常有效且经济可行的吸附剂。褐藻细胞表面的羧基官能团能吸附 Cr（Ⅵ）。用泥炭、玉米轴、海藻等对 Cr（Ⅵ）的去除也卓有成效，Cr（Ⅵ）一部分被吸附在生物吸附剂上，还有一部分被还原成 Cr（Ⅲ），生物吸附剂吸附 Cr（Ⅵ）的最佳吸附 pH 范围是 1.5 ~ 2.5。生物吸附剂不仅能吸附阳离子，也对阴离子有很好的吸附效果。利用甲壳质颗粒吸附 MoO_4^{2-} 的研究表明，用戊二醛预先交联的甲壳质，对钼酸根离子的吸附量以达到 700mg/g；但在阴离子的生物吸附机理上还不很明确。

利用生物体作为吸附剂进行废水处理回收重金属，其主要优点是材料的来源非常广泛，例如用发酵工业中产生的废弃生物菌体作为吸附剂，不仅可以降低生物吸附剂的生产成本，而且还可以减少发酵工业废生物菌体的处理费用，具有良好的经济效益。

目前常用的生物吸附剂如下。

1. 工业发酵废弃微生物

如食品和饮料工业所用的酵母菌、化学工业中生产柠檬酸用的真菌、生产葡萄糖和脂酶等的酶工业所用的真菌、制药工业进行类固醇转化所用的真菌等。

Maristella A. Dias 从巴西四个甘蔗酿酒厂排出的废弃生物体对不锈钢制造厂产生的工业废水处理，发现在 pH 为 4.0 时，对铬、铁和镍的吸附能力为 70%、50% 和 20%；Ruchi Gulati 等指出，脂肪酶生产过程中产生的真菌菌丝体废物可以有效地处理矿厂流出污染物：在 pH 为 4 ~ 5 时，其对 Cu^{2+}、Zn^{2+}、Co^{2+}、Ni^{2+} 的最大吸附量分别为 160 ~ 180mg/g、52.0mg/g、57.0mg/g 和 145.37mg /g 干细胞；废啤酒糟又称废麦糟，是啤酒工业中的主要副产物，据统计，目前我国啤酒糟年产量已达 1000 多万吨。由于其含有丰富的酵母菌的死亡菌体，用废麦糟来吸附重金属镉、铅、铬（Ⅵ）、铜的研究也多有报道。目前这种“以废治废”的方法，已成为国内外对麦糟资源化研究的主要方向。

2. 藻类

由于大多数藻类细胞的细胞壁都具有由纤维素、果胶质以及藻酸铵岩藻多糖和聚半乳糖硫酸酯等物质组成的多层微纤维结构，它们可提供氨基、酰胺基、醛基、羟基、硫醇等功能团与金属离子结合。所以现阶段多种藻类已被科学家们作为生物吸附剂的重点对象进行研究。死亡的藻类细胞有时对重金属有更强的吸附能力，并且也更适于应用。不管是海洋微藻还是大型海藻都具有很强的吸附性能，常被用来指示水体、生态系统及营养条件的变化也可以吸附多种金属离子（如 Co、Cd、Ag、Cu、Zn、Mn、Pb、Au 等），而且吸附量也很高。它们可用于水质的净化及稀有金属和放射性金属的回收，是最有潜力的生物吸附剂之一。

3. 富含单宁酸的物质

单宁酸中的多羟基酚是吸附作用的活性组分。当金属阳离子取代相邻的羟基酚时，离子交换作用发生，并形成螯合物。已有学者把一些富含单宁酸的农业副产品用作金属吸附剂。树皮一般占树木地面以上部分质量的 10% ~20%，森林采伐及木材加工（包括机械和化学加工）工业部门每年都有大量的树皮产生，长期以来被认为是一种令人厌烦的产物，不是烧掉就是自然降解掉。然而不少树种的树皮都能与金属离子进行表面配合作用，还能吸附部分阳离子型有机物。如果加以利用，不但可以减少腐烂树皮对环境的污染，而且还可以做到变废为宝。研究表明，农业和林业生产过程中可产生大量的生物质，这些生物质由于来源广、易获取、经济有效，可用来取代活性炭或离子交换树脂等商品吸附剂用于废水中重金属的去除，主要重金属的去除率在85%以上。

其他富含单宁物质的农作物废弃物种类非常丰富，比如稻草的秸秆、稻壳、小麦的秸秆、麦麸、玉米秸秆、玉米芯、玉米皮、花生壳、谷草、甘蔗渣、橘子皮、木薯皮、香蕉皮、苹果渣、废棉絮、柚木树皮、锯末、甘蓝皮、椰壳纤维等，这些废弃物主要是由大量的纤维素、半纤维素、木质素及微量无机盐成分组成，可以作为重金属离子的吸附材料。树皮和这些物质的吸附能力见表7－1。

表7－1 含单宁酸的物质吸附能力实验数据

物质	对不同元素的吸附能力/(mg/g)				
	Cd	Cr（Ⅲ）	Cr（Ⅳ）	Hg	Pb
黑栎树皮	25.9			400	153.3
花旗松树皮				100	
废弃的咖啡	1.48		1.42		
聚合甲醛的花生皮	74				205
坚果外壳	1.3		1.47		
松树皮	8.00	19.45		3.33，1.59	
红木树皮	32			250	182
锯末			16.05		
土耳其咖啡	1.17		1.63		
经过处理的 *sylvestns* 松树皮		9.77			
未经处理的 *sylvestns* 松树皮		8.69			
胡桃壳	1.5		1.33		
废弃的茶叶	1.63		1.55		

4. 造纸废物

造纸厂黑液中富含木质纤维素，可以吸附铅、锌和汞等重金属元素。不但有效提高了废物利用率，而且获得成本比活性炭低约20倍。木质素的强吸附能力在一定程度上归于多元酚和其他表面官能团，离子交换也有一定的作用。

5. 几丁质和甲壳质

几丁质具有较强的重金属吸附能力，它存在于甲壳动物的外壳、昆虫的外骨骼和真菌细胞壁中，在自然界中的丰度仅次于植物纤维，它多是海产品加工的废物（虾壳、蟹壳），因此几丁质数量丰富而且价格低廉。

甲壳质是几丁质的脱已酰基衍生物，在脱已酰过程中自由氨基裸露，使得它吸附重金属的能力比几丁质的吸附能力高数十倍。甲壳质对铅的吸附能力可达 796mg/g 和 430mg/g。也有学者指出甲壳质的吸附能力随水的结晶度、亲水性、脱乙酰程度和氨基含量不同而变化。实验证明脱乙酰约 50% 的甲壳质的吸附能力很强，但是此时甲壳质的溶解度很高。甲壳质可以与戊二醛交联，这样制得的甲壳质珠的表面积比甲壳质片的表面积大 100 倍，可以增加吸附能力。若将某些官能团，如氨基酸酯、吡啶、邻 2 - 戊二酸和聚乙烯亚胺等，取代到甲壳质上也可以提高甲壳质的吸附能力。

四、固定化生物吸附剂

人们对天然的生物吸附剂使用过程中发现，自然的生物体密度小、强度低、颗粒直径小，所以只能在连续搅拌器中去除重金属。在吸附重金属后，这些生物体必须经过沉降、过滤或是离心才能将其与溶液分开，此过程不仅增加了处理费用，而且降低了去除效率。因此，要将生物吸附技术推向实际应用还必须改变生物体的存在形式，受固定化细胞和固定化酶技术的启发，很多学者提出将生物吸附剂固定化。要求固定化的生物体必须具有一定的颗粒尺寸（0.5 ~1.5mm），足够的粒子强度、多孔性、亲水性和化学惰性等。

目前常用的固定化方法可分为吸附法、共价结合法、交联法和包埋法四大类。

1. 吸附法

吸附法是依据微生物细胞和载体之间的静电作用，使微生物细胞固定的方法。吸附法分为物理吸附法和离子交换吸附法两种。物理吸附法是用具有高度吸附能力的硅胶、活性炭、多孔玻璃、石英砂和纤维素等吸附剂将细胞吸附到表面上使之固定化。操作简单，反应条件温和，载体可以反复利用，但结合不牢固，细胞易脱落。离子交换吸附法是根据细胞在离解状态下可因静电引力（即离子键合作用）而固着于带有异相电荷的离子交换剂上，如 DEAE - 纤维素、DEAE - Sephadex、CM - 纤维素等。

R. Aloysius 等采用聚氨酯泡沫立方体对微生物细胞进行固定化，并且研究了固定化细胞和自由细胞对 Cd^{2+} 的吸附性能，发现固定化后的细胞有更强的吸附能力，可以达到 34.25mg/g，比自由细胞的 17.09mg/g 多出了 1 倍左右，得出吸附模式基本符合 Langmuir 等温吸附模式。

2. 共价结合法

共价结合法是细胞或酶表面上功能团（如 α - 氨基、ε - 氨基、α - 羧基、β - 羧基或 γ - 羧基、巯基或羟基、咪唑基、酚基等）和固相支持物表面的反应基团之间形成共价化学键连接，从而成为固定化细胞。该法细胞或酶与载体之间的连接键很牢固，使用过程中不会发生脱落，稳定性良好，但反应剧烈、操作复杂、控制条件苛刻。

3. 交联法

交联法是利用双功能或多功能试剂，直接与细胞或酶表面的反应基团（如氨基酸、羟基、硫基、咪唑基）发生反应，使其彼此交联形成网状结构的固定化细胞。常用的交联剂有戊二醛、甲苯二异氰酸酯等但这种方法所用的交联剂价格较贵，在一定程度上限制了该方法的广泛应用。

4. 包埋法

包埋法是将微生物细胞用物理的方法包埋在各种载体之中。这种方法操作简单是比较理想的方法，目前应用最多。但这种方法其包埋材料（即载体）往往会一定程度地阻碍重金属离子的扩散作用，影响处理效果。对于包埋法，理想的固定化载体应是：无毒性，传质性能好，性质稳定，不易被生物分解，强度高、寿命长，价格低廉等。通常选用海藻酸钠、角叉藻聚糖、聚丙烯酰胺凝胶（ACAM）、光硬化性树脂、聚乙烯醇（PVA）等。

张利等利用发酵工业中废弃的菌丝体—黑根霉菌吸附铅离子，并就此做了一系列研究。在实验中他们使用经过烘干、研磨等预处理步骤的非活性细胞，在未经包埋的游离细胞对 Pb^{2+} 吸附情况的研究中发现，发酵黑根霉菌对 Pb^{2+} 有较好的吸附能力，在 pH 3 ~ 3.5 范围内，吸附能力最强；而用明胶作为包埋细胞载体在进行静态和动态实验时，包埋得到的小球机械性能较好，但吸附效果并不比悬浮细胞好。明胶的内部结构过于密实，不利于水中铅离子向小球内部扩散。

另外固定化效果一定要与吸附效率结合起来综合评价。例如 Jo - Shu Chang 等采用藻酸钙（CA）和聚丙烯酰胺（PAA）两种固定法固定 *Pseudomonas aeraginosa* PU21 菌体细胞，分别得到直径为 2mm 的球状颗粒和边长 2.5mm 的立方体方块，固定效果均较好。然后把固定化后的颗粒分别加入到固定床内进行吸附实验和固定床设计参数的研究实验。发现藻酸钙固定的细胞对 Pb^{2+} 具有较高的吸附性能，吸附量可以达到 280mg/g。而聚丙烯酰胺固定后的细胞虽然具有较好的外观条件，但对 Pb^{2+} 的吸附性能比较差，只能达到 31mg/g。同时固定床实验表明穿透时间与床的长度成正比，与流速成反比。吸附效率一般在 50% ~60%，并且随着操作条件和颗粒大小的变化而波动。

五、生物吸附剂的预处理

对生物吸附剂进行一些物理、化学预处理，如用酸、碱浸泡或加热处理等，可以不同程度地改变其吸附能力。

Ting 等对酵母细胞预处理（加酸煮沸、加碱煮沸、高压蒸汽、甲醛浸泡）后发现，其吸附镉、锌的能力增强了。没经过预处理的细胞吸附量只有 Zn^{2+}

1. 9μmol/g 和 Cd^{2+} 1. 6μmol/g，而经过预处理的细胞的吸附量增加到了 Zn^{2+} 2. 2 ~ 3. 0μmol/g和 Cd^{2+} 2. 0 ~ 2. 8μmol/g。Ting 等经过分析认为预处理使细胞的比表面积增大而导致了吸附量的增加。

吴涓等在研究白腐真菌对 Pb^{2+} 的吸附时，发现经过碱预处理后，白腐真菌的吸附能力可以大大提高。用 0. 1mol/L 的 NaOH 浸泡 40min 后，吸附量可以达到 23. 66mg/g，而处理以前的吸附量仅为 16. 06mg/g。他们认为碱可以去除细胞壁上的无定型多糖，改变葡聚糖和甲壳质的结构，从而允许更多的 Pb^{2+} 吸附在其表面上。同时 NaOH 可以溶解细胞上一些不利于吸附的杂质，暴露出细胞上更多的活性结合位点，使吸附量增大。此外，NaOH 还可以是细胞壁上的 H^+ 解离下来，导致负电性官能团增多，吸附量也会增大。

Matheickal 等用 $CaCl_2$ 溶液浸泡球衣菌后再加热干燥，发现其对镉的吸附量大大提高。强度试验、浸出性试验和膨胀性试验发现，经过预处理的微生物的物理稳定性也优于未经过处理的微生物，更适合实际操作的需要。

微生物吸附剂的处理与未经处理的吸附效果比较见表 7 – 2。

表 7 – 2　　微生物吸附剂的预处理与未经处理的吸附效果比较

微生物	重金属离子	处理方法	未处理吸附效果	处理吸附效果
酵母	Zn^{2+}、Cd^{2+}	加酸浸泡、高压蒸汽	Zn^{2+}：1. 9μmol/g、Cd^{2+}：1. 6μmol/g	Zn^{2+}：2. 2 ~ 3. 0μmol/g、Cd^{2+}：2. 0 ~ 2. 8μmol/g
铜绿假单胞菌	Cu^{2+}	加 0. 1mol/L HCI 浸泡	吸附率为 13. 68%	吸附率为 38. 05%
链霉菌	Zn^{2+}	加 1mol/L NaOH 处理	菌体对 Zn^{2+} 吸附量为 20mg/g	菌体对 Zn^{2+} 吸附量可达 80mg/g
白腐菌	Pb^{2+}	加碱浸泡	16. 06mg/g	23. 66mg/g
Durvillnea potaorum	Cd^{2+}	用 $CaCl_2$ 溶液浸泡并加热干燥	<0. 6mmol/g	1. 12mmol/g

六、影响生物吸附的因素

生物吸附重金属的能力受到很多因素的影响，宏观上讲，主要包括三方面的因素：细胞本身状态、被吸附金属离子性质和各种环境条件。细胞状态包括营养供应、生理状态、细胞年龄等。由于多用到的是死亡细胞体所以这里不一一赘述了。吸附条件包括 pH、离子强度、温度、接触时间、共存离子、离子浓度等。

1. 重金属离子特性的影响

重金属离子本身性质对生物吸附的影响是本质性的、内在的。王建龙、陈灿等利用定量结构活性关系方法，探讨了重金属离子性质对生物吸附容量的影响。他们利用啤酒工业废弃的酿酒酵母为生物吸附剂，进行了 10 种金属离子

Ag^{+}、Cs^{+}、Zn^{2+}、Pb^{2+}、Ni^{2+}、Cu^{2+}、Co^{2+}、Sr^{2+}、Cd^{2+}、Cr^{3+}的生物吸附实验。选用22种参数来表征金属离子的物理化学性质，建立了金属的离子特性与生物吸附容量之间的关系。得出酵母吸附金属离子的理论最大吸附量q_{max}，由大到小排序为$Pb^{2+} > Ag^{+} > Cr^{3+} > Cu^{2+} > Zn^{2+} > Cd^{2+} > Co^{2+} > Sr^{2+} > Ni^{2+} > Cs^{+}$。表明离子的共价指数与最大吸附量具有良好的线性关系，共价指数越高，离子吸附量越大，金属离子与吸附剂表面官能团共价结合所占比重越大，键结合越牢固。

2. pH的影响

对大多数吸附剂而言，系统pH都会显著影响吸附量。pH可以影响吸附剂表面位点的带电性和重金属的溶液化学反应过程，如无机配位、有机络合、氧化还原、水解、沉淀等。研究表明，吸附剂对金属离子的吸附作用存在一个最佳pH。如P. Kaewsam等在微生物吸附Cu^{2+}试验研究中发现，当pH小于2时，Cu^{2+}的吸附量很小，当pH在3~4时，Cu^{2+}的吸附量随着pH的增大而增大，当溶液的pH达到5.0时。菌体对Cu^{2+}的吸附量达到一个稳定水平。秦玉春等也发现浮游球衣菌吸附Cu^{2+}的最佳pH为5.5。徐雪芹等研究得出固定化青霉吸附Pb^{2+}、Cu^{2+}的最佳pH也为5.5左右。吴涓等在利用啤酒酵母吸附Cu^{2+}时发现，最适pH也为5.5，此时啤酒酵母的吸附量可达1.59mg/g。不同重金属离子和不同生物吸附剂的最佳pH范围不同。如刘云国指出黑曲霉和青霉吸附Pb^{2+}的最佳pH为5，而吸附Cd^{2+}的最佳pH为3。尹华等研究发现红螺菌R-04在中性条件下对重金属离子吸附效果最好。董新姣等得出预处理的铜绿假单胞菌对Cu^{2+}的吸附的最适合pH是4.0左右，最大吸附量可达12.62mg/L。徐鲁荣也发现海藻对Cu^{2+}、Pb^{2+}、Cd^{2+}吸附最佳的pH是4~6；对Ni^{2+}的最佳pH范围是5~6。

通常，在低pH时，H+与金属阳离子竞争吸附剂的表面活性位点，阻碍重金属离子接近细胞壁，因此金属吸附量较低。但是，当pH过高，超过重金属离子微沉淀的，溶液中重金属离子会以不溶解的氧化物、氢氧化物微粒的形式存在，从而使吸附过程无法进行。一般认为，对大多数金属离子而言，生物吸附的最佳pH范围为5~9。

3. 温度的影响

温度过高或过低都会对吸附剂的吸附能力造成影响。在一定范围内，温度对金属吸附量有一定影响，但影响不大，不如pH那么明显。由于升温会增加运行成本，因此在生物吸附过程中不宜采用高温操作。

4. 吸附时间的影响

通常，吸附时间延长，吸附效率会提高，吸附容量加大。部瑞莹报道酿酒酵母吸附Cd^{2+}、Zn^{2+}离子达到平衡的时间大约为3h。但有学者认为目前大多数研究结论得出的生物细胞对金属的吸附是表面吸附，不大可能观察和评价延迟发生的金属胞内吸收现象。因此，在研究活细胞吸附时还要考虑新陈代谢有关的胞内金属积累时间，确定适当的平衡时间。如果考虑金属的洗脱和生物吸附剂的再生，则需综合考虑接触时间。

5. 共存离子的竞争吸附

目标金属离子以外的其他金属阳离子对生物吸附的影响主要体现在竞争吸附效应上。在实际应用中，很少有只含一种金属离子的废水，因此研究多种离子共存状态下的生物吸附性能非常必要。

由于生物吸附主要依靠生物吸附剂细胞壁表面上的化学基团来完成，因此对一个含两种或两种以上的金属离子的溶液，若不同种金属能被同一基团吸附，则其间的竞争就会不可避免地发生，这会导致某一种金属的吸附量比其单独存在时减少。若不同种金属被不同的化学基团吸附，则某一种金属的吸附量比其单独存在时没有显著的变化。工业废水中存在着大量轻金属离子，如 Ca^{2+}、Na^{+}、K^{+}、Mg^{2+} 等，对重金属的生物吸附影响不大，这个特点有助于生物吸附工艺的实用化。重金属离子之间的影响往往是竞争性的。吴涓等研究了白腐真菌对 Pb^{2+} 的吸附，发现当 Zn^{2+}、Cd^{2+}、Cu^{2+} 三种离子与 Pb^{2+} 共存时，均会使 Pb^{2+} 的吸附量减少。

溶液中的阴离子也会对生物吸附产生影响，这主要是因为一些阴离子会与金属离子生成络合物，从而阻止生物吸附剂对金属离子的吸附，并且所生成络合物的稳定常数越大，这种影响越明显。如有学者对共存阴离子影响的研究表明，Cl^{-}、$C_2O_4{}^{2-}$、CH_3COO^{-}、$NO_3{}^{-}$ 以及 $SO_4{}^{2-}$（每种阴离子浓度高达 0.5mol/dm^3）对固定化酵母吸附 Pu 无影响，而相同浓度的 Na_3PO_3 则降低了酿酒酵母对 Pu 的吸附容量。

目前，对于多种离子间的竞争吸附研究还处于初期阶段，还没有一个较好的数学模型来描述，仅有二维、三维图形表示一种或者两种竞争离子对一种目标离子吸附的影响。因此，利用多参数模型来描述多种重金属离子间的竞争吸附，是目前生物吸附研究中的一个重要方向。

七、生物吸附技术的应用现状

早在 1980 年代，就有关于生物吸附剂的专利，可以用于废水处理。20 世纪 90 年代早期，利用固定化技术使得一些生物材料商业化，如 AlgaSORB™（*Chlorella vulgaris*）、AMT - BIOCLAIM™（*Bacillus biomass*）（MRA）、BIO - FIX 等。固定化技术对于生物吸附的实用化似乎必不可少，而且可以利用传统化学工程反应器，如上流式或下流式填充床反应器、流化床反应器等。北美洲某些国家研发了生物吸附系统。

另外有许多生物吸附剂在美国和加拿大已经得到了工业化生产，美国远景技术合作有限公司开发了微生物细胞（如枯草芽孢杆菌），固定化后的枯草芽孢杆菌能积累单独的或混合的重金属离子而与进液的浓度无关。对高浓度重金属离子废水（几百 mg/L）和相对较低浓度的废水（<10mg/L）同样有效。而且固定化枯草芽孢杆菌菌体的废水处理系统已经进行了现场实验。美国生物回收系统有限公司研发的固定化海藻产品 AlgaSORB™（*Chlorella vulgaris*），利用硅胶载体固定化海藻细胞，适用于工业用途的分批或柱式反应器中使用。在北美也有企业开发了商品化的生物吸附剂产品，如：①B. B. SORBEX 有限公司（加拿大，蒙特利尔市），使用各种不同类型的微生物菌体作为加工生物吸附剂的原料，开发了一系列用于重金属离子去除或回收的生物吸附剂，既有能吸附各种重金属离子的广谱生物吸附剂，也有只吸附单一重金属离子的特殊生物吸附剂。②北美生物回收系统有限公司用硅胶或聚丙烯酰氨凝胶固定的淡水藻小球藻菌体开发了吸附或回收重金属离子的生物吸附剂。

生物吸附工艺可以处理多种类型的废水，可以优先选择性吸附重金属离子，受碱金属或碱土金属的影响小，可以将重金属离子的浓度降低到很低，与其他工艺比较，成本较低。

生物吸附法的实用目前有两个发展趋势。一个趋势是利用包括生物吸附在内的多种工艺过程的综合技术。希望能够综合利用多种微生物的混合生物吸附材料，结合生物吸附和生物沉淀过程以及其他物理化学工艺，联合处理实际复杂废水成为生物吸附中的一种发展趋势。另一个趋势是开发出类似于离子交换树脂的商业生物吸附剂，包括选择易获得或易培养的廉价生物材料、改善吸附剂的固定化技术、改善工艺操作条件、研究回用和再生等方法。例如，光能自养藻类对生长条件要求低（水、阳光和 CO_2），易于大规模工业化培养，有助于降低吸附剂的成本。

生物吸附还可以用于高价值蛋白质、类固醇、医药（如地高辛）的纯化和回收，而不仅仅用于环境保护方面。

第二节 重金属污染土壤的植物修复

土壤作为环境的重要组成部分，不仅为人类生存提供所需的各种营养物质，而且还承担着环境中大约 90% 来自各方面的污染物。随着人类进步、科学发展，人类改造自然的规模空前扩大，一些含重金属污水灌溉农田、污泥的农业利用、肥料的施用以及矿区飘尘的沉降，都是可以使重金属在土壤中积累明显高于土壤环境背景值，致使土壤环境质量下降和生态恶化。

由于土壤是人类赖以生存发展所必需的生产资料，也是人类社会最基本、最重要、最不可替代的自然资源。因此，土壤中金属（尤其是重金属）污染与治理成为世界各国环境科学工作者竞相研究的难点和热点。

一、重金属进入土壤系统的原因

具体来说重金属污染物可以通过大气、污水、固体废弃物、农用物资等途径进入土壤。

1. 从大气中进入

大气中的重金属主要来源于能源、运输、冶金和建筑材料生产产生的气体和粉尘。例如煤含 Ce、Cr、Pb、Hg、Ti、As 等金属；石油中含有大量的 Hg 他们都可随物质燃烧大量的排放到空气中；而随着含 Pb 汽油大量地被使用，汽车排放的尾气中含 Pb 量多达 20 ~ 50μg/L。这些重金属除 Hg 以外，基本上是以气溶胶的形态进入大气，经过自然沉降和降水进入土壤。

2. 从污水进入

污水按来源可分为生活污水、工业废水、被污染的雨水等。生活污水中重金属含量较少，但是随着工业废水的灌溉进入土壤的 Hg、Cd、Pb、Cr 等重金属却是逐年增加的。

3. 从固体废弃物中进入

从固体废弃物中进入土壤的重金属也很多。固体废弃物种类繁多，成分复杂，不同种类其危害方式和污染程度不同。其中矿业和工业固体废弃物污染最为严重。化肥和地膜是重要的农用物资，但长期不合理施用，也可以导致土壤重金属污染。个别农药在其组成中含有 Hg、As、Cu、Zn 等金属。磷肥中含较多的重金属，其中 Cd、As 元素含量尤为高，长期使用造成土壤的严重污染。

随着工业、农业、矿产业等迅速发展，土壤重金属污染也日益加重，已远远超过土壤的自净能力。防治土壤重金属污染，保护有限的土壤资源，已成为突出的环境问题，引起了众多环境工作者的关注。

二、重金属污染土壤现状分析

目前，环境中重金属污染在我国某些地区已成为非常严重的环境问题。据报道，近年来华南地区部分城市有 50% 的农地遭受 Cd、As、Hg 等有毒重金属污染；东南一些地区，有 45.5% 的土地面积 Hg、As、Cu、Zn 等元素的超标；太湖地区水稻和蔬菜等农产品和饲料重金属污染也十分严重；杭州复合污染区稻米 Cd、Pb 等重金属超标率分别达 92% 和 28%，最高的 Cd 含量超标 15 倍；东莞和顺德等地区蔬菜重金属超标率达 31%，水稻超标率高达 83%，最高超标 91 倍。西南、西北、华中等地区也存在较大面积的 Hg、As

等重金属污染土壤。江西省某县多达44%的耕地遭到重金属污染，并形成670hm^2的“镉米”区。

土壤重金属污染具有隐蔽性、长期性和不可逆性，污染物在土壤中的滞留时间长，植物或微生物不能降解。重金属污染不仅导致土壤的退化、降低农作物的质量和产量，而且可能通过直接接触、食物链危及人类的生命和健康。此外，土壤重金属会导致土壤微生物的生物量下降，影响微生物种群结构，降低土壤微生物的多样性，影响土壤微生物活性，这些微生物对土壤及植物系统至关重要，因此，修复重金属污染的土壤，恢复土壤原有功能，对我国农业可持续发展和环境质量改善具有重要的现实意义。

三、土壤重金属污染的修复方法

重金属污染具有长期性和非移动性等特性，对生物及人类产生的不利影响已被研究所证实。因此人们不断寻求去除环境中重金属的技术，对被重金属污染的土壤进行修复，以保证人体及生物的健康。

土壤重金属污染的治理途径归纳起来主要有三种：一是改变重金属在土壤中的存在形态、使其固定，降低其在环境中的迁移性和生物可利用性；二是从土壤中去除重金属；三是将污染地区与未污染地区隔离。围绕这三种治理途径，已相应地提出各自的物理、化学和生物治理方法。

土壤重金属污染的物理措施包括排土、换土、去表土、客土4种，但覆盖土壤的费用很高。但是有些方法，如高温热解和蒸汽抽提只适用于含易挥发、半挥发污染物的土壤；有些方法，如固化和玻璃化也存在成本高、不易大面积土壤修复的缺点；还有一些方法，如加入固化剂改变土壤的理化性质，只是改变了重金属在土壤中的形态，不能使重金属真正从土壤中脱离，如果土壤环境发生变化，又可能引起其形态的变化，使其被植物吸收，发生危害；另外电动法是通过电渗流或电泳等方式将土壤中的污染物带到电极两端从而清洁土壤，不适于渗透性高、传导性差的土壤。

物理化学技术修复重金属污染土壤，不仅费用昂贵，难以应用于大规模污染土壤的改良，而且常常导致土壤结构破坏、生物活性下降和土壤肥力退化等。

化学方法是通过添加一些土壤改良剂改善土壤的理化性质。目前应用比较多的化学改良剂是磷酸盐、石灰、硅酸盐抑制剂。也可以向土壤中加入表面活性清洗剂，利用表面活性剂润湿、增溶、分散、洗涤等特性，改变土壤表面电荷和吸收位能，或从土壤表面把重金属置换出来。但是只能针对几种重金属的污染有效，并且没有从根本上去除土壤中的重金属。

土壤重金属污染的生物修复技术是一门新兴的高效的技术，它是利用生物对环境中的污染物进行降解，具有修复成本低、生态风险小、对环境副作用小等优点，越来越受人们的关注。在用微生物进行大面积现场修复时，一方面其生物量小，吸收的金属量则较少，另一方面则会因其生物体很小而难于进行后处理。植物具有生物量大且易于后处理的优势，因此利用植物对金属污染位点进行修复是解决环境中重金属污染问题的一个很有前景的选择。

四、植物修复技术

植物修复技术是以植物忍耐和超量积累某种或某些化学元素的理论为基础，利用植物及其共存微生物体系清除环境中的污染物的一门环境污染治理技术。目前国内外对植物修复技术的基础理论研究和推广应用大多限于重金属元素。狭义的植物修复技术也主要指利用植物清洁污染土壤中的重金属。植物对重金属污染位点的修复有三种方式：植物固定、植物挥发和植物吸收。植物通过这三种方式去除环境中金属离子。

1. 植物固定

植物固定是利用植物及一些添加物质使环境中的金属流动性降低，生物可利用性下降，使金属对生物的毒性降低。Cunningham 等研究了植物对环境中土壤铅的固定，发现一些植物可降低铅的生物可利用性，缓解铅对环境中生物的毒害作用。然而植物固定并没有将环境中的重金属离子去除，只是暂时将其固定，使其对环境中的生物不产生毒害作用，没有彻底解决环境中的重金属污染问题。如果环境条件发生变化，金属的生物可利用性可能又会发生改变。因此植物固定不是一个很理想的去除环境中重金属的方法。

2. 植物挥发

植物挥发是利用植物去除环境中的一些挥发性污染物，即植物将污染物吸收到体内后又将其转化为气态物质，释放到大气中。有人研究了利用植物挥发去除环境中汞，即将细菌体内的汞还原酶基因转入芥子科植物中，使这一基因在该植物体内表达，将植物从环境中吸收的汞还原为单质，使其成为气体而挥发。另有研究表明，利用植物也可将环境中的硒转化为气态形式（二甲基硒和二甲基二硒）。由于这一方法只适用于挥发性污染物，应用范围很小，并且将污染物转移到大气中对人类和生物有一定的风险，因此它的应用将受到限制。

3. 植物吸收

植物吸收是目前研究最多并且最有发展前景的一种利用植物去除环境中重金属的方法，它是利用能耐受并能积累金属的植物吸收环境中的金属离子，将它们输送并储存在植物体的地上部分。植物吸收需要能耐受且能积累重金属的植物，因此研究不同植物对金属离子的吸收特性，筛选出超量积累植物是研究的关键。能用于植物修复的植物应具有以下几个特性：①即使在污染物浓度较低时也有较高的积累速率；②生长快，生物量大；③能同时积累几种金属；④能在体内积累高浓度的污染物；⑤具有抗虫抗病能力。经过不断的实验室研究及野外试验，人们已经找到了一些能吸收不同金属的植物种类及改进植物吸收性能的方法，并逐步向商业化发展。

例如羊齿类铁角蕨属对土壤镉的吸收能力很强，吸收率可达10%。香蒲植物、绿肥植物如无叶紫花苔子对铅、锌具有强的忍耐和吸收能力，可以用于净化铅锌矿废水污染的土壤。Salt 等的田间试验也证明印度芥菜有很强的吸收和积累污染土壤中 Pb、Cr、Cd、Ni 的能力。一些禾本科植物如燕麦和大麦耐 Cu、Cd、Zn 的能力强，且大麦与印度芥菜具有同等清除污染土壤中 Zn 的能力。Meagher 等发现经基因工程改良过的烟草和拟南芥菜能把 Hg^{2+} 变为低毒的单质 Hg 挥发掉。另外，柳树和白杨也可作为一种非常好的重金属污染土壤的植物修复材料。

利用丛枝菌根（AM）真菌辅助植物修复土壤重金属污染的研究也有很多。菌根能促进植物对矿质营养的吸收、提高植物的抗逆性、增强植物抗重金属毒害的能力。一般认为在重金属污染条件下，AM 真菌侵染降低植物体内（尤其是地上部）重金属浓度，有利于植物生长。在中等 Zn 污染条件下，AM 真菌能降低植物地上部 Zn 浓度，增加植物产量，从而对植物起到保护作用。也有报道 AM 真菌可同时提高植物的生物量和体内重金属浓度。在含盐的湿地中植被对重金属的吸收和积累也起着重要的作用，丛枝菌根真菌能够增加含盐的湿地中植被根部的 Cd、Cu 吸收和累积。并且丛枝菌根真菌具有较高的抵抗和减轻金属对植被胁迫能力，对在含盐湿地上宿主植物中的金属离子沉积起了很大作用。White 等利用锌的超积累植物结合植物根际菌的应用使重金属得到明显的活化，提高了植株对锌的吸取。Leung 等报道了在 As 污染条件下，AM 真菌同时提高蜈蚣草地上部的生物量和 As 浓度，从而显著增加了蜈蚣草对 As 的提取量，说明 AM 真菌可以促进 As 从蜈蚣草的根部向地上部转运。AM 真菌对重金属复合污染的土壤也有明显的作用。Weissenhorn 等研究了 AM 真菌对对玉米吸收 Cd、Zn、Cu、Mn、Pb 的影响发现其降低了根中的 Cu 浓度，而增加了地上部 Cu 浓度；增加了玉米地上部 Zn 浓度和根中 Pb 的浓度，而对 Cd 没有显著影响，说明 AM 真菌促进 Cu、Zn 向地上部的转运。

五、植物吸附重金属的机制

根对污染物的吸收可以分为离子的被动吸收和主动吸收，离子的被动吸收包括扩散、离子交换、Donnan 平衡和蒸腾作用等，无需耗费代谢能。离子的主动吸收可以逆梯度进行，这时必须由呼吸作用供给能量。一般对非超积累植物来说，非复合态的自由离子是吸收的主要形态，在细胞原生质体中，金属离子由于通过与有机酸、植物螯合肽的结合，其自由离子的浓度很低，所以无需主动运输系统参与离子的吸收。但是有些离子（如锌）可能有载体调节运输。特别是超富集植物，即使在外界重金属浓度很低时，其体内重金属的含量仍比普通植物高10倍甚至上百倍。进入植物体内的重金属元素对植物是一种胁迫因素，即使是超富集植物，对重金属毒害也有耐受阈值。

耐性指植物体内具有某些特定的生理机制，使植物能生存于高含量的重金属环境中而不受到损害，此时植物体内具有较高浓度的重金属。一般耐性特性的获得有两个基本途径：一是金属的排斥性，即重金属被植物吸收后又被排出体外，或者重金属在植物体内的运输受到阻碍；另一途径是金属富集，但可自身解毒，即重金属在植物体内以不具有生物活性的解毒形式存在，如结合到细胞壁上、离子主动运输进入液泡、与有机酸或某些蛋白质的络合等。针对植物萃取修复污染土壤，要求的植物显然应该具有富集解毒能力。据目前人们对耐性植株和超富集植株的研究，植物富集解毒机制可能有以下几方面。

1. 细胞壁作用机制

研究人员发现耐重金属植物要比非耐重金属植物的细胞壁具有更优先键合金属的能力，这种能力对抑制金属离子进入植物根部敏感部位起保护作用。如蹄盖蕨属（*Athyrium yokoscense*）所吸收的Cu、Zn、Cd总量中有70%～90%位于细胞壁，大部分以离子形式存在或结合到细胞壁结构物质，如纤维素、木质素上。因此根部细胞壁可视为重要的金属离子储存场所。金属离子被局限于细胞壁，从而不能进入细胞质影响细胞内的代谢活动。但当重金属与细胞壁结合达饱和时，多余的金属离子才会进入细胞质。

2. 重金属进入细胞质机制

许多观察表明，重金属确实能进入忍耐型植物的共质体。Brookers等用离心的方法研究了Ni超量积累植物组织中Ni的分布。结果显示有72%的Ni分布在液泡中。Vazquez等利用电子探针也观察到锌超量积累植物根中的Zn大部分分布在液泡中。因此液泡可能是超富集植物重金属离子储存的主要场所。

3. 向地上部运输

有些植物吸收的重金属离子很容易装载进木质部，在木质部中，金属元素与有机酸复合将有利于元素向地上部运输。有人观察到Ni超富集植物中的组氨酸在Ni的吸收和积累中具有重要作用，非积累植物如果在外界供应组氨酸时也可以促进其根系Ni向地上部运输。Lee等发现柠檬酸盐可能是Ni运输的主要形态。Salt等利用X射线吸收光谱（XAS）研究也表明，在Zn超富集植物中的根中Zn 70%分布在原生质中，主要与组氨酸络合，在木质部汁液中Zn主要以水合阳离子形态运输，其余是柠檬酸络合态。

4. 重金属与各种有机化合物络合机制

重金属与各种有机化合物络合后，能降低自由离子的活度系数，减少其毒害。有机化合物在植物耐重金属毒害中的作用已有许多报道，Ni 超富集植物比非超富集植物具有更高浓度的有机酸，硫代葡萄糖苷与 Zn 超富集植物的耐锌毒能力有关。

5. 酶适应机制

耐性种具有酶活性保护的机制，使耐性品种或植株当遭受重金属干扰时能维持正常的代谢过程。研究表明，在受重金属毒害时，耐性品种的硝酸还原酶、异柠檬酸酶被激活，特别是硝酸还原酶的变化更为显著，而耐性差的品种这些酶类完全被抑制。

6. 植物螯合肽的解毒作用

植物螯合肽（PC）是一种富含—SH 的多肽，在重金属或热激等措施诱导下植物体内能大量形成植物螯合肽，通过—SH 与重金属的络合从而避免重金属以自由离子的形式在细胞内循环，减少了重金属对细胞的伤害。研究表明，GSH 或 PCs 的水平决定了植物对 Cd 的累积和对 Cd 的抗性。PCs 对植物抗 Cd 的能力随着 PC 生成量的增加、PC 链的延长而增加。

六、影响植物富集重金属因素

1. 根际环境 Eh 的影响

旱作植物由于根系呼吸、根系分泌物的微生物耗氧分解，根系分泌物中含有酚类等还原性物质，根际 Eh 一般低于土体。该性质对重金属特别是变价金属元素的形态转化和毒性具有重要影响。如 Cr（Ⅵ），其化学活性大，毒性强，被土壤直接吸附的作用很弱，是造成地下水污染的主要物质，Cr（Ⅲ）一般毒性较弱，因而在一般的土壤 - 水系统中，六价铬还原为三价铬后被吸附或生成氢氧化铬沉淀被认为是六价铬从水溶液中去除的重要途径。在铬污染的现场治理中往往以此原理添加厩肥或硫化亚铁等还原物质以提高土壤的有效还原容量，但农田栽种作物后，该措施是否还能达到预期效果还需要分别对待，由于根系和根际微生物呼吸耗氧，根系分泌物中含有还原性物质，因而旱作下根际 Eh 一般低于土体 50 ~ 100mV，土壤的还原条件将会增加 Cr（Ⅵ）的还原去除，然而，如果在生长于还原性基质上的植株根际产生氧化态微环境，那么当土体土壤中还原态的离子穿越这一氧化区到达根表时就会转化为氧化态，从而降低其还原能力，很明显的一个例子就是水稻，由于其根系特殊的溢氧特征，根际 Eh 高于根外，可以推断，根际 Fe^{2+} 等还原物质的降低必然会使 Cr（Ⅵ）的还原过程减弱。同时有许多研究也表明，一些湿地或水生植物品种的根表可观察到氧化锰在根 - 土界面的积累，而据陈英旭等的研究，Cr（Ⅲ）能被土壤中氧化锰等氧化成Cr（Ⅵ），其中氧化锰可能是Cr（Ⅲ）氧化过程中的最主要的电子接受体，因此在铬污染防治中根际Eh效应的作用不能忽视。

关于排灌引起的镉污染问题实际上也涉及Eh变化的问题。大量研究表明，水稻含镉量与其生育后期的水分状况关系密切，此时期排水烤田则可使水稻含镉量增加好几倍，其原因曾被认为是土壤中原来形成的CdS重新溶解的缘故，但从根际观点看，水稻根际Eh可使FeS发生氧化，因此根际也能氧化CdS，假如这样，水稻根系照样会吸收大量的镉，但从根际Eh动态变化来看，水稻根际的氧化还原电位从分蘖盛期至幼穗期经常从氧化值向还原值急剧变化，在扬花期也很低。生育后期处于淹水状态下的水稻含镉量较低的原因可能就在于根际Eh下降，此时若排水烤田，根际Eh不下降，再加上根外土体CdS氧化，Cd^{2+}活度增加，也就使Cd有效性大大增加。

2. 根际环境pH的影响

植物通过根部分泌质子酸化土壤来溶解金属，低pH可以使与土壤结合的金属离子进入土壤溶液。如种植超积累植物和非超积累植物后，根际土壤pH较非根际土壤低0.2～0.4，根际土壤中可移动态Zn含量均较非根际土壤高。重金属胁迫条件植物也可能形成根际pH屏障限制重金属离子进入原生质。如隔的胁迫可减轻根际酸化过程。耐铝性作物根际产生高pH使Al^{3+}呈羟基铝聚合物而沉淀。

3. 根际分泌物的影响

植物在根际分泌金属螯合分子，通过这些分子螯合和溶解与土壤相结合的金属，如根际土壤中的有机酸，通过络合作用影响土壤中金属的形态及在植物体内的运输，根系分泌物与重金属的生物有效性之间的研究也表明，根系分泌物在重金属的生物富集中可能起着极其重要的作用。小麦、水稻、玉米、烟草根系分泌物对镉虽然都具有络合能力。但前三者对镉溶解度无明显影响，植株主要在根部积累镉。而烟草不同，其根系分泌物能提高镉的溶解度，植株则主要在叶部积累镉。Mench分析了玉米根系分泌物与烟草分泌物的组成，发现两者的碳氮比、糖/氨基酸、有机酸含量不同，烟草分泌物较玉米分泌物含糖量较少，有机酸较多，氨基酸含量则相近，但种类不同，显然根系分泌物的种类、数量可能与重金属的生物有效性有着较为密切的关系。一些学者甚至提出超积累植物从根系分泌特殊有机物，从而促进了土壤重金属的溶解和根系的吸收，但目前还没有研究证实这些假说。相反，根际高分子不溶性根系分泌物通过络合或螯合作用可以减轻重金属的毒害，有关玉米的实验结果表明，玉米根系分泌的黏胶物质包裹在根尖表面，成为重金属向根系迁移的“过滤器”。

4. 根际微生物的影响

微生物与重金属相互作用的研究已成为微生物学中重要的研究领域。目前，在利用细菌降低土壤中重金属毒性方面也有了许多尝试。据研究，细菌产生的特殊酶能还原重金属，且对 Cd、Co、Ni、Mn、Zn、Pb 和 Cu 等有亲和力，如 Barton 等利用 Cr（Ⅵ）、Zn、Pb 污染土壤分离出来的菌种去除废弃物中 Se、Pb 毒性的可能性进行研究，结果表明，上述菌种均能将硒酸盐和亚硒酸盐，二价铅转化为不具毒性，且结构稳定的胶态硒与胶态铅。Baillet 又提出嗜酸性氧化铁硫杆菌对 Cr 的固定作用。

根际，由于有较高浓度的碳水化合物、氨基酸、维生素和促进生长的其他物质存在，微生物活动非常旺盛。Rovira 等研究表明，在离根表面 1 ~ 2mm 土壤中细菌数量可达 1×10^9 个/cm^3，几乎是非根际土的 10 ~ 100 倍，典型的微生物群体中每克根际土约含 10^9 个细菌、10^7 个放线菌、10^6 个真菌、10^3 个原生动物以及 10^3 个藻类。这些生物体与根系组成一个特殊的生态系统，对土壤重金属元素的生物可利用性无疑产生显著的影响。Thomas 等认为，微生物能通过主动运输在细胞内富集重金属，一方面它可以通过与细胞外多聚体螯合而进入体内，另一方面它可以与细菌细胞壁的多元阴离子交换进入体内。同时微生物通过对重金属元素的价态转化或通过刺激植物根系的生长发育影响植物对重金属的吸收，微生物也能产生有机酸、提供质子及与重金属络合的有机阴离子。有机物分解的腐败物质及微生物的代谢产物也可以作为螯合剂而形成水溶性有机金属络合物。Wildung 也曾报道许多真菌产生的低分子质量的络合剂及细胞外螯合剂能增加土壤中 Pu 和 In 的溶解性。

因此，当污染土壤的植物修复技术蓬勃兴起时，微生物学家也将研究的重点投向根际微生物，他们认菌根和非菌根根际微生物可以通过溶解、固定作用使重金属溶解到土壤溶液，进入植物体，最后参与食物链传递，特别是内生菌根可能会大大促进植株对重金属的吸收能力，加速植物修复土壤的效率。

5. 根际矿物质的影响

矿物质是土壤的主要成分，也是重金属吸附的重要载体，不同的矿物对重金属的吸附有着显著的差异。在重金属污染防治中，也有利用添加膨润土、合成沸石等硅铝酸盐钝化土壤中锡等重金属的报道。据报道，根际矿物丰度明显不同于非根际，特别是无定型矿物及膨胀性页硅酸盐在根际土壤发生了显著变化。从目前对土壤根际吸附重金属的行为研究来看，根际环境的矿物成分在重金属的可利用性中可能作用较大。

总之，植物富集重金属的机制及影响植物富集过程的根际行为在污染土壤植物修复具有十分重要的地位，但由于其复杂性，人们对植物富集的各种调控机制及重金属在根际中的各种物理、化学和生物学过程如迁移、吸附 - 解吸、沉淀－溶解、氧化－还原、络合－解络等过程的认识还很不够，因此在今后的研究中深入开展植物富集重金属及重金属胁迫根际环境的研究很有必要，在基础理论研究的同时，再进一步开展植物富集能力体内诱导及根际土壤重金属活性诱导及环境影响研究。相信随着植物富集机制和根际强化措施的复合运用，重金属污染环境的植物修复潜力必将被进一步挖掘和发挥。

知识链接

植物修复好，回收重金属

植物修复重金属污染物的过程，也是土壤有机质含量和土壤肥力增加的过程，被植物修复后干净的土壤适合于多种农作物的生长。如果用植物吸收那些可用作微肥的重金属（如铜、锌、硒等），收割后的植物可用作制微肥的原材料，用这种原材料制成的微肥更容易被植物吸收。

如果从超积累植物中回收重金属的工艺问题得到解决，人们在治理重金属污染土壤的同时还能从种植的植物回收一定量的重金属，相当于组建一个廉价的、以太阳能作为能源的生物加工厂，每收割一茬植物便可回收数量可观的重金属。

植物既可从污染严重的土壤中萃取重金属，也可以从轻度污染的土壤中吸收重金属。这种特性对于修复因施用工业污泥而导致表层（耕作层）重金属污染的农田来说，效果更为理想。此外吸收具有选择性，它能够针对目标污染物进行吸收。

植物修复技术能永久地解决土壤中的重金属污染问题。相比之下，多种传统的重金属处理方法只是将污染物从一个地点搬运到另一个地点，或从一种介质搬运到另一种介质，或使其停留在原地，其结果只能是延迟重金属污染土壤的治理，给农产品安全和人类健康埋下“定时炸弹”。而植物修复技术则能彻底地、永久清除土壤中污染物，并加以回收和利用。

回收植物器官中的重金属是一个亟待解决的问题。目前已尝试的方法是先焚烧，然后再从灰烬中回收，或直接用湿化萃取技术回收。即使植物器官中的重金属无法回收，植物萃取技术可使污染物体积实现减量化，从而方便污染物的最终处理。

现在国家提出了科学的发展观，要建设秀美山川，就要治理各种环境污染物。联合国把4月22日定为“世界地球日”，我国把2007年地球日主题定为“善待地球——科学发展，构建和谐”，以此呼吁人们爱护脚下的土地。植物修复思想对于这一问题的解决开辟了一条行之有效的途径。植物修复就是筛选和培育特种植物，特别是对重金属具有超常规吸收和富集能力的植物，种植在污染的土壤上，让植物把土壤中的污染物吸收起来，再将收获植物中的重金属元素加以回收利用（图7－1）。

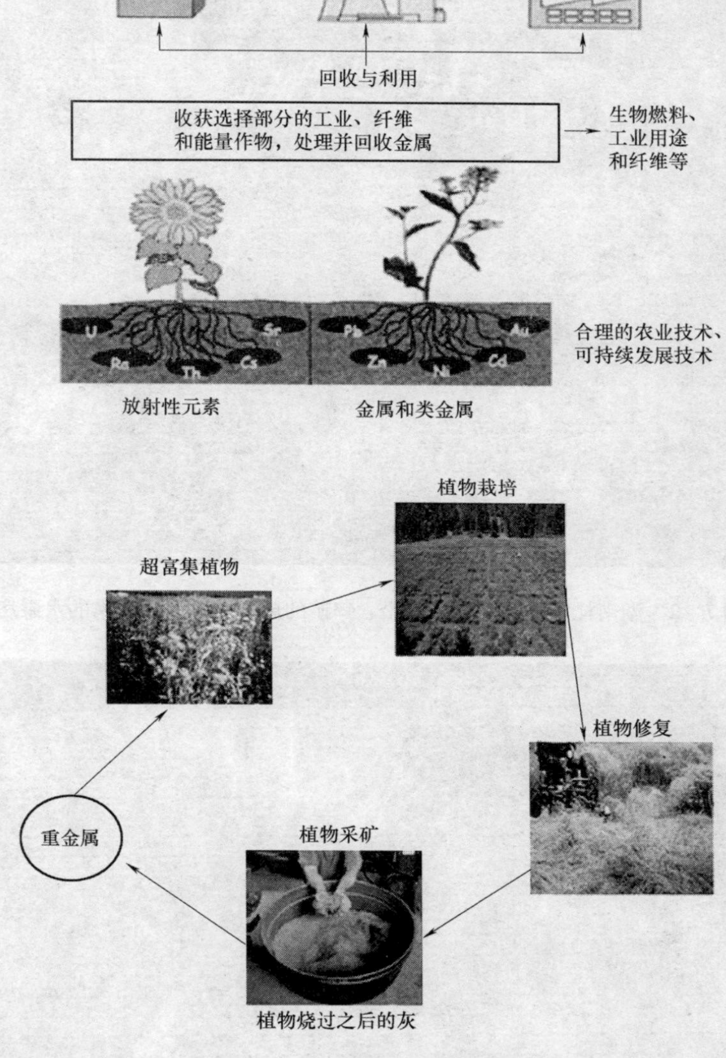

图 7-1 植物中重金属元素的回收

如美国 Viridian 环境公司用植物修复技术净化镍污染土壤，每年可以从金属镍的回收中获取 2500 美元/hm^2 的收益。

正如美国《未来学家》杂志 1997 年刊出的对未来社会的十大预测中指出：由于人们种植了能从污染土壤中大量吸收重金属的植物，有害污染物的清除将变得更加容易（作者：北京自然博物馆 殷学波 文章来源：北京科普之窗）。

一些反映重金属污染的真实照片（图 7-2 ~ 图 7-10）

图 7-2　湖南桂阳县宝山脚下的铅、锌矿的尾矿水已淹没原来的水泵房

图 7-3　嘉禾金鸡岭村民李明柱的 8 分地在腾达公司附近，因污染造成前一年种的玉米颗粒无收

图 7－4　嘉禾金鸡岭村廖明忠承包别人水田 5.5 亩，因冶炼厂污水流入水田，前一年亩产稻谷只有 300kg，而且这些稻谷碾出来的大米有很多是黑色的

图 7－5　在 1200m 范围内的一切水果、蔬菜、粮食和水都不能吃

图 7－6　这是中毒柚子

图 7－7　湖南桂阳县宝山脚下炼铅的企业

图 7－8　浏阳市政府对 1200m 范围内的污染良田进行改造

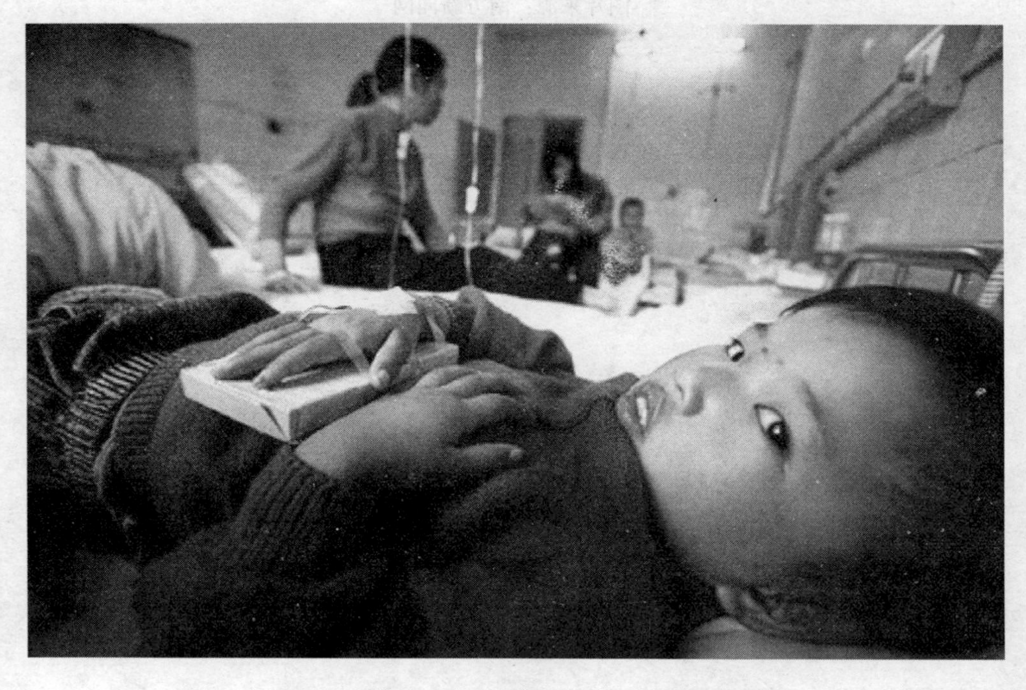

图 7－9　雷彗亭 4 岁，血铅超标，住在中医院治疗

图 7－10 桂阳县元山村小学因孩子血铅严重超标，很多孩子没能到学校上课
图片来源：南方新闻网

第八章 农药环境污染预防生物技术

【知识目标】

1. 掌握生物农药的概念、分类及其特点。
2. 了解 BT 杀虫剂的作用机理。
3. 掌握植物源生物化学农药的作用方式。
4. 熟悉 1 ~ 2 种动物体农药及其生物预防技术。
5. 了解农用抗生素的概念、种类。

【能力目标】

1. 能对生活中接触到的农药进行简单的归类。
2. 能辨识 1 ~ 2 种动物体农药。
3. 能利用生物农药的作用机理处理环境问题。

农药是现代农业生产不可缺少的生产资料，在防治农作物病虫害、草害及保护森林草地资源、农产品储存等方面发挥着积极作用。但是，农药的过量使用会造成环境的污染，给人类带来严重的危害。尤其是化学农药的高毒、高残留引起的环境污染、人畜中毒等负面影响，已日益受到世人的普遍关注。因此，如何解决农药的高投入与环境和谐发展相协调的矛盾，阻断、预防农药造成的环境污染，成为当今环境生物技术研究领域的一项重要内容。生物农药具有对环境友好的功能，发展以生物技术为核心的生物农药则是预防农药环境污染的重要手段。本章将重点围绕生物农药进行环境污染预防生物技术的论述。

第一节 农药环境污染与生物农药概述

一、农药环境污染及生物农药开发

我国是农业大国，同样也是农药大国，农药使用量大面广，农药污染问题日益突出。主要表现在长期使用大量的农药造成的面污染，农药生产企业“三废”排放不达标造成的环境污染，以及农药残留造成的农产品污染等。

造成土壤污染的农药主要来源有：农田农药使用；农药生产、加工过程中的废液排放；农药气体沉降以及农药运输过程中的泄漏。土壤是农药在环境中的“储藏库”与“集散地”，由于利用率低，施入土壤的农药大部分残留于土壤中。农药在土壤中残留期长短与农药性质有关，有很多化学性质的农药在土壤环境中是十分稳定的，如有机氯农药、DDT、氯丹、七氯艾氏剂、狄氏剂等很难被降解。我国20世纪60年代曾广泛使用的含汞、砷农药，目前在许多地区土壤中仍有残留，造成重金属污染难以恢复。农药残留会改变土壤的物理性状，造成土壤结构板结，导致土壤退化、农作物产量和品质下降。长期受农药污染的土壤还会出现明显的酸化，土壤养分（P_2O_5、全N、全K）随污染程度的加重而减少。具有毒性的农药在土壤里大量积累，会导致区域环境的严重破坏，进而给人、畜带来极大的危害。

对大气、水环境造成污染的农药，主要来自农药生产企业排出的废气废水、农药喷洒时的扩散或随雨水、灌溉水向水体迁移，残留农药的挥发，大气中残留农药和农药使用过程中的飘移沉降及施药工具和器械的清洗等。残留农药会随着大气的运动而扩散，使污染范围不断扩大。如有机氯农药，进入到大气层后传播到很远的地方，对其他地区的作物和人体健康造成危害。对水体的污染最主要的是农田农药流失。农药除污染地表水体以外，还使地下水源遭受严重污染。根据有关监测资料分析，我国70%以上的农业灌溉河流遭受到污染，30%的湖泊和沿海发生水体富营养化，20%的耕地遭受到污染。农药污染后极难降解，易造成持久性污染，若被当作饮用水源，会导致污染物沿食物链污染，对食品质量和人身健康安全构成威胁。

大量使用农药除了对土壤、大气和水环境造成污染，还会导致农产品中农药残留高，造成农产品污染。据农业部最新调查，我国农畜产品中农药污染物的污染程度之高令人触目惊心。34个省市自治区的农药残留超标率高达47.5%，总超标产量达1650万吨。其中蔬菜类超标率达35.1%，蛋类达33.1%，水果类达18.7%，肉类达17.6%，粮食达17.6%，奶类达6.2%。由于食物链的富集作用，起始浓度不高的农药会在生物体内逐渐积累，愈是上面的营养级，生物体内农药的残留浓度愈高。而人处于食物链的终端，因此受到的危害最为严重。全世界每年农药中毒100万人，死亡20万人。我国投放自然界农药总量已达8000万~1亿吨。每年中毒人数已占世界同类中毒事故50%左右。

现代农业发展离不开生物技术的进步，生物安全已成为全球关注的热点，人们越来越注意农业生产的可持续发展及人与环境的协调，符合环保、健康、持续发展理念的高效、无毒、无残留、与环境相容性的生物农药跃居当今农药研发和应用市场的首位，受到世界各国的高度重视。我国政府在政策上也对生物农药的研发与应用给予了极大的扶持，大大加快了我国生物农药的研发和应用进程。

二、我国生物农药的发展历程

我国生物农药的研究起始于 20 世纪 50 年代初，至今已近 60 年的历史。其发展历程大致可分为三个阶段。

1. 起始

从 20 世纪 50 年代初到 70 年代末，是我国生物农药的起始阶段，这个时期主要是仿制国外成果或直接引进生物农药，开发成功了一批生物农药品种，奠定了我国生物农药发展的基础。

我国于 1959 年从苏联引进苏云金芽孢杆菌（*Bacillus thuringiensis*）杀虫剂，简称 Bt 杀虫剂，1965 年在武汉建成国内第一家 Bt 杀虫剂工厂，开始生产 Bt 杀虫剂。农用抗生素方面仿制日本的研究成果，先后筛选获得灭瘟素、春雷霉素、多抗霉素、井冈霉素的产生菌，并投厂生产出农用抗生素产品，为我国农用抗生素的发展奠定了坚实的基础。1970 年，国务院发布文件要求“积极推广微生物农药”，生物农药迎来了自己的第一个春天。井冈霉素杀菌剂的研制成功，开辟了农用抗生素生物农药的第一个里程碑。

2. 平稳发展

从 20 世纪 80 年初到 90 年代中期，国家开始重视生物农药的研发工作，生物农药发展进入一个相对规范、平稳的发展阶段。

1984 年国家恢复农药登记管理制度，对生物农药进行了重新登记注册，正式登记了生物农药品种有 9 个，到 1995 年底又临时登记了 10 个品种，规范了生物农药的生产、布点和应用，使生物农药进入了一个相对稳定的发展阶段。同时国家也开始重视生物农药的研究，将生物防治的研发列为国家“七五”、“八五”攻关课题，为后来诸多生物农药新品种的研发成功和商品化，做出了积极贡献。特别是 1992 ~ 1994 年农业生产中的主要害虫棉铃虫大发生，以从美国引进的苏云金杆菌制剂在防治该害虫中起到了重要的作用，年产 Bt 制剂量由 1991 年的 3500t，发展到 1994 年的 3 万吨，使 Bt 成为活体微生物农药的最大品种；其研究成果获得国家科技进步二等奖。随后研制成功阿维菌素品种，成为农药杀虫剂的最好品种之一，继井冈霉素之后开创了农用抗生素生物农药的第二个里程碑。

3. 快速发展

从 1996 至今，生物农药产业化发展迅速，生物农药进入了快速、健康的发展阶段。

1994年我国将生物农药研制和环境保护列入《中国21世纪议程》白皮书，农业部专门成立了中国绿色食品发展中心，从政府角度规范绿色农业的发展，同时制定了AA级绿色食品生产中应用生物农药防治病虫草害的标准，促进了生物农药的发展。同时科技部将生物农药列入国家“九五”攻关课题和863计划中，并提出了产业化的要求，进一步加快了生物农药商品化的步伐，中国生物农药的发展呈现出蓬勃发展的景象。目前，已有30余家的研究机构，500多名研发人员，50多个登记品种，约200家的生产企业，年产量已接近10万吨。中国已成为世界上最大的井岗霉素、阿维菌素、赤霉素生产国，以上品种成为生物产业中的领军产品，Bt、农用链霉素、农抗120、苦参碱、多抗霉素和中生霉素等产业化品种成为生物产业的中坚。

知识链接

绿色农业是广义上的“大农业”，包括：绿色动植物农业、白色农业、蓝色农业、黑色农业、菌类农业、设施农业、园艺农业、观光农业、环保农业、信息农业等。在具体应用上我们一般将“三品”，即无公害农产品、绿色食品和有机食品，合称为绿色农业。加入WTO后，国际市场对农产品的高品位、高质量、优品种和无毒无害无污染农产品的要求中国必须走绿色农业发展之路。

三、生物农药的定义、分类及特点

传统意义上的生物农药就是指“微生物农药”。后来，随着生物农药性质和范畴的变化，其概念发展为“相对于化学农药而言的天然资源的生理活性物质”。广义概念中还包括按天然物质的化学结构或类似衍生结构人工合成的农药。目前，现代生物农药的概念已扩展为：用来防治病、虫、草等有害生物的生物活体及其代谢产物和转基因产物，并制成商品的生物源制剂，包括细菌、真菌、病毒、线虫植物、昆虫天敌、农用抗生素、植物生长调节剂和抗病虫草害的转基因植物等。

生物农药的分类因分类依据的不同而异，一般按照来源把生物农药分为生物体农药和生物化学农药两类，其中生物体农药又分为植物体农药、动物体农药、微生物体农药；生物化学农药又分为植物源生物化学农药、动物源生物化学农药、微生物源生物化学农药等，如图8－1所示。

各种化学农药都具有高毒性、不易分解的共性，生物农药相对于化学农药，具有以下优点。

①专一性强，对非靶标生物相对安全。化学农药在杀死害虫的同时，也杀死了害虫的天敌。生物体农药均是活体生物，若不考虑生态因素，则其对非靶标生物几乎无影响。

②对环境安全。生物农药均是天然存在的活体生物或化合物，故在环境中

会自然代谢，或者生物农药进入生物圈后，极易被阳光、微生物分解，因而不会在环境中残留。

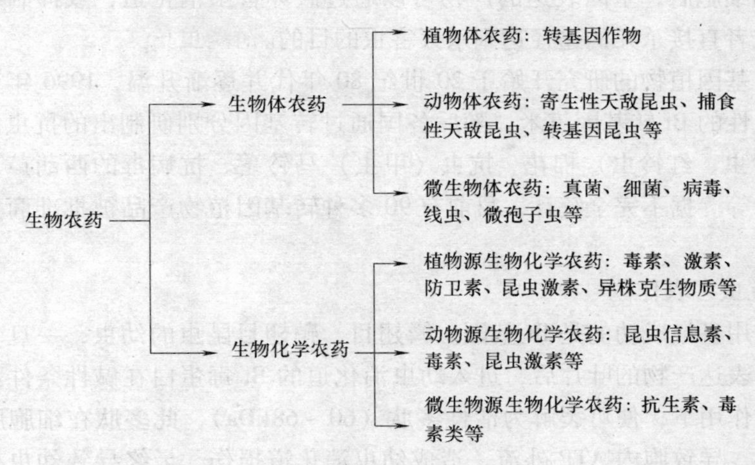

图 8－1　生物农药分类

③多种成分和因素发挥作用，害虫和病菌难以产生抗药性。生物农药是依靠内毒素在昆虫中肠细胞发挥作用，因而较难产生抗性。

④生物农药的制备可以利用可再生的农副资源生产加工，符合可持续发展目标。

此外，生物农药还具有如下缺点。

①在病虫草害防控方面，大多数生物源农药作用缓慢，在遇到有害生物大量发生迅速蔓延时往往不能及时控制；作用时受环境因素影响较大，特别是光、温、湿等。

②在产品制备上，多数天然产物化合物结构复杂，不易合成或合成成本太高；活性成分稳定性差，易分解，制剂成分复杂，不易标准化；植物的采集具季节性等且分布存在地域性，加工场地的选择受多种因素限制。

③有些生物源农药毒性也较高。

第二节
生物体农药

生物体农药是指用来防除病、虫、草等有害生物的商品活体生物，主要包括植物体农药、动物体农药和微生物体农药。

一、植物体农药

植物体农药是利用作物本身作为载体，经基因修饰或重组而开发为农药，主要是指转基因植物。把能编码杀虫、抗病毒以及抗除草剂活性物质的基因转移入植物细胞后，基因表达的产物可以通过破坏害虫消化道，或抑制害虫生长发育，或者直接杀死的途径达到杀灭害虫的目的。

对转基因植物的研究开始于20世纪80年代并逐渐升温，1996年美国推出具有抗虫性的Bt转基因玉米，随后各国通过转基因分别研制出的抗虫大豆、抗虫（棉铃虫、红铃虫）棉花、抗虫（甲虫）马铃薯、抗病毒的西葫芦、抗除草剂的玉米等。据不完全统计，目前有90多种转基因植物产品被批准商业化生产应用。

1. 抗虫害农作物

最常用且最成功的是Bt基因。鳞翅目、鞘翅目昆虫的幼虫，一旦食用了含有该基因表达产物的叶片后，进入幼虫消化道的Bt毒蛋白在碱性条件和特异性蛋白酶的作用下，便可裂解为活性多肽（60～68kDa），此多肽在细胞膜上形成离子通道，导致胞内ATP外流，造成幼虫消化道损伤，最终导致幼虫死亡。抗虫转基因棉花是抗虫害农作物应用最成功的例子。目前我国有370万公顷转基因棉花（占66%），比2003年增加了32%，占全球转基因农作物种植面积总数的5%。

2. 抗病毒农作物

1986年将烟草花叶病病毒外壳蛋白基因转移入烟草后，人类便获得了第一种抗病毒转基因植物。病毒外壳蛋白基因导入宿主细胞后，可以产生出该病毒的外壳蛋白，诱导转基因植物对相应的或相近的病毒产生抗性。目前已有一些抗病毒农作物进行了大面积的种植生产，比如中国的转抗病毒基因烟草、西红柿和甜椒；美国的转抗病毒基因马铃薯、西葫芦、番木瓜等。

3. 抗除草剂农作物

把抗除草剂基因转移入农作物中，使农作物获得抗除草剂能力。这时若施用除草剂，就可以有选择的除掉杂草，而农作物却可以免受伤害。目前，已有水稻、玉米、棉花、大豆、油菜、甜菜等抗除草剂农作物进入商品化生产。

二、动物体农药

动物体农药主要是指商品化的天敌昆虫和捕食螨，以及采用物理或生物技术改造的昆虫等。根据防治方式，动物体农药分为寄生性、捕食性和转基因天敌昆虫三类。

1. 寄生性天敌昆虫

寄生性天敌昆虫生活史的一个时期或终生附在寄主各虫态的体内或体表，以害虫的体液或内部器官为食维持生存。虫体较寄主为小，一般仅利用一个寄主完成其发育过程，成虫期大多自由生活。寄生性天敌昆虫的种类也很多，隶属于双翅目、膜翅目、鞘翅目、鳞翅目、捻翅目等。其中以双翅目和膜翅目中的寄生性昆虫（如赤眼蜂、小蜂、寄生蝇等）在生物防治上的利用价值最大。

（1）赤眼蜂　赤眼蜂（*Trichogramma dendrolimi*）属膜翅目小蜂科，是自然界一类寄生性天敌，常见的有玉米螟赤眼蜂、松毛虫赤眼蜂、螟黄赤眼蜂、拟澳洲赤眼蜂、广赤眼蜂、稻螟赤眼蜂等20多种。该种天敌昆虫可将卵产在松毛虫、玉米螟等害虫的卵粒内，并以它们为食料导致其死亡。通过人工释放，可起到消灭松毛虫、玉米螟等害虫的作用，并且持效期长。能够在当地越冬的赤眼蜂，第二年以后仍然会起到控制害虫作用，长期维持着对害虫的防效。

在卵寄生蜂中，赤眼蜂是研究最多和应用最广的类群，对防治粮食、棉花、果树、蔬菜和林木的多种害虫都有效果。中国的赤眼蜂以松毛虫赤眼蜂、玉米螟赤眼蜂、拟澳洲赤眼蜂、稻螟赤眼蜂等最为常见。

知识链接　以防治玉米螟为例，常用的防治玉米螟的赤眼蜂是松毛虫赤眼蜂，它是人工释放赤眼蜂寄生玉米螟最高的蜂种。一般在玉米螟成虫产卵始期，向田间人工释放赤眼蜂，赤眼蜂将卵产在玉米螟卵内，使虫卵不能孵化成幼虫，达到防治玉米螟的目的。释放于田间的赤眼蜂在经过10～12d后，子代蜂羽化后，继续寻找新的玉米螟卵寄生，一般子代赤眼蜂在田间控制玉米螟的作用能到9月份。成虫产卵初期是赤眼蜂防治的最佳时期。应根据当地越冬代幼虫的羽化进度和虫情调查情况，做出放蜂计划，确定释放赤眼蜂最佳时期，保证蜂卵相遇（图8－2）。

图8－2　赤眼蜂产卵寄生（摘自百度文库《有害生物综合治理》）

（2）丽蚜小蜂　丽蚜小蜂（*Encarsia formos*）属膜翅目蚜小蜂科。主要分布在热带和亚热带地区，是温室白粉虱的专性寄生天敌昆虫。我国在20世纪80年代从国外引进该技术，现已研究形成了一套完整的繁殖技术，实现了工厂化生产，在部分省份和地区得到了应用。

（3）周氏啮小蜂　白蛾周氏啮小蜂（*Chouioia cunea* Yang.）是最先发现于美国白蛾蛹内的内寄生天敌昆虫。它寄生率高、繁殖力强，对美国白蛾等鳞翅目有害生物“情有独钟”，能将产卵器刺入美国白蛾等害虫蛹内，并在蛹内发育成长，吸尽寄生蛹中全部营养，素有“森林小卫士”之美誉。

白蛾周氏啮小蜂为寄蛹生蜂，蜂身长仅1mm，无蜂针，不攻击人，由专门实验室进行人工培育，白蛾周氏啮小蜂被培育在酷似“蚕蛹”的硬壳内，外部被一只比鸡蛋略小以特殊材料制成的壳所包裹。培育期间，将其悬挂在树干2m处，当蜂体成熟时，它们会从“鸡蛋外壳”上的一个一分钱硬币大小的开口处破蛹而出。然后，这些“天兵天将”将会依循本能寻找并侵入美国白蛾或者其他蛾类的蛹，在蛹的内部定居并繁衍后代，从而达到消灭美国白蛾的目的。

知识链接 美国白蛾是举世瞩目的世界性检疫害虫，主要危害果树、行道树和观赏树木，尤其以阔叶树为重。自1979年首次在辽宁丹东发现美国白蛾后，特别是近几年，已对我国大部分地区园林树木、经济林、农田防护林等造成严重的危害。目前已被列入我国首批外来入侵物种。

白蛾周氏啮小蜂由中国林科院杨忠岐研究员定名，是防治美国白蛾的特优天敌。目前已在北京、天津、大连、烟台、青岛、秦皇岛和长春市建立了7个年繁殖6亿~10亿头白蛾周氏啮小蜂繁蜂中心，得到大面积推广（图8-3）。

图8-3 美国白蛾和周氏啮小蜂（摘自百度文库《有害生物综合治理》）

（4）寄生蝇 寄生蝇（tachinid fly）属双翅目寄蝇科。其成虫像一般的苍蝇，但身体较粗壮，身上有很多刚毛。有灰褐色或黑色。成虫取食花蜜，常产卵在蛾蝶类幼虫体上，卵具黏性。幼虫孵化后，钻入虫体，吸食体液，有的卵产在植物叶上，害虫取食进入肠道寄生、有的直接将卵产入害虫体内取食，在害虫未死之前幼虫已发育成熟破体而出，于寄主体外或土中化蛹。寄生蝇繁殖力强，一生能产数千粒卵或幼虫。

在防治害虫方面，寄生蝇尤其是对毛虫和甲虫幼虫有重要意义。例如，夏威夷引入新几内亚象甲寄蝇（*Ceromasia sphenophori*）使当地蔗象甲数目大减；马来亚寄蝇（*Ptychomyia remota*）则控制住斐济的椰青红斑蛾；灰中寄蝇（*Centeter cinerea*）也引入美国控制日本丽金龟（图8-4）。

2. 捕食性天敌昆虫

捕食性天敌昆虫其幼虫和成虫通常都是肉食性的，虫体一般较它的猎物为大，在发育过程中要取食多个猎物。捕食性天敌昆虫种类很多，主要隶属于蜻蜓目、啮虫目、螳螂目、长翅目、半翅目、广翅目、脉翅目、蛇翅目，鞘翅目、双翅目等10余个目。常被利用的捕食性天敌有：瓢虫、草蛉、蜻蜓、虎甲、步甲、植绥螨、蜘蛛、食蚜蝇、螳螂、胡蜂、食虫虻、猎蝽等。这些天敌昆虫在自然界中能捕食大量害虫，许多种类已被应用于害虫防治中，如在麦田内当瓢蚜比达1:（80～100）时，可不需施用药剂防治麦蚜；利用黄京蚁防治柑橘害虫，利用大红瓢虫防治吹棉蚧，利用草蛉防治棉铃虫等都取得了较好的效果。

图8-4 寄生蝇
（来源：百度图片）

（1）瓢虫 瓢虫属鞘翅目，瓢虫科。主要捕食蚜虫、介壳虫、粉虱和叶螨，有的还捕食鳞翅目昆虫的卵和低龄幼虫，取食对象具有一定的选择性。

七星瓢虫是我们最为熟知的捕食性天敌昆虫，在我国各地广泛分布。20世纪70年代在黄河下游已开始用助迁法防治棉花和小麦蚜虫，90年代开始人工繁殖，并用于生产。上海昆虫研究所曾进行过应用龟纹瓢虫防治温室蔬菜蚜虫的实验。在生产茄子的塑料大棚里，每星期释放数百头瓢虫成虫，较长时间有效地控制了蚜虫的增长。并且在现代化自控温室内，也进行了类似的试验，发现即使在蚜虫密度很低的情况下，瓢虫的成虫也能产卵繁殖，并能在温室内完成整个世代的发育，为温室作物害虫的生物防治展示了良好的前景（图8-5）。

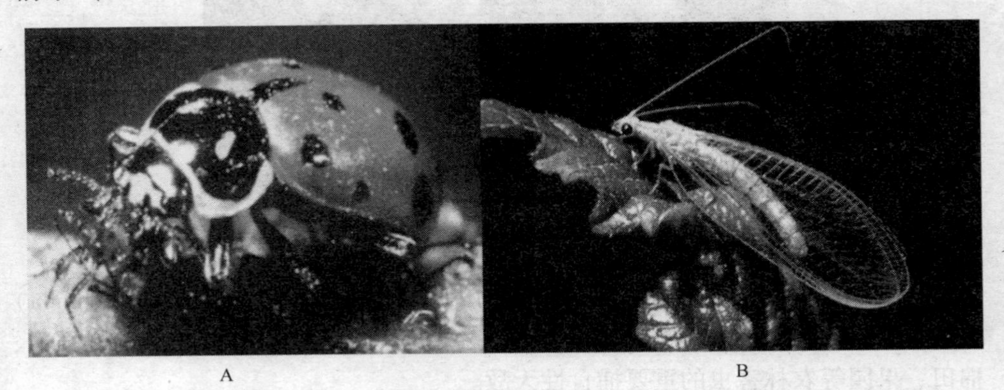

A B

图8-5 瓢虫（A）和草蛉（B）成虫（摘自百度文库《有害生物综合治理》）

（2）草蛉 草蛉（*Green lacewing*），属脉翅目草蛉科。草蛉科现已知有90

属，1400 余种，广布世界各地。我国草蛉种类和数量均很丰富，已记载 18 属共 109 种，绝大部分属于草蛉亚科。

草蛉是脉翅目草蛉科天敌昆虫，可捕蚜虫、粉虱、蚧类、叶螨及多种鳞翅目害虫幼虫及卵，抗逆性和捕食能力强，自然分布区域广。20 世纪 70 年代我国研究出人工培育方法，80 年代用于防治棉铃虫、棉小造桥虫、棉叶螨、棉蚜、玉米螟、山楂叶螨、柑橘全爪螨、白粉虱等。属广食性天敌昆虫。

（3）捕食螨　螨类属于节肢动物门，蛛形纲，蜱螨目。螨类的生殖方式有两性生殖、孤雌生殖和卵胎生，其发育一般要经过卵、幼虫、第一若虫、第二若虫、成虫等发育阶段。螨类的生长、发育与外界环境条件关系密切，平均寿命一般不超过 1 年。

捕食螨具有发育历期短、食物范围广、捕食量大的特点，因此，利用捕食螨防治害螨有很多有利条件。目前，国际上胡瓜钝绥螨主要被应用于温室中的作物，或作为黄瓜、辣椒的害虫蓟马的控制物，或在温室中防治草莓害螨。我国已将其成功应用于露天大田和果园中（图 8－6）。

图 8－6　捕食螨捕食红蜘蛛（摘自百度文库）

（4）农田蜘蛛　农田蜘蛛属节肢动物门（Arthropoda）蛛形纲（Arachnida）蜘蛛目（Araneida），肉食性，喜食活食，主要食物为昆虫，捕食量大，是稻田、棉田、果园等农林害虫的重要捕食性天敌。

中国的蜘蛛估计有 3000 余种，现已知 1500 余种。这些蜘蛛的 80% 左右可见于农田、森林、果园、茶园和草原之中，成为这些生态系统中重要组成部分和害虫的重要天敌。

（5）其他捕食性天敌

①半翅目捕食性天敌 花蝽科（Anthocoridae）、蝽科（Pentatomidae）、盲蝽科（Miridae）、姬猎蝽科（Nabidae）等。如小花蝽，为半翅目花蝽科捕食性天敌昆虫，可捕食蚜虫、蓟马、叶螨、粉虱等害虫及鳞翅目幼虫和卵。该虫广分布于世界各地，已知80余种，我国已知11种。在我国小花蝽的优势种为东亚小花蝽（*O. sauteri*）、南方小花蝽（*O. similis*）和微小花蝽（*O. minutus*）。目前，我国已将小花蝽人工生产商品化，剂型为带卵的豆苗，用于防治果园害螨及温室白粉虱。

②鞘翅目捕食性天敌 主要有步甲科（Carabidae）、虎甲科、隐翅虫科（Staphylinidae）等。如利用步甲科的凹翅宽颚步甲防治美国白蛾、利用印度长颈步甲和青翅蚁形隐翅虫对稻纵卷叶螟进行生物防治等。

③双翅目捕食性天敌 主要有食蚜蝇科（Syrphidae）、瘿蚊科（Cecidomyiidae）等。如食蚜瘿蚊（*Aphidoletes aphidimyza*），属双翅目瘿蚊科天敌昆虫，可以取食60多种蚜虫，我国新疆、陕西、宁夏、河北、河南、山西、山东、湖北、福建、黑龙江等地均有自然分布，在害虫生物防治、维持生态平衡中发挥很大作用。20世纪80年代，中国农业科学院开始研究其人工培育技术，并进行了生产示范，在温室中防治蚜虫收到了显著效果。

④其他目捕食性天敌 其他目的捕食性天敌还有缨翅目的蓟马科，螳螂目的螳螂科，膜翅目的胡蜂，直翅目的螽斯等。比如我国已发现7种捕食性蓟马，可捕食蚜虫、红蜘蛛、粉蚧、食叶蓟马、木虱等小型昆虫。

3. 转基因昆虫

利用转基因昆虫防治害虫是害虫基因防治方法之一，它是利用遗传工程方法，将能够防治病虫害的基因转入昆虫体内，形成转基因昆虫。国外很多科研机构对天敌昆虫或害虫进行生物技术改造取得了良好的效果，如研究出了带抗有机磷农药基因的工程益螨（*Mataseiulus occidentalis*），还有将昆虫显性不育基因导入害虫雄虫体内培育出不育雄虫，效果也不错。但由于转基因生物安全问题，目前转基因昆虫在实际应用上还很少。

三、微生物体农药

微生物体农药是指用来防治有害生物的活体微生物。分为三类，即真菌类、细菌类和病毒类。真菌类生物农药，一般是利用农业有害生物的致病真菌，如白僵菌、绿僵菌、毒力虫霉（防治蚜虫的蚜霉菌）和蜡蚧轮枝菌（防治白粉虱）等。细菌类，Bt是最负盛名的细菌类农药品种，但它的真正杀虫成分并不是细菌，而是细菌的产物。病毒类，主要用来控制动物，如核多角体病毒（NPV）和颗粒体病菌（GV）以及细胞质多角病毒（CPV）。用来控制植物的病毒，目前还没有得到开发。

1. 真菌杀虫剂

真菌杀虫剂在微生物杀虫剂中所占种类最多，目前已发现100多属，800多种真菌能寄生于昆虫和螨类，导致发病和死亡，约占昆虫病原微生物种类的60%以上，寄生范围很广，但开发成杀虫剂的不多，其中以白僵菌、绿僵菌、拟青霉菌的应用面积最大。

（1）白僵菌　白僵菌（*Beauveria bassiana*）是一种广谱性寄生真菌，广泛地使昆虫致病，由该菌引起的病占昆虫真菌病约21%，能侵染鳞翅目、鞘翅目、直翅目、膜翅目、同翅目的众多昆虫及螨类。用白僵菌生产杀虫剂的原料、工艺都与苏云金芽孢杆菌杀虫剂生产大同小异，也可用深层液体好氧培养或固体培养。该杀虫剂防治松毛虫、玉米螟、大豆食心虫、高粱条螟、甘薯象鼻虫、马铃薯甲虫、果树红蜘蛛、枣黏虫、茶叶毒蛾、稻叶蝉、稻飞虱等农林害虫效果较显著。

知识链接　白僵菌接触虫体感染，适宜条件下其分生孢子萌发，分泌几丁质酶，溶解昆虫表皮，侵入体内增殖，并分泌毒素（白僵菌素）和草酸钙结晶，破坏寄主的组织，使代谢机能紊乱，最后因虫体上生出白色的棉絮状菌丝和分生孢子梗及分生孢子，整个虫体水分被菌吸收变成白色僵尸，菌因此而得名（图8－7）。

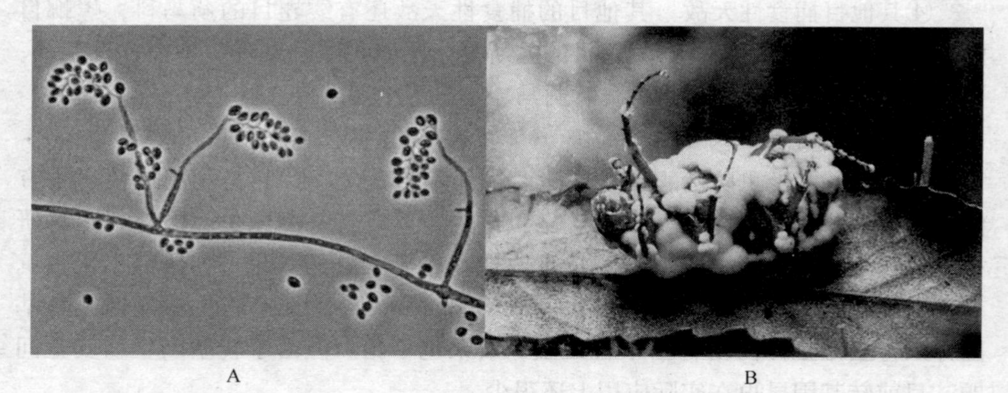

A　　B

图8－7　白僵菌分生孢子梗及分生孢子（A）和白僵菌侵染昆虫的死亡症状（B）

（2）绿僵菌　绿僵菌（*Metarrhizium anisopliae*）制成的杀虫剂也是一种广谱真菌杀虫剂，它侵染昆虫的途径、致病机理和生产方式都与白僵菌杀虫剂相似，通过对害虫皮肤侵染，使分生孢子在昆虫体表萌发，并借芽管侵入体内，从而使昆虫被感染。但要求的培养温度、湿度较严格。该菌剂防治斜纹夜蛾、棉铃虫、地老虎、金龟子等害虫，效果较好。广东省林科院从澳大利亚引进对白蚁有很好杀虫作用的绿僵菌菌株，经室内毒力测定，杀虫效果达95%以上，林间大面积试验，桉树苗存活率提高 11.5% ~31.6%，防治成本比其他药剂降低 20% ~50%，作用明显。

（3）拟青霉菌　拟青霉菌属于内寄生性真菌，是一些植物寄生线虫的重要天敌，能够寄生于卵，也能侵染幼虫和雌虫，可明显减轻多种作物根结线虫、胞囊线虫、茎线虫等植物线虫病的危害。可寄生半翅目的荔枝蝽象、稻黑蝽，同翅目的叶蝉、褐飞虱，等翅目的白蚁，鞘翅目的甘薯象鼻虫以及鳞翅目的茶蚕、灯蛾等。有报道研究了淡紫拟青霉菌对植物病原菌的拮抗效能，指出淡紫拟青霉菌对玉米小斑病、小麦赤霉病、黄瓜炭疽病菌、棉花枯萎病和水稻恶苗病等病菌菌丝生长抑制作用显著。

2. 细菌杀虫剂

细菌杀虫剂是利用对某些昆虫有致病或致死作用的杀虫细菌制成的，用于防治目标昆虫的生物杀虫剂。目前，已被开发成产品投入实际应用的主要有：苏云金芽孢杆菌（Bt）、日本金龟子芽孢杆菌（*B. popilliae*）、球形芽孢杆菌（*B. sphaericus*）和缓病芽孢杆菌（*B. lentim orbus*）。

其中苏云金杆菌 Bt 是目前世界上研究最多，产量最大的微生物杀虫剂，Bt 和它所产生的毒素能杀死 150 种鳞翅目害虫，广泛用于农、林、卫生害虫的防治：如菜粉蝶、小菜蛾、棉铃虫、粉纹夜蛾、玉米螟、三化螟、稻苞虫、松毛虫、云杉芽卷叶蛾等。下面着重介绍苏云金杆菌（BT）。

（1）BT 的作用机理　苏云金杆菌产生的毒素主要是伴孢晶体，又称 δ - 内毒素。它是一种蛋白质晶体，完整的伴孢晶体并无毒性，当它被敏感昆虫的幼虫吞食后，在肠道碱性条件和酶的作用下，伴孢晶体能水解成毒性肽，毒性肽分子质量大小依变种的不同而不同。对伴孢晶体毒素敏感的昆虫种类主要有鳞翅目、双翅目和鞘翅目的幼虫，但并不是这三目中的所有种都敏感。当敏感幼虫吞食含伴孢晶体和芽孢的混合制剂后，在肠道中被水解产生的毒性肽很快发生毒性，幼虫停止取食，麻痹，进一步作用使中肠的上皮细胞遭受破坏，芽孢侵入血腔，并在那里萌发和繁殖，使幼虫患败血症，同时肠液也进入血腔使血液 pH 上升（6.8 ~8.0），幼虫全身瘫痪，虫体软化、腐烂、发黑，最终死亡。

一些苏云金杆菌的变种还可分泌一种水溶性的苏云金素，又称 β - 外毒素，由于它能忍耐 121℃（15min）的高温和对家蝇幼虫有毒性，故又称热稳定外毒素或蝇毒素。苏云金素是广谱毒素，对较多目的昆虫有毒性。此外，苏云金杆菌还可产生卵磷脂酸 C、几丁质酶、叶蜂毒素等多种有毒效的成分（图 8 -8）。

（2）Bt 杀虫剂的生产与应用　苏云金杆菌杀虫剂的生产，可以用深层液体（或固体）好氧发酵，相对于生产抗生素、氨基酸、维生素等的发酵工艺要简易、粗放得多。后处理也较容易，液体发酵一般是用发酵液喷雾干燥，或将发酵液制成液体制剂，固体发酵更为简便，大都是发酵后，即进行干燥、粉碎、

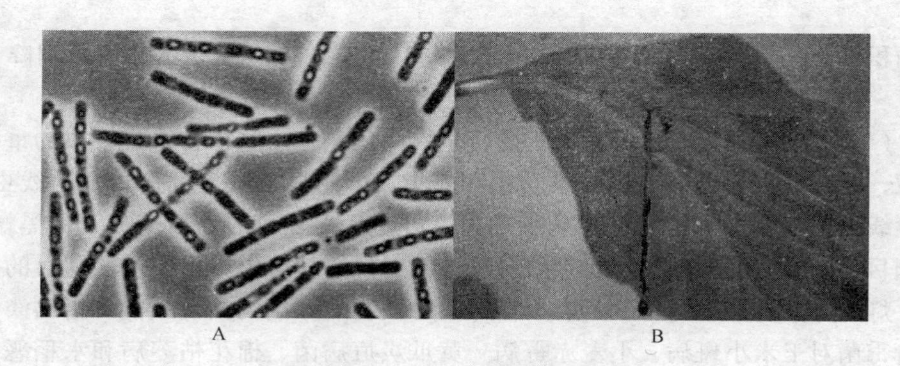

图 8-8　BT 的孢子囊（A）和致鳞翅目幼虫死亡症状（B）

检验、产品。

苏云金杆菌制剂的使用，可以喷雾、喷粉、泼浇，也可制成毒土或颗粒剂。在农林、贮粮和环卫害虫中，应用苏云金杆菌制剂防治菜青虫、小菜蛾、稻苞虫、稻纵卷叶螟、棉造桥虫、玉米螟、茶毛虫、烟青虫、松毛虫、避债蛾、银度谷螟、米蛾、蚊等，已取得显著效果。

知识链接　农村还可推广家庭室内地面固体发酵法生产 Bt 杀虫剂，其要点是：将麦麸 70%，黄豆饼粉 20%、谷壳 9%、碳酸钙 1%，加水，干料：水 = 1:(0.8~1.2)，用熟石灰水调 pH9 左右，培养基的含水量以手捏成团，触之能散为宜。培养基所用原料可因地制宜，如米糠、棉籽饼粉、花生饼粉、玉米粉等制备培养基。用蒸煮法灭菌培养基后，接种 Bt 菌种，将其松散地摊放在垫有一层塑料薄膜的室内地面上，培养基厚 1cm 左右，上面也罩以塑料薄膜，使发酵温度自动控制在 25~32℃ 为宜，48h 左右，可获得含活芽孢数约 100 亿个/g 的 Bt 杀虫剂，即可用于棉田、蔬菜、瓜果、森林等防治害虫。

（3）其他细菌杀虫剂　其他细菌杀虫剂主要有乳状芽孢杆菌、青虫菌和球状芽孢杆菌。

①乳状芽孢杆菌（*B. popilliae*）是由金龟甲幼虫专性寄生病原细菌的活体培养、加工而成的细菌杀虫剂。也就是该菌经口进入金龟甲幼虫蛴螬体内，于中肠萌发，在血淋巴中大量繁殖并破坏各种组织，使虫体充满菌体所形成的芽孢而死亡。此菌可在 50 多种金龟甲幼虫体内寄生。此菌在土中可保持数年的活力，是一种长效杀虫菌剂。由于金龟子芽孢杆菌只能在蛴螬体内形成大量孢子，在一般人工培养基上很少形成孢子，因而该杀虫剂的生产，目前仍主要是靠感染活蛴螬大量产生芽孢来进行。

②青虫菌（*B. galleria*）是包括许多变种的一类产晶体芽孢杆菌的细菌性杀虫剂，其为苏云金杆菌蜡螟变种经发酵、加工而成。该菌杀虫谱广，尤其对鳞翅目类害虫效果明显。残效期长，但作用慢，所以用时应提前几天。

③球状芽孢杆菌（*B. sphaericus*）由昆虫病原细菌的发酵产物加工而成的细

菌杀虫剂，该菌普遍存在于土壤和水体中。此菌对蚊子幼虫有毒杀作用，主要是由其伴胞晶体中的毒素蛋白使昆虫致死，毒素蛋白是由 51kDa 和 42kDa 两种蛋白组成，此毒素为二元毒素，只有这两种蛋白共同参与才具有杀蚊活性。球形芽孢杆菌杀蚊剂的生产工艺与苏云金芽孢杆菌杀虫剂的相似，已有批量产品，是有机磷杀虫剂的有效替代物。

3. 病毒杀虫剂

病毒杀虫剂是基于许多病毒能使害虫致病死亡，并且对人、畜和作物安全，杀虫作用具有流行性和可持续性而制作的。目前，已经分离出的昆虫病毒有 1600 多种，有些已被开发作为病毒杀虫剂。其中 60% 为杆状病毒的核多角体病毒，少数是颗粒体病毒。可引起 1100 种昆虫和螨类发病，可控制近 30% 的粮食和纤维作物上的主要害虫。生产上应用最多的是核型多角体病毒（NPV）和颗粒体病毒（GV），这两种病毒均以鳞翅目害虫为特异性寄主，昆虫病毒有高度的专一寄生性，通常一种病毒只侵染一种昆虫，而对他种昆虫和人无害，因此不干扰生态环境，安全性高，可长期保存，易于生产，并与化学杀虫剂具有相似的施用方法，因而作为优良的生物防治因子，得到重视和研究。

病毒杀虫剂发展较缓慢，原因之一就是病毒的增殖目前还是在活虫体中进行，昆虫的饲养、饲料的配制、工艺过程的自动化等较难控制和实现，人工合成饲料、组织细胞培养生产技术当前还是试验研究阶段。病毒杀虫剂另一些方面的不足，如：杀虫范围窄，一种杀虫剂仅针对一种或少数几种害虫；杀虫慢，需几天或十多天才见效；多受环境温度、阳光、气候的影响，毒力较低等。解决这些影响病毒杀虫剂发展的问题，方法也是多种多样的，但最重要的还是利用 DNA 重组技术改造和构建用于杀虫剂的病毒。

4. 其他微生物体农药

（1）芜菁夜蛾线虫　芜菁夜蛾线虫（*Steinernema feltiae*）是经人工培养扩繁而制成的活体线虫杀虫剂。又叫斯氏线虫、小卷蛾线虫，为低毒杀虫剂。

芜菁夜蛾线虫杀死害虫的机制是侵入幼虫或肾内进行繁殖，并带入一种共生细菌（嗜线虫无色杆菌）产生毒素，引起害虫产生败血症，发育受阻而死亡。一般只需 30～48h 就可杀死害虫。在天津、石家庄、兰州等地，应用这种线虫，防治白虹树钻蛀性害虫木蠹蛾幼虫取得成功，防治山楂树小木蠹蛾效果更好，解决了化学农药不便防治的难题。

（2）微孢子虫　微孢子虫（*Nosema locustae* Carrning）也叫蝗虫瘟药，是东亚飞蝗虫体经感染微孢子虫后养殖 35～40d，再集中死虫粉碎、过滤、浓缩制成，是专治蝗虫的生物农药。我国于 1985 年从美国引进微孢子虫，1990 年投入工业化生产，并作为杀蝗虫生物农药使用，取得了预期效果。

微孢子虫杀灭蝗虫的机制是在蝗虫体内繁殖使器官发育受阻，导致死亡。微孢子虫可侵染58种蝗虫、一种蟋蟀（*Gryllus* sp.）和摩门螽斯（*Amabrus simples*）。我国已查明东亚飞蝗、亚洲飞蝗等16种蝗虫，均可感染蝗虫微孢子虫病，为生物灭蝗提供了科学依据。

第三节 生物化学农药

生物化学农药是指从生物体中分离出的，具有一定化学结构的、对有害生物有控制作用的生物活性物质，若该物质可人工合成，则合成物结构与天然物质完全相同，但允许所含异构体在比例上的差异。生物化学农药包括植物源生物化学农药、动物源生物化学农药和微生物源生物化学农药。

一、植物源生物化学农药

1. 植物源生物化学农药的概念和分类

植物源生物化学农药，狭义上来讲，指直接利用植物产生的天然活性物质或植物的某些部位而制成的农药。广义概念还包括按天然物质的化学结构或类似衍生结构人工合成的农药。植物源生物化学农药主要包括植物源杀虫剂、植物源杀菌剂和植物源除草剂。

对害虫有拒食、内吸、毒杀、麻醉、忌避及一定生长抑制作用的植物提取物称为植物源杀虫剂。约有2400种植物具有控制害虫的生物活性，生物碱类是植物中最毒的成分，对昆虫具有毒杀、拒食和抗生活性。烟碱、藜芦碱、乌头碱、尼鱼丁等很早就已经使用。萜烯类国外已经商品化的有印楝素。萘醌和黄酮类代表种类有胡桃醌、类鱼藤醌、鱼藤醌、苦参素等。甾类有 Nic -1 和 Nic -2，光活化毒素和植物精油是植物源杀虫剂中两类独特的成分，光活化毒素在光照下对害虫的杀伤力成几倍甚至上千倍的提高。植物精油是一类分子质量较小的植物次生代谢物质，主要分为萜烯类、芳香族类、脂肪族类和含氮含硫化合物，其中茴芹油、香茅油、桉树油、天竺葵油、茉莉油、柠檬油、橘油等已经开始商品化。

植物提取物对病原微生物有杀灭活性的称为植物杀菌剂，据报道约有1400种植物提取物具有杀菌活性，在国外已被利用的植物源杀菌剂有抗菌素、类黄酮、特异蛋白、有机酸、酚类化合物，以及诱导产生的抗菌活性物质。

此外，植物源除草剂、植物源激素在国外也被广泛应用。黄花蒿素（artemisinin）是从黄花蒿中提取出来的一种半萜烯内酯类化合物，它是一种潜在的植物生长抑制剂。美国广泛应用从棉花根系分泌物中分离出的酯类物质独脚金盟素（strigol），用来防除大豆、豌豆、棉花上的独脚金。

2. 植物源生物化学农药的有效成分

（1）具有杀虫、驱避害虫作用的植物毒素　除虫菊素、鱼藤酮和烟碱是世界上最早的商品化农药，是最主要的植物杀虫剂。当代研究比较深入的杀虫植物毒素还有胡椒酰胺类化合物、尼鱼丁及其类似物、四氢呋喃脂肪酸类化合物、谷氨酸类似物、二氢沉香呋喃类化合物、三噻吩及炔类化合物。胡椒酰胺类化合物存在于菊科、胡椒科和芸香科等十几种植物中。尼鱼丁是从南美洲杀虫植物尼亚耶（*Ryania speciosa*）中分离的。四氢呋喃脂肪酸内酯是番荔枝科杀虫植物番荔枝和巴婆的主要有效成分。三噻吩（α-terthienyl）和呋喃乙炔（furanacetylene）主要从杀虫植物万寿菊（*Tsgetes patula*）中分离。三噻吩和呋喃乙炔对哺乳动物毒性低，但在光照下对昆虫却有强烈的杀虫活性，是典型的光活杀虫剂。二氢沉香呋喃类化合物，如苦皮藤素Ⅴ（celangulin Ⅴ）及雷公藤碱（wilfordine）等生物碱是卫矛科植物苦皮藤（*Celastrus angulatus*）和雷公藤（*Tripterygium wilffordii*）的主要成分，可有效地防治小菜蛾、菜青虫、黏虫、槐尺蠖等害虫。谷氨酸类似物软骨藻酸（domoic acid）和红藻氢酸（kainic acid）是从海藻 *Chondric armata* 及 *Digenia simplex* 分离的，具有强烈的杀虫活性。

从 *Warburgia* 属植物 *Stuhlmanii* 和 *Salutaris* 分离的化合物活乐木醛类及从印楝（*Melia azadirachta*）种核中分离的印楝素（azadirachtin），对昆虫有很高的拒食作用。辣蓼、鱼腥草、山柰、四季橘皮、芹菜籽、八角茴香、薄荷等对蚜虫及某些仓库害虫有很好的忌避效果，但在农业上至今未见有商品化应用。

（2）具有杀菌作用的植物毒素　Wilkins 和 Board 1989 年报道有 1389 种植物具有杀菌活性。大蒜素是人们熟悉的杀菌植物毒素。我国曾以大蒜素分子结构为模板，衍生合成了类似物乙酸素，并开发成功杀菌剂 402，用来防治甘薯黑斑病，小麦腥黑穗病及棉花苗期病害等。从抗稻瘟病的水稻植物中分离出一种含丙二酸叉结构的杀菌化合物，并以此为先导化合物开发出杀菌剂稻瘟灵。

（3）具有除草作用的植物毒素　具有除草作用的植物毒素有醌类、生物碱类、香豆素类、萜烯类等。比如最早发现具有杀草活性的醌类化合物是核桃醌（jaglone），它是从核桃中分离出来的，其活性很高，在 1μmol/L 浓度下即可明显抑制核桃园中多种杂草的生长。

（4）植物内源激素　这是一类植物产生的调节自身生长发育的非营养性微量活性物质。植物中的内源激素主要有乙烯、生长素（吲哚乙酸）、赤霉素、细胞分裂素和脱落酸。乙烯是一种最简单的内源性植物生长激素，具有落叶、催熟的功能。近年来又发现一类新的甾族植物芸薹素内酯（brassinolide），作为植物生长调节剂已大面积推广使用。亚细亚刚毛草激素是化学家们从谷物上分离出的一种激素，能够防除毁灭谷物最厉害的杂草——亚细亚刚毛草。但这些内源激素在植物中含量甚微，因此根据其化学结构衍生合成了植物生长调节剂如乙烯利，2,4-D、萘乙酸、玉米素（N_6-异戊烯腺嘌呤）等。

3. 植物源生物化学农药的作用方式

人类通过提取或合成这些成分施用到作物上，达到杀死、驱避、抑制害虫或病菌的作用。植物源生物化学农药的作用方式主要有以下方面。

（1）触杀和胃毒作用　植物次生代谢物质对害虫具有毒杀作用。如除虫菊素（pyrethrins）、鱼藤酮（rotenone）、烟碱（nicotine）等；包括由植物天然有效成分衍生合成的农药，如拟除虫菊酯类（pyrethroids）和氨基甲酸酯类（carbamates）两大类杀虫剂。

（2）拒食作用　植物活性物质能抑制昆虫味觉感受器而阻止其摄食。如从印楝素（azadirachtin）和从柑橘种子提取的类柠檬苦素（limonoids）都是高效拒食剂。

（3）引诱或驱避作用　植物活性物质对特定昆虫具有引诱或驱避作用，如某些香精油（如丁香油）可引诱东方果蝇和日本金龟，香茅油可驱避蚊虫。

（4）抑制生长发育、绝育作用　从藿香蓟属植物中提取的早熟素（prococene）具有抗昆虫保细长激素功能，现已人工合成出活性更高的类似物。玉米螟幼虫注射印楝素后，不能化蛹而成为“永久性”幼虫；鱼藤酮和鱼藤根丙酮提取物对菜青虫有很强的抑制蜕皮变态作用。印度菖蒲根部提取的β-细辛脑（β-asarone）能阻止雌虫卵巢发育；马尾松毛虫雄蛾与喜树碱药腊触10s后与正常雌蛾交配可引起不育。

（5）杀菌或抗菌作用　从茵陈蒿（*Artemisia capillaris Thunb*）中分离得到的茵陈素（capillin）对多种植物病原菌有杀菌作用；从一种刺桐（*Erythrina crista galli*）中提取的紫檀素（pterocarpans）是一种具有杀菌活性的物质；另外，烟草、鱼藤、雷公藤等植物的提取物能抑制某些病菌孢子的发芽和生长，或阻止病菌侵入植株。

（6）异株克生作用　植物产生的某些次生代谢物质，释放到环境中能抑制附近同种或异种植物的生长。它们有不同的作用机制，作为开发除草剂或植物生长调节剂的潜在资源，至今尚未实用化。

（7）增效作用　芝麻油中含有的芝麻素（sesamin）和由此衍生合成的胡椒基丁醚（piperonyl butoxzide）对杀虫剂有增效作用。

4. 主要的植物及其应用

（1）印楝　印楝（*Azadirachta indica* A. Juss）属楝科常绿乔木，主要分布于印度、缅甸及巴基斯坦等热带国家，是用于绿化及盐碱地造林的优良速生树种。根、皮、叶和果均可入药，特别是种子可加工提取多种活性物质，是制造高效、广谱、纯生物性农药的重要原料，被誉为“绿色黄金”（图8-9）。

图 8－9　印楝树（来源：百度图片）

印楝中主要杀虫活性成分是印楝素，每株印楝树一年的结果量高达 50kg，印楝的杀虫有效成分主要存在于种子里。印楝素及其制剂对昆虫具有拒食、忌避、生长调节、绝育等多种作用。目前，已知印楝素制剂对 400 余种昆虫表现不同的生物活性。以 0.3% 印楝素乳油为主的印楝素杀虫剂是我国无公害农产品生产的理想用药，主要用于防治蔬菜、果树、茶叶、水稻害虫和蝗虫。印楝素的成功推广应用，打破了生物农药叫好不叫座的尴尬局面，成为生物农药推广应用的范例。

知识链接

2004 年，有“广东高校知识产权诉讼第一案”之称的华南农业大学（下称华南农大）诉云大科技股份有限公司等公司，侵犯其“印楝素混配农药制剂及其制备方法”的发明专利权一案，轰动一时。该专利所保护的就是印楝素与阿维菌素混配乳油制剂。华南农大是我国最早开始研究印楝素应用开发的单位。1980 年起，该校就由当时中国科学院院士、有“中国植物性杀虫剂研究的开山祖”、“中国的印楝之父”之称的赵善欢教授牵头开始研究。1986 年，非洲多哥的一位教授免费寄来种子，由该校在海南种植后获得成功，这是我国首次引进并成功种植印楝。广州市中级人民法院作出一审判决，华南农大胜诉，从而巩固了其“印楝素专利王国”的地位。

（2）除虫菊　除虫菊（*Chrysanthemum cineriaefolium*）是多年生菊科草本植物，其起源于中东和近东，至今已有 150 年的栽培和使用历史。我国 20 世纪 20 年代开始引进栽培。

除虫菊主要杀虫活性成分为除虫菊酯Ⅰ、Ⅱ，瓜菊酯Ⅰ、Ⅱ，茉莉菊酯Ⅰ、Ⅱ，对农业害虫及卫生害虫（家蝇、蚊子、蟑螂等）具有驱避、击倒、毒杀等作用。除虫菊酯为神经毒剂，作用于钠离子通道，引起神经细胞的重复开放，最终导致害虫麻痹、死亡。

天然除虫菊是一种理想的杀虫剂，在害虫防治上广泛应用。但由于农业上需要量极大，目前主要靠合成类似的拟除虫菊酯类代用，这使天然除虫菊受到很大冲击。随着人们的健康与环保意识的不断提高，对农药给农产品带来的污染问题十分关注，天然除虫菊市场需求也必然会随之增长（图 8－10）。

图 8－10　除虫菊及其产品（来源：百度文库）

（3）鱼藤　鱼藤属（*Derris* Lour.）蝶形花科，70 余种，分布于热带地区，我国约 20 种，产西南部经中部至东南部。

鱼藤酮（rotenone）是从鱼藤属等植物中提取出来的一种有杀虫活性的物质。具有触杀、胃毒、生长发育抑制和拒食作用。

现在已知鱼藤酮对 15 个目 137 个科的 800 多种害虫具有较高的生物活性而对人畜安全，易光解变成无毒或低毒的化合物，在环境中残留时间短，对环境无污染。其药源植物分布广泛，生长迅速，鱼藤酮类杀虫剂的大量使用，会带来巨大的经济及生态效益。目前室内已可以通过组织培养途径获得鱼藤酮及其类似物，而对其立体构型的研究有望进一步提高其杀虫效果。

（4）苦皮藤　苦皮藤（*Celastrus angulatus*）为多年生藤本植物，广泛分布于我国黄河、长江流域的丘陵和山区。苦皮藤的根皮和茎皮均含有多种强力杀虫成分，这些杀虫活性成分统称为苦皮藤素。

苦皮藤素对昆虫具有拒食、麻醉、毒杀的作用，农业上主要用来防治菜青虫、稻苞虫、玉米象、猿叶甲等（图 8－11）。

A　　　　B

图 8－11　鱼藤（A）和苦皮藤（B）（来源：百度图片）

（5）茼蒿　茼蒿（*C. coronarium*）为菊科一年生或二年生草本植物，即我们常食用的蔬菜。茼蒿素是从蔬菜茼蒿中分离出来的活性化合物，对小菜蛾、菜粉蝶和斜纹夜蛾幼虫具有较好的拒食、生长发育抑制和毒杀活性，能明显地降低菜粉蝶幼虫体壁、血淋巴、血淋巴蛋白质、血淋巴总糖原和幼虫糖原的含量，少血细胞数量，抑制中肠酯酶的活性。

（6）其他植物　除上述植物以外，从番荔枝中提取的番荔枝素是一种强烈的神经毒剂，对根猿叶甲虫、菜蛾、棉蚜、烟蚜、线虫等有很好的毒杀作用；从黄杜鹃（又称闹羊花）中分离出的黄杜鹃毒素对昆虫有触杀、胃毒和熏蒸作用。近10多年来国内工作者还对瑞香科植物、柏科植物、黄花蒿、竹、夹竹桃、豆薯（地瓜、凉薯）、百部、毒藜、大黄、藜芦、苦参、银杏、番茄、苦木、白头翁、黄芩、辣椒等植物的杀虫活性进行了相关的研究和报道。

二、动物源生物化学农药

将昆虫或其他动物产生的激素、毒素、信息素、几丁质提取出来或完全仿生合成的农药就是动物源生物化学农药，包括昆虫信息素、激素、昆虫产生的忌避剂及节肢动物毒素。

1. 昆虫信息素

动物源生物化学农药最常见的就是昆虫信息素。昆虫信息素又称昆虫外激素，用于同种个体之间的信息交流，大多是长链不饱和烃的醇、酯、醛、酮和环氧化合物，具有引诱、刺激、抑制、控制摄食或产卵、交配、集合、报警、防御等功能。昆虫信息素最早是从鳞翅目昆虫中发现的。

昆虫信息素从农药的角度研究较多的有性信息素、产卵驱避素及报警激素等。全世界现已合成昆虫信息素1000多种，已商品化的有280多种。美国已有几十种昆虫信息素用于农业害虫防治，我国也在棉铃虫等害虫上应用。

（1）性信息素　昆虫性信息素作为生物农药的作用主要是大量诱捕及迷向。大量诱捕具有简单方便、防效显著的特点。缺点是通常只适用于一生只交配一次的害虫或者发生比较整齐的害虫，在虫口密度高时，单靠大量诱杀雄虫难以收到理想效果。迷向是在野外释放过量的人工合成性信息素，使雄虫难以辨认雌虫的方位，从而影响他们的正常交配。利用时必须与其他防治技术相结合，但虫口密度较大时很难防治成功。

自从1959年从家蚕雌蛾中分离出第一个性信息素蚕蛾醇（bomykol）以来，现已鉴定出300多种昆虫性信息素化学结构。昆虫性信息素的分子结构一般不复杂，大多能人工合成并实现工业化生产。我国也先后合成了梨小食心虫、桃小食心虫、苹果蠹蛾、二化螟、棉红铃虫、舞毒蛾等20多种昆虫性信息素。据Wakamura 1993年报道，仅日本就有29种昆虫性信息素产品投放市场。

（2）产卵驱避素　当赤豆象雌虫产卵时，在每粒赤豆上依次产下一粒卵，全部赤豆产一粒卵后再依次产第二粒卵，使卵均匀地分散在各粒赤豆上，以达到有效地利用赤豆这种食品。像这种在昆虫中能阻止雌虫在同一位置再次产卵的信息素称为产卵忌避素，也叫昆虫密度调节剂。例如，芥子酸是花园卵石蛾（*Evergest forficalis*）的产卵驱避素。肉桂醛为洋葱实蝇的产卵忌避素，以肉桂醛为先导化合物，人工合成了活性更高的洋葱产卵阻止剂。近年来虽然在昆虫产卵驱避素的研究方面取得许多重要进展，但距商品化生产还有相当的距离。

（3）报警激素　某些社会性及群居性昆虫在遇到危险时，能释放出一种或数种化合物作为信号以警告种内其他个体将有突发性灾难降临，这类化合物就称之为报警激素。如从小黄蚁中分离出的报警激素是一种混合物，主要分为香茅醇、十三烷酮、牛儿醛等。蔷薇长管蚜、豌豆蚜、麦二叉蚜、棉蚜、桃蚜、禾谷缢管蚜、麦无网长管蚜等 3 个蚜亚科 19 个属的蚜虫，其报警激素都是 E－β－法尼烯。昆虫报警激素仅限于防治卫生害虫，特别是防蚊，如避蚊胺，蚊醇等，在农业上的实际应用还有许多问题有待解决。

2. 昆虫激素

昆虫激素是昆虫内分泌腺体产生的具有调节昆虫生长发育功能的微量活性物质。主要有保幼激素、蜕皮激素和脑激素三类。作为农业上应用的主要是保幼激素和蜕皮激素两类。

（1）保幼激素　天然保幼激素（JH）是由昆虫咽侧体分泌、控制昆虫生长发育、变态及滞育的重要激素。天然保幼激素在昆虫中含量甚微，无实际应用价值。作为农药用途的是昆虫保幼激素类似物（JHA）。自 1973 年合成了第一个商品化 JHA 烯虫酯以来，现已合成了数以千计的 JHA。作为害虫控制剂，JH 和 JHA 具有活性高、选择性强、对非靶标生物及环境安全等突出优点，但缺点也是显而易见的：一是 JHA 只在昆虫发育的特定敏感阶段即幼（若）虫末龄和蛹期才起作用，而田间害虫种群个体发育不可能整齐一致，这就给施药技术带来极大困难；二是杀虫作用缓慢。正是这些缺点阻碍了 JHA 作为害虫控制剂的发展。尽管国内外合成了数以千计的 JHA，但真正作为农药注册登记并实际投入大面积使用的只有烯虫酯、蒙－512、双氧威等少数几个品种。

（2）蜕皮激素　蜕皮激素（MH）是由昆虫前胸腺分泌的另一类昆虫内源激素。由于蜕皮激素的作用，引起若虫或幼虫蜕皮及化蛹，它和保幼激素协同作用，共同控制昆虫的生长发育及变态。到 20 世纪 70 年代末已从昆虫中鉴定了 15 种蜕皮激素，但由于化学结构复杂，极性基团多，难以从昆虫表皮进入昆虫体内，而且昆虫体内存在大量的钝化酶。因此蜕皮激素本身难以作为害虫控制剂。近年来，Rhom & Hass 公司开发成功的抑食肼（RH－5849）咪螨在蜕皮激素类杀虫剂方面取得突破性进展。

3. 昆虫毒素

昆虫毒素是由昆虫产生的用以防卫自身，抵御敌人、攻击猎物的天然产物。在这一方面最著名的例子是从异足索蚕中分离的沙蚕毒素，以此为先导化合物，开发出如杀螟丹、杀虫双、杀虫环等一系列沙蚕毒素类商品化杀虫剂。近20年来，许多昆虫毒素被分离并鉴定了分子结构。如斑茅素，许多芜菁科昆虫体内都含有斑茅素；火蚁的毒液中含有生物碱类毒素，如α－甲基－6－＋－碳六氢吡啶，具有强烈的溶血和组织坏死作用；蜜蜂的蜂毒中含多种多肽，主要是蜂毒肽和蜂毒明肽；其他节肢动物毒素（如蝎毒），是蛛形纲蝎目产生的肽类物质，目前已分离出60多种蝎毒素。蜘蛛毒素的成分也是多肽，其中NSTX－3是其主要组分。黄蜂毒素对昆虫有独特的作用机制：作用于昆虫运动神经末梢和肌纤维组成的突触，阻断以谷氨酸为递质的神经传导。目前已经被分离鉴定了结构，并实现了人工合成。

三、微生物源生物化学农药

微生物源生物化学农药是指由微生物产生的用于防治农作物病、虫、草害或促进植物生长的农用抗生素类或毒素类生物制剂。

1. 农用抗生素

抗生素是由微生物产生的、对生命有拮抗作用的化学品，对微生物病原体十分有效。它在植物病理学方面、尤其在防治植物病害方面的应用是人们兴趣日增的议题。以往一直认为由微生物产生的抗生素具有高效、低毒、安全、易分解和环境污染小等特点，是一种理想农药，故对生物源农药的安全性要求并不高。然而，随着生活水平的提高，人们发现，抗生素虽然不会损害作物，但却有可能产生残留，并且存在潜在的毒性，这是和微生物农药所不同的地方。

（1）杀菌剂　杀菌农用抗生素绝大多数为放线菌所产生，一般为化学结构复杂的非单一化合物，具有良好的内吸性和选择性。早期美国、英国、日本等先后把链霉素、土霉素等医用抗生素用于植物病害防治，同时筛选到放线菌酮、抗菌素A以及一些多烯类抗生素，但由于直接应用某些医用抗生素后会对植物产生药害并存在稳定性及抗药性等问题，以致其在农业上的应用越来越少。

（2）杀虫剂　目前工业化的杀虫农用抗生素仅有杀螨素、潮霉素、粉蝶霉素、德斯妥霉素和阿维菌素等。我国已研究开发或正在推广应用的杀虫抗生素有阿维菌素（又叫7051杀虫素）、浏阳霉素、华光霉素、南昌霉素和梅岭霉素、多杀霉素。其中，阿维菌素是一种高效、广谱，具有杀虫、杀螨及杀线虫活性的大环内酯类杀虫抗生素，已成为替代甲胺磷的理想药剂之一，可望成为杀虫剂中的主要品种。

（3）除草剂　除草农用抗生素又称为除草素，自田村、竹松（日本）等

(1970 年) 首次发现放线菌酮具有除草活性以来，虽然研究开发的除草素很多，但商品化的很少。

目前，从链霉菌 *Streptomyces saganonesis* 发酵液中分离出一种黄嘌呤碱类抗生素杂草菌素，已用于防除水田稗草等禾本科杂草。细交链孢霉素是黑斑病菌 *Atternarin alternata* 的一种环四肽代谢产物，对玉米、大豆地的假高粱等杂草有很好的防除效果，但至今未商品化。茴香霉素也是链霉菌的代谢产物，对防除稗草、马唐有特效，这一发现导致了拟天然除草剂去草酮的商品化，主要用于稻田除稗。

知识链接 近年来，从微生物代谢产物开发新型除草剂最成功的事例当属双丙氨酰膦和单丁膦这两种除草剂的注册使用。双丙氨酰膦是从 *Streptomyces hydrossopius* 发酵液中分离的一种有机磷双肽化合物。德国赫司特公司又以双丙氨酰膦为模板，人工合成开发出草铵膦。双丙氨酰膦和草铵膦都是非选择性内吸输导型高效除草剂，广泛用于果园、苗圃、橡胶园及免耕地灭生性除草，防除多种一年生和多年生禾本科杂草及阔叶杂草。

(4) 抗病毒剂 微生物及其代谢产物对植物病毒有抑制作用。如灭瘟素能强烈抑制烟草花叶病毒 (TMV) 核酸的合成。阿博霉素对 TMV、黄瓜花叶病毒 (CMV)、苜蓿花叶病毒 (AMV) 等有抑制作用。目前国外报道的抗病毒农用抗生素还包括月桂霉素、三原霉素 A、丝裂霉素、诺卡霉素、奥罗霉素、柑菌素、抗菌素 NA-699 等，但均未商品化生产。我国学者也开展了对植物病毒病害有特异防效的农用抗生素的研究开发工作，如对 TMV、CMV 有很好的抑制作用的宁南霉素，并获得临时登记。

2. 毒素

毒素类微生物农药是指以细菌或真菌所产生的抗菌、杀虫或除草物质为主体而形成的农药制剂。目前所研究的毒素类物质一般是由植物病原菌产生的。

(1) 细菌素 细菌素是由细菌产生的对同种间的其他菌系或近缘细菌有杀伤作用的非增殖性的含蛋白质的抗菌物质。自 1946 年 Fredericq 报道大肠杆菌素以后，植物病原细菌的细菌素得以广泛而深入的研究，至今已报道了大约 100 种细菌素。我国从来自水稻的菊欧菌 (*E. chrysanthemi*) 的发酵产物中提取的细菌素 Echcin 对 5 个属植物病原细菌、辣椒疫霉、苎麻疫霉、番茄早疫、小麦赤霉等病原真菌有很强的抑制作用。

(2) 真菌毒素 与细菌素相比，真菌毒素成分复杂，包括蛋白质、胞外多糖、杂环类化合物、有机酸、蛋白质多糖等人工难以合成的具有天然活性的化合物，因而具有一定的开发应用前景。如利用植物病原真菌毒素，特别是某些非寄主选择性毒素来控制杂草生长已显示出了良好的发展前途，有报道绿黏帚霉 (*Gliocladiumvirens*) 产生的 Viridiol 毒素，除了对多种真菌和细菌有抗菌作用外，还可抑制藜科杂草的萌发，但对棉苗出土几乎无影响。此外，植物病原真菌毒素还可以作为类激素制剂使用，如用毒素对某些种子的萌发具有促进或抑制作用，可将其进一步开发为作物促生剂或化学抑制剂。由此可见，植物病原真菌毒素可作为除草剂微生物农药和促植物生长剂研究开发的资源化合物。

第四节　生物农药的发展趋势

一、生物农药的发展现状

1. 国内外的应用现状

全球生物技术的兴起，促进了生物产业的发展，特别是在20世纪90年代，全球生物农药的产量是以10%～20%的速度递增，目前全世界生物农药的产品已经超过100多种，已商品化的生物农药有30种。世界上生物农药使用最多的国家有墨西哥、美国和加拿大，三国生物农药的使用量占世界总量的44%。欧洲、亚洲、大洋洲、拉丁美洲和加勒比地区、非洲的生物农药使用量分别占全世界的20%、13%、11%、9%、3%。生物农药在病虫害综合防治中的地位和作用显得愈来愈重要。

我国生物农药的研究始于20世纪50年代初，至今已有60年左右的历史。在国家主管部门的扶持下，经过近30年的发展，已逐步形成了具有良好试验条件的科研院所、高校、国家及部级重点实验室，以及其他具备一定工作条件的研究单位。在生物农药的资源筛选评价、遗传工程、发酵工程、产后加工和工程化示范验证方面已经自成体系。目前已有30余家的研究机构，500多名研发人员，50多个登记品种，大约400家生物农药生产企业。中国已成为世界上最大的井岗霉素、阿维菌素、赤霉素生产国，以上品种成为生物产业中的领军产品，苏云金杆菌（简称Bt）、农用链霉素、农抗120、苦参碱、多抗霉素和中生霉素等产业化品种成为生物产业的中坚。我国规划到2015年生物农药占所有农药的份额将由现在的10%增加到30%。加强生物农药新产品研发，加快生物农药产业发展速度，增加生物农药市场份额，满足我国无公害农产品、绿色食品和有机食品生产中病虫害防治的需要，缓解农药残留带来的环境污染问题已成为我国科技界、产业界关注的问题。

2. 生物农药产业发展的优势及存在的问题

（1）产业发展优势　生物农药发展的最大优势是具有安全、有效、无污染等特点，与保护生态环境和社会协调发展的要求相一致。

①生物农药本身的优势。如本章第一节所述，生物农药具有不污染环境，无残留、杀伤特异性强，对非靶标生物的影响小、控制时间长，不易产生抗性

等优点。另外其生产原料为天然产物，易降解，原材料的来源十分广泛、生产成本比较低廉，有利于人类自然资源保护和永久利用。

②生物农药还具备生产设备通用性较好、产品改良的技术潜力大、开发投资风险相对较小、产业经济效益明显等优势。

③政策扶持的优势。由于生态防治、环境保护和食品安全的需要，以及《农产品质量安全法》、《食品安全法》的实施，国家对生物农药产业将会越来越重视。2007 年《国务院办公厅关于转发发展改革委生物产业发展"十一五"规划的通知》就明确指出，要开发并推广应用生物农药，增加生物农药的使用比例。正是由于生物农药具有诸多方面的优点，扶植生物农药工业无论从促进科学技术创新发展，还是从国家投入产出的经济利益方面考虑，都完全吻合今后产业生态革命的方向。

（2）存在的问题　尽管使用生物农药代替化学农药的呼声很高，但在生产实际中推广却很艰难，主要存在如下问题。

①生物农药本身的问题。一是药效慢。生物农药虽然具有诸多优点，但相比化学农药来说药效慢，不能应对大面积、突发性的病虫害。二是储存难。生物农药的储存条件苛刻，多数生物农药最佳使用期短，按照我国农药标准的规定，农药储存两年，其有效成分分解率不应超过5%，而生物农药很难做到两年之内药效损失低于5%。三是价格偏高。与同类防治效果的生物农药相比，生物农药价格高出 10% ~20%。国内生物农药生产企业一般规模较小，成本偏高，在价格上无优势。

②产业化发展缓慢，开发能力较弱。尽管我国生物农药获得了一定发展，但在我国整个农药行业中所占份额相当有限，我国生物农药的发展与发达国家相比还有较大差距。主要表现在：仿制国外产品多，原创性拳头产品少；研究开发与生产脱节，重学术水平，轻技术创新；生产工艺落后，产品质量稳定性差；产品的产业化，市场化及应用推广难度大，缺乏有效的风险投资意识等。

③农民消费生物农药的意识和使用技能缺乏。目前，我国农民的整体素质还有待提高，长期以来使用化学农药已经习惯并掌握了其使用技能和方法，对生物农药缺乏足够的了解，而由于生物农药防虫治病的药理效能与化学农药差异较大，使用技术要求比较严格，许多农民缺乏基本的使用技能而影响了生物农药的使用效果和普及推广。

二、生物农药的发展趋势

随着人类对生存环境的保护意识不断增强、对化学农药自身缺点和生物农药优点的认识，人类越来越重视生物农药的开发和使用，高效、广谱、适应性强的生物农药和转基因植物成为研究重点。21 世纪将是生物农药发展的重要时期。生物农药以其天然低毒、易分解无残留等特点获得市场青睐，但同时也以其见效慢、价格高和受环境制约等缺点而在应用上远远不及化学农药；转基因植物给人类带来了希望的同时也赋予了人类一个新的使命——生物安全性，这些都有待国内外科研工作者来突破。近年来他们在通过生物工程、发酵工程技术等筛选新生物农药、改造原有生物农药以及降低成本等方面取得了重大进展，并将朝着这些方面发展。

1. 探索新的高效、广谱生物农药资源

大自然是一个生物宝库，也是一个巨大的优胜劣汰、自我调节的生态系统，种类繁多的各种生物都将可能成为生物农药。一方面我们要根据已知的生物农药资源来开发和筛选同属、同种、同小种、同转化型的其他一些未知生物，如在苏云金杆菌的研究上，研究人员根据苏云金杆菌都能产生毒素和杀虫晶体的这一规律对它的其他亚种进行研究，目前已发现它的多个亚种有杀虫活性，且各亚种的杀虫谱都不尽相同，目前已发现70个血清型83个亚种；芽孢杆菌属的其他种类（如枯草芽孢杆菌和蜡质芽孢杆菌）都有杀菌作用，能产生杀菌蛋白，它的其他种类都是生物农药的候选者；另一方面对一些未开发成生物农药物种进行研究。

2. 利用生物技术改造现有的生物农药资源

（1）利用细胞融合技术和基因工程来提高微生物的发酵水平　对微生物来说，提高发酵水平是实现工业化的关键。利用细胞融合技术和基因工程来提高赤霉素、灭瘟素、井冈霉素、苏云金杆菌等的发酵单位，将其产量在不增加原料、设备的情况下加以提高。利用发酵工程等生物技术手段，不断降低生产成本，将成为越来越重要的途径和方法。

（2）生物活性物质的结构改造及仿生合成　现代生物技术的飞速发展，使得我们可以完全利用遗传工程、基因工程、原生质体融合等方法对现有生物农药资源进行取长补短的改造。如目前生产应用的Bt菌剂存在杀虫谱窄、有效成分易分解等缺点。英美等国科学家研究发现Bt毒素蛋白有决定寄主范围和杀虫活性的两个功能区，不同的Bt之间前者氨基酸序列差别很大，而后者几乎相同，因此可以采用基因工程的方法，将不同亚种的毒蛋白基因拼接成杂合基因以扩大杀虫范围，或对原来的毒蛋白基因诱变重组以提高杀虫活性。防治水稻白叶枯病的杀枯定就是根据微生物产物人工合成的，此外还有很多植物毒素已被人工仿生合成出来，降低生产成本的同时又提高了产品质量。

3. 筛选安全、高效、合理的生物农药剂型

农药的剂型以及助剂的添加对它能否最好地发挥功效非常重要，而见效慢、易受环境影响的生物农药就更加需要适合的剂型。加强对生物农药的物理化学特征和生理机制的研究，能有助于研制出高效、安全、合理的生物农药剂型；

其次要加强生防生物与靶标生物之间的生态学关系的研究，如木霉菌与植物病原菌在土壤中争夺生活空间和营养源，木霉菌能在低浓度营养下存活，所以在木霉菌制剂中加入麸皮作为稀释剂为木霉菌提供营养载体，可提高其生长定殖能力，达到增效作用。

4. 改进生产技术提高产品质量

生物农药特别是微生物农药的生产工序比较繁琐，培养基的配方、培养的温度、pH、培养时间以及菌种的保存等方面都直接影响到产品的质量，今后将在改进生产技术上大做文章，以期获得更有效的产品。

三、生物农药的发展展望

随着社会的进步和经济的发展，人们生活水平逐步提高，环境保护意识逐渐增强，绿色食品日益流行并深入人心，营养价值高、无污染、无公害的粮食和蔬果日益受到人们的青睐，传统的化学农药毒性大、残留量高、长期使用会对环境和人类健康造成严重威胁，破坏生态平衡。为了维护人类的健康，保护生态环境，促进农业可持续发展，大力发展和应用生物农药势在必行。

1. 国内外庞大市场对生物农药的需求越来越大

据报道，全球生物农药需求量将以每年5.6%的速度增长，北美和西欧仍将保持最大的市场份额，占总市场份额的60%～70%，但是最大的机会却在发展中国家，中国将成为最强的、成长性最好的生物农药市场，未来10年内生物农药将取代20%以上的化学农药。

从国内市场看，我国已成为世界第一农药生产和使用大国，单位面积平均化学农药的用量比世界平均用量高2.5～5.0倍；每年遭受残留农药污染的作物面积达8000万公顷，其中污染严重的比率达40%，特别是蔬菜、水稻、果树和茶叶等作物；每年因蔬菜农药残留超标导致的中毒事故约达10万人次；每年因农药残留超标造成的外贸损失高达70亿美元。而生物农药因其无公害、无污染、无残留，在无公害农业生产上具有广阔的发展前景。从国际市场看，由于我国生物农药产品具有比较价格优势，且质量可靠，国外生产厂家纷纷从我国进口生物农药。

2. 生物农药发展对发酵工程技术的要求越来越高

目前，我国生物农药品种中，90%以上的都是微生物发酵的品种，而年产值过亿元可以与化学农药抗衡的基本属于抗生素发酵产品。近年来，依靠技术手段，解决了因噬菌体污染导致倒罐的技术难题；利用发酵工程技术优化产品发酵工艺，结合菌种选育技术，已将阿维菌素发酵水平提高了30多倍，农抗120提高了近3倍，液体Bt提高了5倍左右；加上装罐系数和剂型加工，生产成本降到了原来的1/20～1/4，提高了产品的市场竞争力。因此，今后利用发酵工程等生物技术手段，不断降低生产成本，将成为越来越重要的途径和方法。

3. 技术产品创新和资源整合越来越受到重视

今后几年我国生物农药研究和应用趋势是：在 Bt 杀虫制剂、农用抗生素和病毒等龙头产品研制和生产的关键技术上将实现重点突破，研制一批新型生物农药，取得一批拥有自主知识产权的创新技术和创新产品，为我国生物农药产业提供源源不断的技术和产品支持；支持我国生物农药科研机构及生产企业进行资金、技术和人力资源的整合和重组，形成一批具有自主创新能力、具备条件与国外公司抗衡的产业集团。

综上所述，生物农药的发展面临着巨大的市场需求和企业、公司、政府巨资投入的机遇，但是市场上需要的是效果不逊色于化学农药、价格不高的生物农药，而目前的生物农药大多都达不到市场的要求，生物农药的发展同时面临着巨大的增效、增谱的挑战。相信在现代生物技术和其他先进科学技术的支持下，在政府和企业的重视下，人类将能更轻易地发现更多更好的生物农药资源，能更加有可能实现高效生物农药资源的改造和杀菌活性物质的重组及仿生，能更安全地应用转基因作物和复合工程菌株，这些都将为生物农药赶超甚至取代化学农药画上历史性的一笔，为自然环境的保护和人类自身的健康作出巨大贡献。

参 考 文 献

1. Scragg A. 环境生物技术（英文版）. 北京：世界图书出版公司，2000.
2. Bruce E. Rittmann. 环境生物技术：原理与应用（影印版）. 北京：清华大学出版社，2002.
3. 百度文库网站 http：//wenku. baidu. com.
4. 陈玉成. 土壤污染的生物修复 [J]. 环境科学动态，1999. 2：7~11.
5. 陈云嫩. 废麦糟生物吸附剂深度净化水体中砷_镉的研究 [D]. 中南大学，2009.
6. 陈桂秋. 褐腐菌生物吸附剂去除水体重金属的应用基础研究 [D]. 湖南大学，2006.
7. 程东祥. 新型生物吸附剂的制备及净化重金属污染水体的应用研究 [D]. 吉林大学，2008.
8. 程贤亮，刘翠君，姚经武. 我国生物农药产业发展的现状、趋势与对策. 湖北农业科学，49（9）：2287~2289.
9. 郜彗等. 污染地下水的生物修复 [J]. 河南化工，2007. 24（3）：11~15.
10. 黄家玲.《环境微生物学》. 北京：高等教育出版社，2004.
11. 金朝晖等. 地下水原位生物修复技术 [J]. 城市环境与城市生态，2002. 15（1）：10~12.
12. 金轶伟，柴一秋，厉晓腊，刘又高. 生物农药的应用现状及其前景. 河北农业学，2008，12（6）：37-39，48.
13. 林琦. 重金属污染土壤植物修复的根际机理 [D]. 浙江大学，2002.
14. 李法云，曲向荣，吴龙华. 污染土壤生物修复理论基础与技术 [M]. 北京：化学工业出版社，2006.
15. 李法云等. 污染土壤生物修复技术研究 [J] 生态学杂志，2003. 22（1）：35~39.
16. 梁莎，冯宁川等. 生物吸附法处理重金属废水研究进展 [J]. 水处理技术，2009 ，35（3）：13~16.
17. 刘金雷等. 海洋石油污染及其生物修复 [J]. 海洋湖沼通报，2006. 3：48~53.
18. 刘海春，臧玉红. 环境微生物. 北京：高等教育出版社，2008.
19. 刘清术，刘前刚，陈海荣等. 生物农药的研究动态、趋势及前景展望 [J]. 农药研究与应用，2007，11（2）：17~22.
20. 伦内贝格. 环境生物技术——从“单行道”到自然循环. 北京：科学出版社，2009.
21. 伦世仪. 环境生物工程. 北京：化学工业出版社. 2002.
22. 马放. 环境生物技术. 北京：化学工业出版社，2003.
23. 毛天宇等. 海洋石油污染生物修复技术 [J]. 海洋环境保护. 2008. 3：12~13.
24. 钱易. 环境保护与可持续发展. 北京：清华大学出版社，2005.
25. 秦麟源. 废水生物处理. 上海：同济大学出版社，1989.
26. 沈德中. 污染环境的生物修复. 北京：中国石化出版社，2003.
27. 三废工程技术手册. 北京：化学工业出版社，2000.
28. 唐受印，戴友芝. 废水处理工程. 北京：化学工业出版社，1998.
29. 王建龙，文湘华. 现代环境生物技术. 北京：清华大学出版社，2008.
30. 王金梅，薛叙明. 水污染控制技术. 北京：化学工业出版社，2007.

31. 王燕飞. 水污染控制技术. 北京：化学工业出版社，2001.
32. 王丽英等. 土壤污染的生物修复技术研究现状及展望 [J]. 河北农业科学，2003. 9 (7)：75~78.
33. 王建龙，陈灿. 生物吸附法去除重金属离子的研究进展 [J]. 环境科学学报，2010，30 (4)：673~695.
34. 王雅静，戴惠新. 生物吸附法在去除废水中重金属离子的应用研究 [J]. 云南冶金，2001，33 (6)：6~16.
35. 肖军，赵景波. 农药污染对生态环境的影响及防治对策. 安徽农业科学，2005，33 (12)：2376~2377.
36. 邢新会，刘则华. 环境生物修复技术的研究进展 [J]. 化工进展，2003. 23 (6)：579~584
37. 徐玉柱. 生物农药的应用现状及产业发展的建议 [J]. 中国农学通报，2008 24 (8)：402~404.
38. 杨传平，姜颖等. 环境生物技术原理与应用. 哈尔滨：哈尔滨工业大学出版社，2010.
39. 杨超. 海洋石油污染生物修复的探讨 [J]. 西北民族大学学报（自然科学版），2008. 29 (71)：62~67.
40. 杨茜等. 地下水——土壤原位生物修复技术研究进展 [J]. 广州化工，2010. 38 (7)：14~16.
41. 杨秀敏. 重金属复合污染土壤的粘土矿物与生物综合修复技术研究 [D]. 中国矿业大学，2009.
42. 于明革，陈英旭. 茶废弃物对溶液中重金属的生物吸附研究进展 [J]. 应用生态学报，2010，21 (2)：505~513.
43. 张忠祥，钱易. 废水生物处理新技术. 北京：清华大学出版社，2004.
44. 赵庆良，任南琪. 水污染控制工程. 北京：化学工业出版社，2005.
45. 周群英，高廷耀. 环境工程微生物学. 第二版. 北京：高等教育出版社，2000.
46. 张灼.《污染环境微生物学》. 昆明：云南大学出版社，1997.
47. 张道方，魏宇，史雪霏. 微型生物在污水回用处理中的指导作用 [J]. 能源研究与信息，2004，(3)：151~155.
48. 中国生物技术发展中心网站 http：//www. cncbd. org. cn/web/SearchKeyword. aspx.
49. 张兴，马志卿，李广泽. 试谈生物农药的定义和范畴. 农药科学与管理，2002，23 (1)：32~36.
50. 周少奇. 环境生物技术. 北京：科学出版社，2005.